高等职业院校计算机类"十三五"规划教材

Excel 数据处理与分析

朱坤华　孙垠子　主　编

贺广生　高　蕾　李晓歌　副主编

U0294367

电子工业出版社

Publishing House of Electronics Industry

北京·BEIJING

内 容 简 介

本书以"项目引领""任务驱动"的方式编写，既有实用、丰富的案例，又有详尽、系统的相关知识。书中项目模拟企业数据管理工作的特点和需求，从企业数据管理人员的角度创建了某公司的人事管理、薪资管理、销售管理等工作簿，通过对人事档案、薪资、销售、商务决策、抽样与问卷调查等数据的分析与处理，全面地介绍了 Excel 2013 强大的数据处理功能在企业数据管理与分析工作中的具体应用。

全书共 7 个项目，主要介绍了 Excel 2013 的公式、函数、图表、数据的排序、筛选、汇总、数据透视表、宏及 VBA 等工具的综合应用，以及 Excel 2013 数据分析工具：方案分析、变量求解、规划求解、回归分析等的应用。本书内容丰富、结构清晰、深入浅出、案例典型、图文并茂，案例的操作步骤细致、语言简明，具有很强的实操性，力求让读者感受轻松学习的乐趣，洞悉 Excel 的操作技能和技巧。

本书既可作为高职高专院校、应用型本科相关专业的教学用书，也可作为 Excel 决策与管理培训班的教材，同时也可作为企业经营管理、数据管理人员的参考书。

图书在版编目（CIP）数据

Excel 数据处理与分析 / 朱坤华，孙垠子主编. —北京：电子工业出版社，2019.8（2023.7 重印）
ISBN 978-7-121-37180-6

Ⅰ. ①E… Ⅱ. ①朱… ②孙… Ⅲ. ①表处理软件 Ⅳ. ①TP391.13

中国版本图书馆 CIP 数据核字（2019）第 161319 号

责任编辑：左　雅
印　　刷：北京天宇星印刷厂
装　　订：北京天宇星印刷厂
出版发行：电子工业出版社
　　　　　北京市海淀区万寿路 173 信箱　　　邮编　100036
开　　本：787×1 092　1/16　印张：15.25　字数：390.4 千字
版　　次：2019 年 8 月第 1 版
印　　次：2023 年 12 月第 7 次印刷
定　　价：49.00 元

随着经济的快速发展和企业规模的不断扩大，企业管理中的数据越来越庞大繁杂，数据的科学处理和分析对企业经营与决策尤为重要，这些都对数据的分析和管理提出了更高的要求。

Excel 是微软办公套装软件 Office 的一个组成部分，是技术先进、性能优越、功能强大的电子表格软件，被广泛应用于办公自动化、数据分析与管理等领域。Excel 不仅能够胜任各种表格的制作和数据统计计算，而且具有强大的图形、图表、数据分析、信息检索、信息权限管理、共享工作区等功能，同时还能利用宏功能进行数据的自动化处理。Excel 电子表格采用了更灵活的数据处理方式，可以大大减轻工作强度，有效提高工作效率，为决策者提供数据支持。

本书内容丰富、结构清晰、深入浅出、案例典型、图文并茂。全书共 7 个项目，包括随心所欲的公式应用、功能强大的函数应用、简单实用的数据管理工具、灵活多变的数据透视功能、应有尽有的数据分析工具、灵活高效的宏与 VBA、生动直观的图表显示。

每个项目的编写分为 4 个模块：项目展示、项目制作、知识点击、实战训练。

项目展示模块：每个项目都提供了完整的素材，在 Excel 中实现了项目或案例涉及的相关操作，如工作簿的创建、数据的处理与分析、图表操作等，在该模块予以展示。

项目制作模块：以项目引领，从案例入手。所选案例和经济模型针对性强，涵盖了企业数据管理和分析的核心内容，将 Excel 操作与企业管理中的实际问题有机地结合起来。每个案例都给出了详细的操作步骤，以便读者快捷、轻松地学习。

知识点击模块：系统详述相关知识点，进入全面的知识学习。通过项目制作模块，体验了 Excel 的具体操作，有了初步的经验之后，提高了学习知识点的理解能力，不仅使读者"知其然"，而且"知其所以然"。

实战训练模块：通过两个纵向案例，提升操作技能和技巧的灵活应用能力。实战训练对如何利用 Excel 来建立各种数据管理模型进行了较为详细的介绍，进一步拓展理论与实践相结合的能力，有助于读者快速掌握和融会贯通。

本书配有相关的教学资源，内容包括案例素材、案例制作结果文件、微课视频、参考教案、教学课件等，请登录华信教育资源网（www.hxedu.com.cn）注册后免费下载。

本书由朱坤华、孙垠子担任主编，贺广生、高蕾、李晓歌担任副主编，参加编写的老师还有吴婷、杨冬梅、王永胜、邢彩霞。

欢迎广大读者和专家对我们的工作提出宝贵的意见。

编　者

项目 1

随心所欲的公式应用

1.1　项目展示：创建 GT 公司 "报销单"

"报销单"是会计核算的重要表格之一，设计和填制"报销单"是会计人员的主要工作内容之一。本表格的格式设计美观、专业，充分利用 Excel 提供的多种功能，对表格进行公式、数据可靠性、输入法、提示信息、表格保护等设计，在提高工作质量的同时，大大降低了会计人员的工作强度。"报销单"设计效果如图 1-1 所示。

图 1-1　"报销单"设计效果图

1.2　项目制作

任务一：制作"报销单"

操作步骤

（1）新建工作簿。在"文件"选项卡"新建"功能区中，单击"空白工作簿"命令按钮，并命名为"报销单"。

（2）合并单元格。选中单元格区域 B3:L3，在"开始"选项卡"对齐方式"功能区中，单击"合并并居中"命令按钮；用同样方法分别合并单元格：K4:L4、C6:H6、C9:D9、F9:G9、

C10:D10、F10:G10、C12:E12、C13:E13，效果如图 1-2 所示。

图 1-2　合并单元格

（3）格式化表格。选中单元格区域 B3:L3，在"开始"选项卡"字体"功能区中，单击"填充颜色"命令按钮，填充黄色。选中单元格区域 C6:H6，在"开始"选项卡"字体"功能区中，单击"下边框"命令按钮，添加下边框，效果如图 1-3 所示。

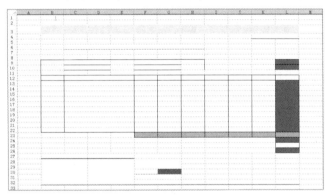

图 1-3　格式化表格

（4）输入文本。选中单元格区域 B3:L3，在"开始"选项卡"字体"功能区中，将标题字体设置为 22 号、幼圆，输入"报销单"；正文字体设置为 10 号、楷体_GB2312，效果如图 1-4 所示。

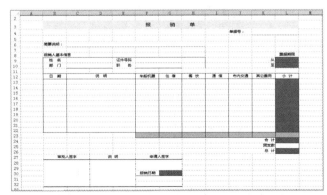

图 1-4　输入文本

（5）输入批注。选中单元格 L9，在"审阅"选项卡"批注"功能区中，单击"新建批注"命令按钮，在批注文本框中输入批注"起始日期自动计算，请勿填写。"，用同样方法在单元格 L12 中新建批注"蓝色单元格自动计算，请勿填写。"，效果如图 1-5 所示。

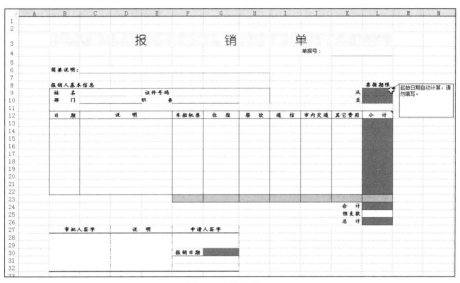

图 1-5　输入批注

任务二：创建公式和函数

操作步骤

（1）显示当前日期。选中单元格 G30，输入显示当前日期的函数"=TODAY()"，自动显示填写报销单当天的日期，效果如图 1-6 所示。

（2）自动计算费用总计。选中单元格 L26，输入公式"=L24-L25"，效果如图 1-6 所示。

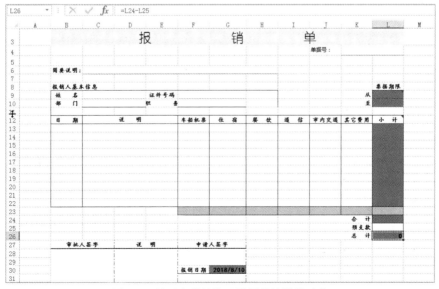

图 1-6　显示当前日期及设置总计计算功能

任务三：保护和保存工作表

🐭 **操作步骤**

（1）保护工作表。在"审阅"选项卡"更改"功能区中，单击"保护工作表"命令按钮，在弹出的"保护工作表"对话框中勾选"选定未锁定的单元格"项，如图 1-7 所示，并输入密码。

（2）取消 Excel 的网格线。在"视图"选项卡"显示"功能区中，取消"网格线"的勾选，如图 1-8 所示。

图 1-7　保护工作表

图 1-8　取消网格线

（3）保存工作簿。

1.3　知识点击

公式是 Excel 的核心工具之一，正确地运用公式是用好 Excel 的关键。如果仅仅完成制表、输入数据、显示及打印的功能，使用文字处理软件就足够了。电子表格的魅力之一在于它可以使用公式和函数来处理数据间的复杂运算，也可以对文本进行比较。

本项目知识要点：

- ❏ 建立和应用公式；
- ❏ 数据的引用；
- ❏ 数组的应用；
- ❏ 名称的应用。

1.3.1　数据的引用

1. 建立公式

Excel 具有强大的自动计算功能，能够轻而易举地完成算术运算、科学计算和财务、统计计算等，还可以用公式进行文本或字符串的比较。

在 Excel 中运算分为 4 类：算术运算、比较运算、文本运算和引用运算。

1）算术运算

算术运算可以完成基本的加、减、乘、除、乘方、百分比等数学运算，如图 1-9 所示。

图 1-9　算术运算

2）比较运算

比较运算可以对两个数值或字符串进行比较，并产生逻辑值：TRUE（真）和 FALSE（假），如图 1-10 所示。

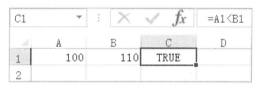

图 1-10　数值的比较

用比较运算符对字符串进行比较时，Excel 先将字符串转化成内部的 ASCII 码，然后再作比较，如图 1-11 所示。

图 1-11　字符串的比较

3）文本运算

文本运算可以将一个或多个文本连接为一个组合文本，如图 1-12 所示。

图 1-12　文本运算

4）引用运算

引用运算可以将单元格区域合并运算，是 Excel 特有的运算。

区域运算（:）：对于两个引用之间，包括两个引用在内的所有单元格进行引用。如图 1-13 所示，单元格 D4 中是 A1、A2、A3、B1、B2、B3、C1、C2、C3，共 9 个单元格数据之和。

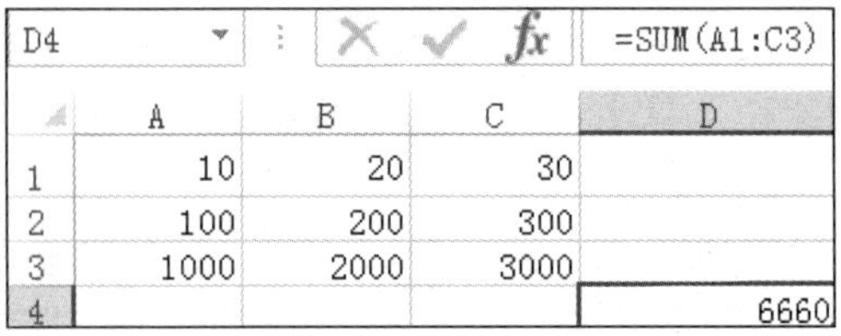

图 1-13　区域运算

联合运算（,）：将多个引用合并为一个引用。如图 1-14 所示，单元格 D4 中是 A1、A2、A3 及 C1、C2、C3，共 6 个单元格数据之和。

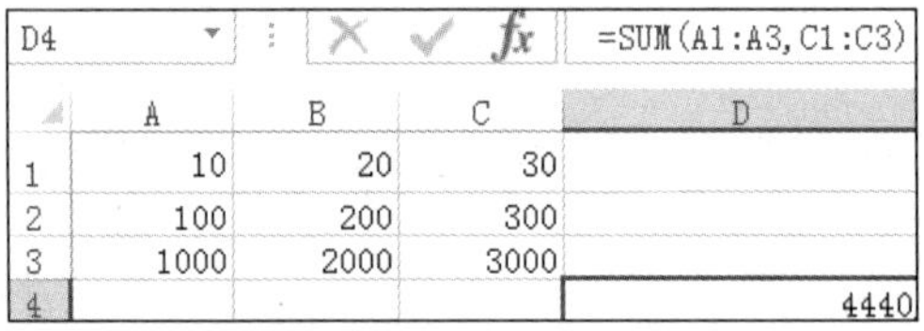

图 1-14　联合运算

交叉运算（一）：引用两个或两个以上单元格区域的重叠部分。如图 1-15 所示，单元格 D4 中是 B1、B2 及 C1、C2，共 4 个单元格数据之和。

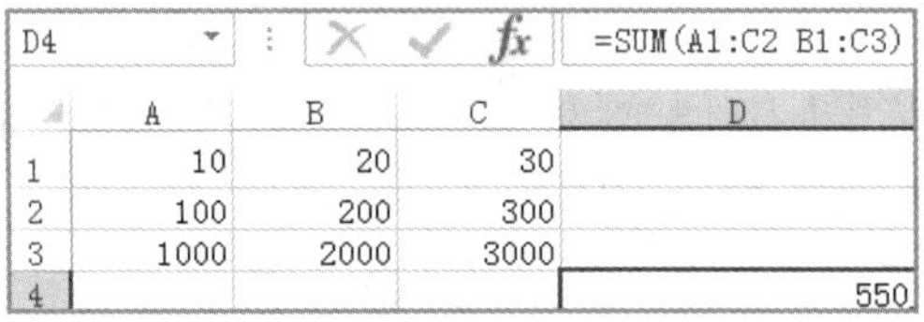

图 1-15　交叉运算

如果指定的单元格区域没有重叠部分，将在单元格中显示出错信息，如图 1-16 所示。

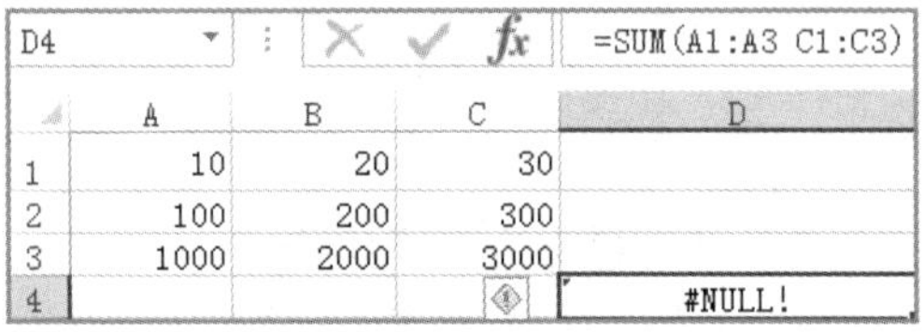

图 1-16　出错信息

2. 公式中数据源的引用

1）相对引用

相对引用是指被引用的单元格与公式单元格的位置关系是相对的。使用相对引用后，系统将记忆建立公式的单元格和被引用单元格的位置关系，在复制粘贴这个公式时，新的公式单元格和被引用的单元格仍保持相对的位置关系。使用相对引用直接输入单元格的地址即可。

【例 1-1】计算"产品信息表"中的提成金额。

🎓 操作步骤

（1）输入公式。打开"产品信息表"，选中单元格 E2，输入公式"=C2*10000*D2"，按【Enter】键显示计算结果，如图 1-17 所示。

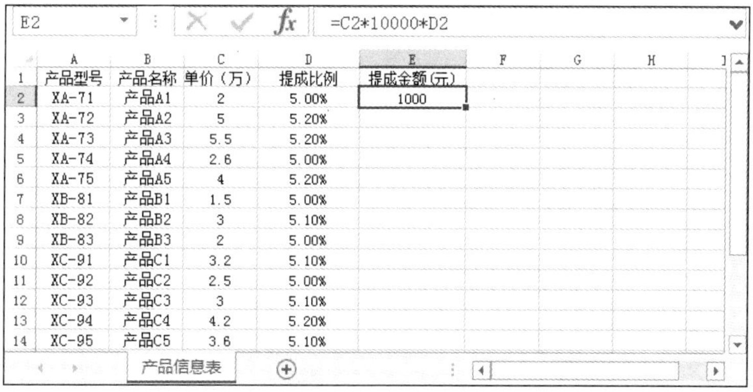

E2 =C2*10000*D2

	A	B	C	D	E
1	产品型号	产品名称	单价（万）	提成比例	提成金额(元)
2	XA-71	产品A1	2	5.00%	1000
3	XA-72	产品A2	5	5.20%	
4	XA-73	产品A3	5.5	5.20%	
5	XA-74	产品A4	2.6	5.00%	
6	XA-75	产品A5	4	5.20%	
7	XB-81	产品B1	1.5	5.00%	
8	XB-82	产品B2	3	5.10%	
9	XB-83	产品B3	2	5.00%	
10	XC-91	产品C1	3.2	5.10%	
11	XC-92	产品C2	2.5	5.00%	
12	XC-93	产品C3	3	5.10%	
13	XC-94	产品C4	4.2	5.20%	
14	XC-95	产品C5	3.6	5.10%	

产品信息表

图 1-17　相对引用

（2）向下自动填充公式。选中单元格 E2，鼠标指向单元格右下角的填充柄，按住左键向下拖曳复制公式，得到 E 列其他数据（或双击单元格右下角填充柄，也可以向下复制公式）。可以看到，相对引用的数据的单元格地址随公式单元格地址的变化而变化，如图 1-18 所示。

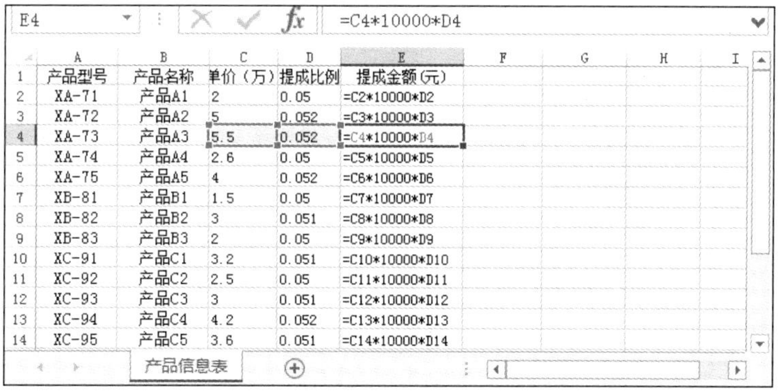

E4 =C4*10000*D4

	A	B	C	D	E
1	产品型号	产品名称	单价（万）	提成比例	提成金额(元)
2	XA-71	产品A1	2	0.05	=C2*10000*D2
3	XA-72	产品A2	5	0.052	=C3*10000*D3
4	XA-73	产品A3	5.5	0.052	=C4*10000*D4
5	XA-74	产品A4	2.6	0.05	=C5*10000*D5
6	XA-75	产品A5	4	0.052	=C6*10000*D6
7	XB-81	产品B1	1.5	0.05	=C7*10000*D7
8	XB-82	产品B2	3	0.051	=C8*10000*D8
9	XB-83	产品B3	2	0.05	=C9*10000*D9
10	XC-91	产品C1	3.2	0.051	=C10*10000*D10
11	XC-92	产品C2	2.5	0.05	=C11*10000*D11
12	XC-93	产品C3	3	0.051	=C12*10000*D12
13	XC-94	产品C4	4.2	0.052	=C13*10000*D13
14	XC-95	产品C5	3.6	0.051	=C14*10000*D14

产品信息表

图 1-18　相对引用结果

2）绝对引用

绝对引用是指被引用单元格与公式单元格的位置关系是绝对的。使用绝对引用时要在单元格地址的“行”或“列”号前添加“$”符号，如$A$1、$D$3 等。

使用绝对引用后，无论将该单元格的公式复制粘贴在任何单元格，所引用的单元格位置是不变的。

【例 1-2】计算“一月考勤统计表”中的出勤天数。

操作步骤

（1）输入公式。选中单元格 F7，输入公式“=$C$4-C7-D7”，按【Enter】键显示计算结果，如图 1-19 所示。

（2）向下自动填充公式。双击单元格 F7 右下角填充柄，即用自动填充的方法向下复制公式。可以看到，绝对引用的数据及单元格地址不随公式单元格地址的变化而变化，如图 1-20 所示。

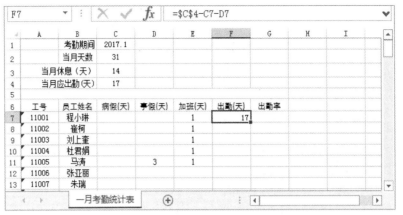

图 1-19　绝对引用

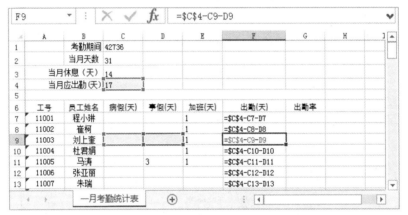

图 1-20　绝对引用结果

3）混合引用

在一个公式中既使用相对引用，又使用绝对引用，称为混合引用。所谓混合引用是指公式中单元格的相对引用地址改变，而绝对引用地址不改变，如混合引用单元格$A1（列 A 为绝对引用，行 1 为相对引用）、D$3（列 D 为相对引用，行 3 为绝对引用）等。

4）引用当前工作表之外的单元格数据

在当前工作表的公式运算中，常常需要引用其他工作表或工作簿中的数据来参与计算。

引用当前工作簿中非当前工作表中的数据，其格式为"=工作表名!数据源地址"。

引用非当前工作簿中的数据，其格式为"=[工作簿名称]工作表名!数据源地址"。

【例 1-3】在当前工作簿中引用非当前工作表中的数据。将"薪资管理"工作簿的"工资表"中的"基本工资"数据引用到"福利表"中。

操作步骤

（1）选中"福利表"中的单元格 D2，输入"="，如图 1-21 所示。

（2）单击"工资表"中的单元格 C2，按【Enter】键，相当于输入公式"=工作表!C2"，即将"工资表"中的"基本工资"数据引用到"福利表"工作表中，效果如图 1-22 所示。

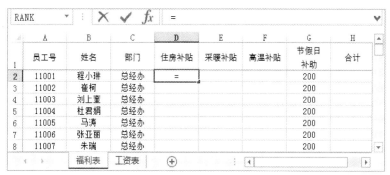

	A	B	C	D	E	F	G	H
1	员工号	姓名	部门	住房补贴	采暖补贴	高温补贴	节假日补助	合计
2	11001	程小琳	总经办	=			200	
3	11002	崔柯	总经办				200	
4	11003	刘上奎	总经办				200	
5	11004	杜君娟	总经办				200	
6	11005	马涛	总经办				200	
7	11006	张亚丽	总经办				200	
8	11007	朱瑞	总经办				200	

图 1-21　输入“=”

	A	B	C	D	E	F	G	H	I
1	员工号	姓名	基本工资	岗位工资	绩效工资	加班工资	福利合计	应发工资合计	应扣病事假
2	11001	程小琳	4400	3400	2700	317		10817	
3	11002	崔柯	4400	3200	2600	305		10505	
4	11003	刘上奎	3860	2800	1950	229		8839	
5	11004	杜君娟	4240	2800	2300	270		9610	135
6	11005	马涛	4640	2800	2550	300		10290	450
7	11006	张亚丽	3620	2600	1700			7920	
8	11007	朱瑞	2780	2600	1600			6980	

图 1-22　引用“工资表”中的单元格地址

【例 1-4】引用非当前工作簿中的数据。将“员工信息管理”工作簿的“员工基本信息表”中的“工号”“姓名”“部门”等数据引用到“薪资管理”工作簿的“福利表”中。

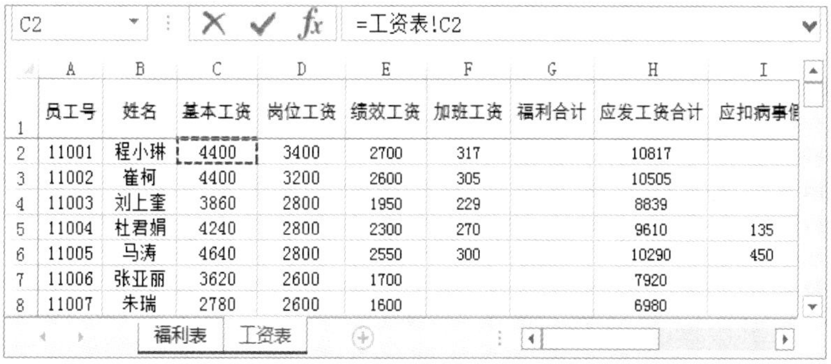

操作步骤

（1）设置单元格格式。打开“薪资管理”工作簿的“福利表”，选中单元格 A5，用鼠标右键单击，在弹出的快捷菜单中选择“设置单元格格式”命令，在弹出的“设置单元格格式”对话框中，选择“数字”选项卡，修改格式为“常规”，如图 1-23 所示。

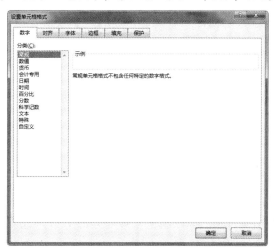

图 1-23　“设置单元格格式”对话框

（2）引用"员工信息管理"工作簿的"员工基本信息表"信息。选中单元格 A2，输入"="，如图 1-24 所示。

图 1-24　在"福利表"中输入"="

（3）单击"员工信息管理"工作簿的"员工基本信息表"工作表中的单元格 A2，按【Enter】键，相当于输入公式"=[员工信息管理.xlsx]员工基本信息表! $A$2"，即将"工号"信息引用到"福利表"工作表中，效果如图 1-25 和图 1-26 所示。

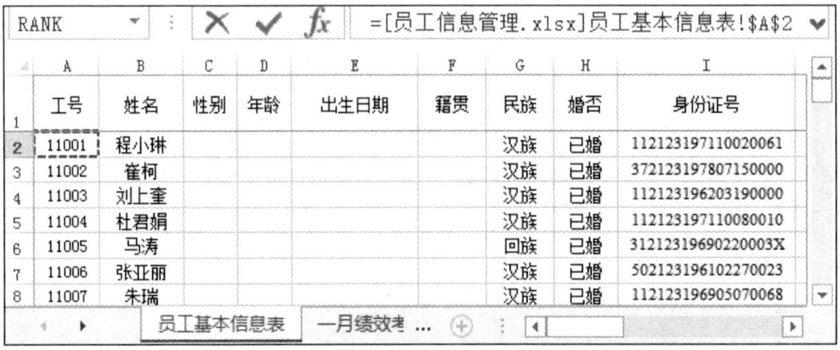

图 1-25　引用"员工基本信息表"中的单元格地址

图 1-26　输出引用结果

（4）向下自动填充公式。将公式单元格 A2 中的数据引用修改为相对引用，即"=[员工信息管理.xlsx]员工基本信息表! A2"，以自动填充的方法向下复制公式，可以将全部员工的"工号"信息引用到"福利表"工作表中，效果如图 1-27 所示。

图 1-27 相对引用的结果

3. 公式的输入与编辑

1）公式的输入

在单元格中输入公式时以等号 "=" 开头，再输入参与运算的元素或运算符。元素可以是常量数值、单元格引用、标志名称或工作表函数等。

例如：在单元格 D1 中输入公式 "=a1/b1*c1"。

提示： 在单元格中输入公式后，公式将显示在编辑栏中，单元格中显示的是公式的计算结果。

2）利用快捷键复制大批量公式

在某一单元格中输入公式后，可以用自动填充的方法向其他单元格中批量地填充公式或数据；但对于大批量公式或数据（如有 1000 行），使用快捷键填充更方便。

【例 1-5】计算 "福利表" 工作表中的合计。

🐾 操作步骤

（1）输入公式。选中单元格 H1，输入公式 "=D2+E2+G2"，并在 "名称栏" 中输入使用此公式的最后一个单元格地址 H100（本例为方便显示只选择少量单元格），如图 1-28所示。

	A	B	C	D	E	F	G	H
1	员工号	姓名	部门	住房补贴	采暖补贴	高温补贴	节假日补助	合计
2	11001	程小琳	总经办	440	660		200	1300
3	11002	崔柯	总经办	440	660		200	
4	11003	刘上奎	总经办	386	579		200	
5	11004	杜君娟	总经办	424	636		200	
6	11005	马涛	总经办	464	696		200	
7	11006	张亚丽	总经办	362	543		200	
8	11007	朱瑞	总经办	278	417		200	

图 1-28 输入公式

（2）按【Shift+Enter】快捷键，即可选中整个需要填写公式的单元格区域，如图 1-29所示。

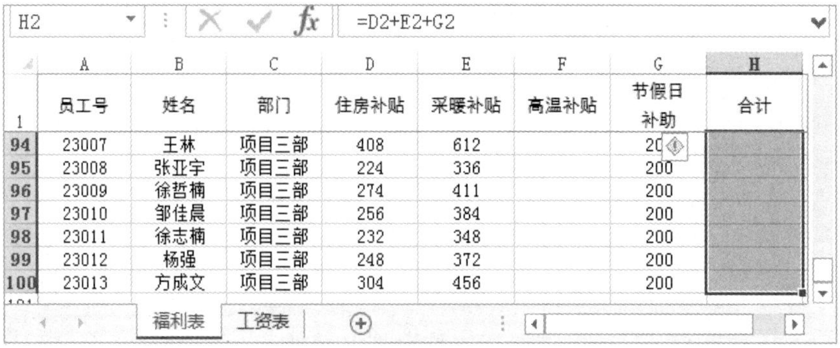

图 1-29　选中的单元格区域

（3）将光标定位到公式编辑栏中，如图 1-30 所示。

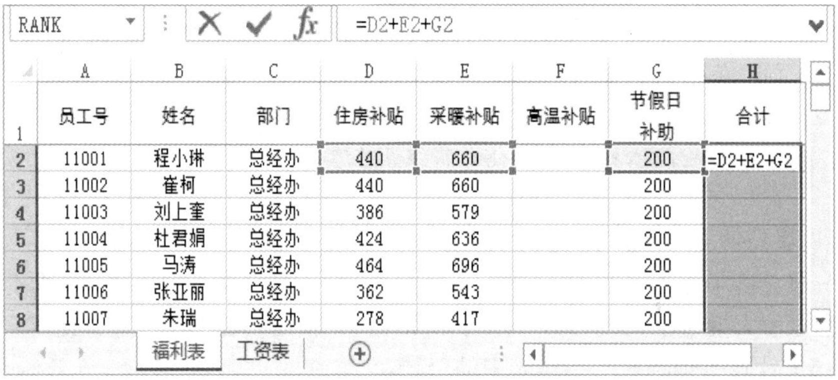

图 1-30　将光标定位到公式编辑栏中

（4）按【Ctrl+Enter】快捷键，即可一次性完成选中单元格的公式复制，其效果如图 1-31 所示。

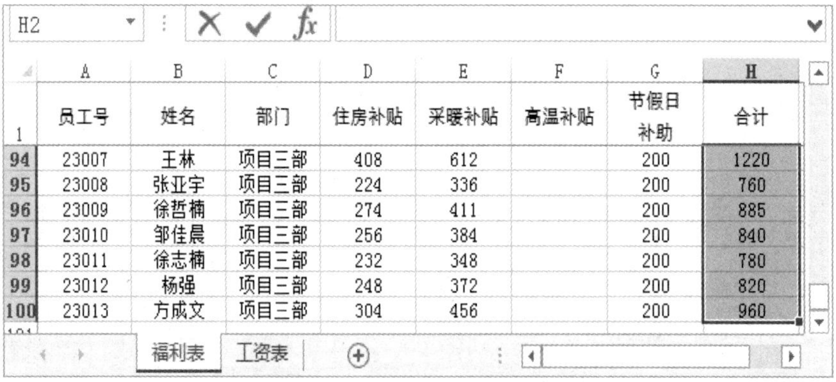

图 1-31　公式复制的填充结果

4. 设置公式的显示方式

1）在单元格中显示所有公式

如果想了解整张工作表中使用了哪些公式，可以让所有设置公式的单元格显示出其对应的公式。操作方法如下：

将光标定位在"福利表"工作表中，在"公式"选项卡"公式审核"功能区中，单击"显示公式"命令按钮，则所有设置公式的单元格会显示出其对应的公式，如图 1-32 所示。

图 1-32　显示所有公式

2）将公式运算结果转换为数值

当利用公式计算出相应结果后，为了方便对数据的使用，有时需要将公式的计算结果转换为数值。转换方法如下：

选中"福利表"工作表 E 列中的公式计算结果，按【Ctrl+C】快捷键进行复制，如图 1-33 所示。按【Ctrl+V】快捷键进行粘贴，单击粘贴区域右下角的按钮，选择"粘贴数值"选项即可去除公式只粘贴数值，如图 1-34 所示。

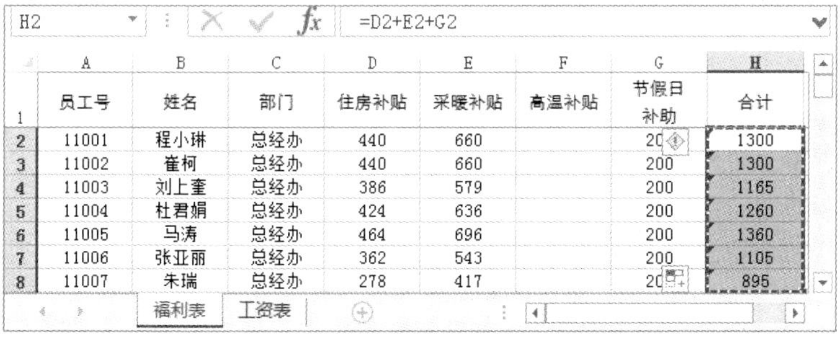

图 1-33　复制数据

图 1-34　粘贴选项

1.3.2　数组的应用

数组是程序设计中的一个概念。一个数组是一个集合，可以利用数组名称方便地称呼数组中的单个或全体元素。

1. 数组常量

在普通公式中，可以输入数值或包含数值的单元格引用，其中该数值与单元格引用被称为常量。在数组公式中也可以输入包含在单元格中的数值数组和数组引用，其中该数值数组和数组引用被称为数组常量。数组公式可以按与非数组公式相同的方式使用常量，但是必须按特定格式输入数组常量。

数组常量可包含数字、文本、逻辑值（如 TRUE、FALSE 或错误值 #N/A）。数组常量中也可以包含不同类型的数值，例如{10,35,56;TRUE,FALSE,"Tuesday"}。数组常量中的数字可以使用整数、小数或科学记数格式，文本必须包含在半角的双引号内。

数组常量的输入以等号"="开头，数据置于大括号"{ }"内，不同列的数值以逗号","分隔，不同行的数值以分号";"分隔，按【Ctrl＋Shift＋Enter】快捷键将数值分别输入到相应的单元格中。

（1）输入一维数组。选中单元格区域 A1:D1，在单元格中输入数组"={80,90,76,85}"，如图 1-35 所示。按【Ctrl＋Shift＋Enter】快捷键完成数组的输入，如图 1-36 所示。

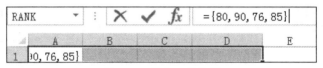

图 1-35　输入一维数组

图 1-36　将一维数组输入到相应的单元格中

（2）输入二维数组。选中单元格区域 A1:B4，在单元格中输入数组"={"钢笔","铅笔";"文件袋","文件夹";"办公桌","椅子";"打印机","复印机"}"，如图 1-37 所示。按【Ctrl＋Shift＋Enter】快捷键完成数组的输入，如图 1-38 所示。

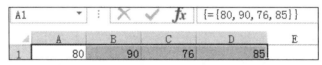

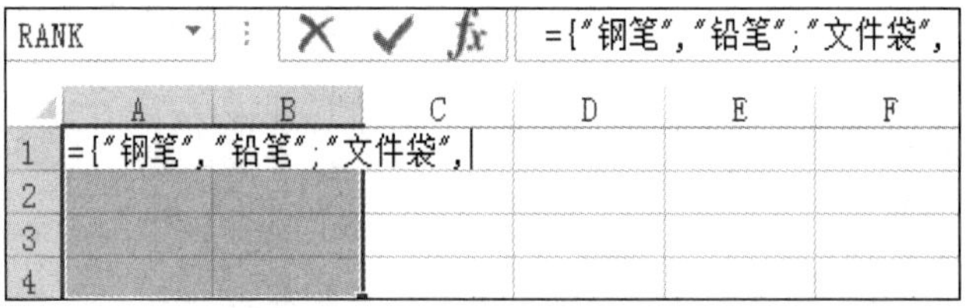

图 1-37　输入二维数组

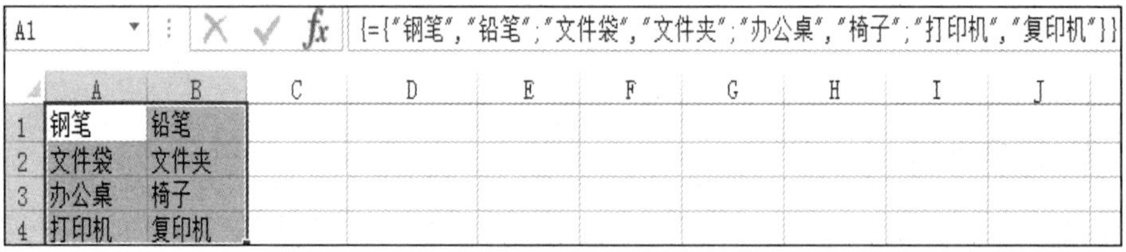

图 1-38　将二维数组输入到相应的单元格中

提示： 数组是作为一个整体显示的，在所有含有数组的单元格中显示的数据都是一样的。

2. 数组公式的应用

数组公式用于建立可返回一种或多种计算的结果，数组公式对两组或多组数组数值进行运算，每个数组必须有相同数量的行和列。

数组公式的创建是通过选择单元格区域来编辑公式的，然后按【Ctrl＋Shift＋Enter】快捷键即可，不必再输入大括号"{}"。

【例 1-6】使用数组公式，计算"一季度销售报表"工作表中的数据。

操作步骤

（1）新建工作表。创建"一季度销售报表"工作表并输入数据；选中单元格区域 B5:D5，输入公式"=B3:D3+B4:D4+B5:D5"计算每月总计，如图 1-39 所示。

图 1-39 计算每月总计

（2）按【Ctrl＋Shift＋Enter】快捷键完成数组公式的输入，在单元格区域 B6:D6 中分别得到三个每月总计的计算结果，如图 1-40 所示。

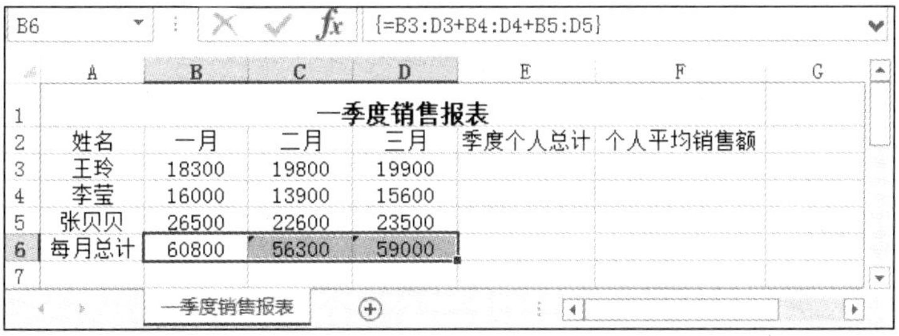

图 1-40 每月总计的计算结果

（3）选中单元格区域 E3:E5，输入公式"=B3:B5+C3:C5+D3:D5"计算季度个人总计，如图 1-41 所示。

图 1-41 计算季度个人总计

（4）按【Ctrl＋Shift＋Enter】快捷键完成数组公式的输入，在单元格区域 E3:E5 中分别得到三个季度个人总计的计算结果，如图 1-42 所示。

E3 {=B3:B5+C3:C5+D3:D5}

	A	B	C	D	E	F
1	一季度销售报表					
2	姓名	一月	二月	三月	季度个人总计	个人平均销售额
3	王玲	18300	19800	19900	58000	
4	李莹	16000	13900	15600	45500	
5	张贝贝	26500	22600	23500	72600	
6	每月总计	60800	56300	59000		

一季度销售报表

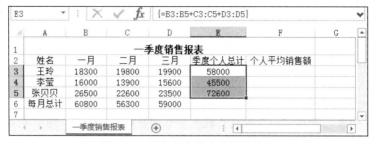

图 1-42　季度个人总计的计算结果

（5）选中单元格区域 F3:F5，输入公式“=(E3:E5)/3”计算个人平均销售额，如图 1-43 所示。

RANK =(E3:E5)/3

	A	B	C	D	E	F
1	一季度销售报表					
2	姓名	一月	二月	三月	季度个人总计	个人平均销售额
3	王玲	18300	19800	19900	58000	=(E3:E5)/3
4	李莹	16000	13900	15600	45500	
5	张贝贝	26500	22600	23500	72600	
6	每月总计	60800	56300	59000		

一季度销售报表

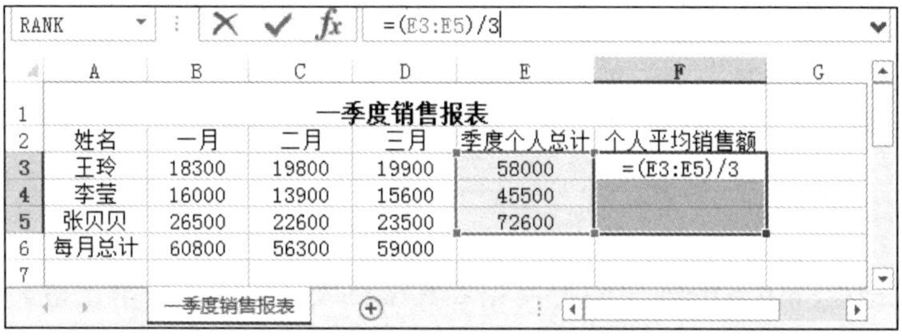

图 1-43　计算个人平均销售额

（6）按【Ctrl+Shift+Enter】快捷键完成数组公式的输入，在单元格区域 F3:F5 中分别得到三个个人平均销售额的计算结果，如图 1-44 所示。

F3 {=(E3:E5)/3}

	A	B	C	D	E	F
1	一季度销售报表					
2	姓名	一月	二月	三月	季度个人总计	个人平均销售额
3	王玲	18300	19800	19900	58000	19333.33
4	李莹	16000	13900	15600	45500	15166.67
5	张贝贝	26500	22600	23500	72600	24200.00
6	每月总计	60800	56300	59000		

一季度销售报表

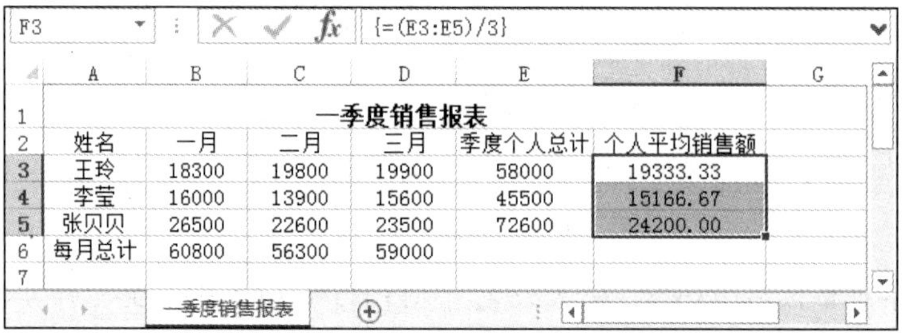

图 1-44　个人平均销售额的计算结果

提示：数组公式返回的多个计算结果是一个整体，无法单独改变任何一个值。利用数组公式不能被修改、删除某一部分的特点，可以保护公式不被随意修改。

1.3.3　名称的应用

在 Excel 中，虽然单元格本身已经具备了“地址”，但对大型的工作表进行单元格或单元格区域定位和计算时，给单元格区域定义名称将使数据处理和分析更便捷，例如可以有效地避免大范围的拖曳选区；可以使区域或公式可读性好，形成“自然语言公式”。

1. 命名规则

单元格区域的名称，要遵循以下规则。

①名称必须以字母或下画线开头，中间可以是字符、数字、句号或下画线。

②名称可以包含大、小写字母，但对大小写不予区别。如已使用了名称"Num"，在同一个工作簿中又给不同的区域定义名称"NUM"，系统将不接受这个名称，而是将光标定位在已命名的区域"Num"上。

③名称不能与单元格引用相同，如 A1C3、$ A1C$3 或$ A1C$3 等名称均不符合命名规则。

2. 名称的使用

1）为什么要定义名称

（1）快速定位。在编辑栏左侧的名称框下拉列表中找到已定义的名称"姓名"，单击该名称，即可将光标定位到单元格区域 A3:A5，如图 1-45 所示。

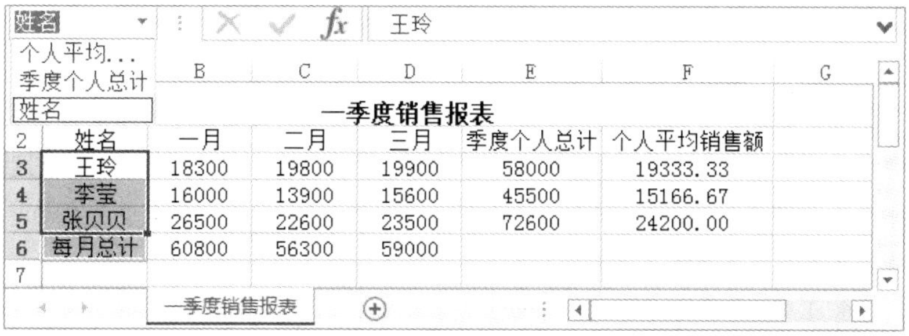

图 1-45　使用名称定位

（2）公式的计算。在单元格 E6 中输入公式"=sum(季度个人总计)"，如图 1-46 所示，单击编辑栏上的"输入"按钮，即可完成公式的计算。

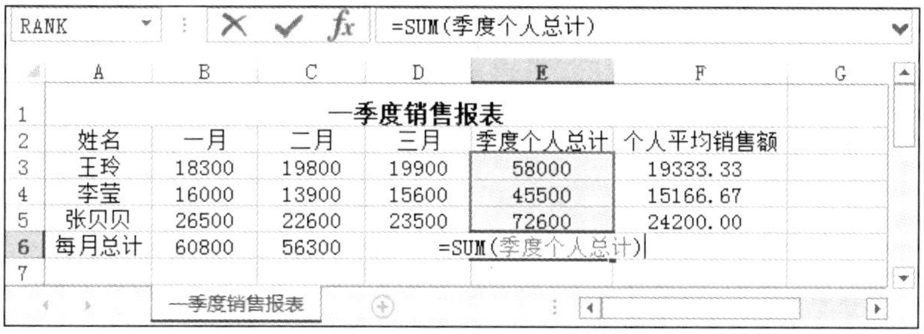

图 1-46　使用名称计算

2）快速定义名称的方法

方法一：选中单元格区域 A2:A5，如图 1-47 所示，在"公式"选项卡"定义的名称"功能区中，单击"新建名称"命令按钮，弹出"新建名称"对话框，在"名称"文本框中输入名称，单击"确定"按钮即可，如图 1-48 所示。

方法二：选中单元格区域 A2:A5，将光标移到"名称栏"中输入"姓名"，按【Enter】键完成名称的输入，如图 1-49 所示。

图 1-47　选择数据　　　　　　　　　图 1-48　"新建名称"对话框

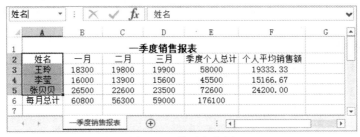

图 1-49　使用名称栏

方法三：选中单元格区域 A2:F5，如图 1-50 所示；在"公式"选项卡"定义的名称"功能区中，单击"根据所选内容创建"命令按钮，在弹出的"以选定区域创建名称"对话框中勾选"首行"复选框，单击"确定"按钮，如图 1-51 所示；通过"名称管理器"对话框查看已定义好的名称，如图 1-52 所示。

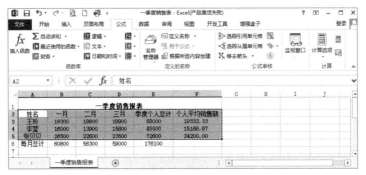

图 1-50　选中区域

图 1-51　"以选定区域创建名称"对话框　　　图 1-52　"名称管理器"对话框

3）重新修改名称的引用位置

如果需要修改已定义好的名称，只需重新对其编辑即可，不需要重新定义。

方法一：在"公式"选项卡"定义的名称"功能区中，单击"名称管理器"命令按钮，在弹出的"名称管理器"对话框中，如图 1-53 所示，选择要重新编辑的名称，单击"编辑"按钮，弹出"编辑名称"对话框，如图 1-54 所示，进行修改即可。

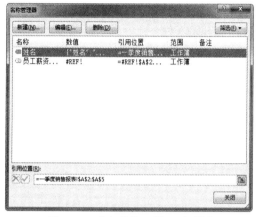

图 1-53 "名称管理器"对话框

图 1-54 "编辑名称"对话框

方法二：在"编辑名称"对话框的"引用位置"文本框中对需要修改的部分进行更改，可以手动进行修改，也可选中要修改的部分，单击右侧的"拾取器"按钮，回到工作表中重新选择数据源。

1.3.4 设置数据有效性

在创建 Excel 表的工作簿时，常常需要向工作表中录入大量的数据，不可避免地会产生录入错误。Excel 提供了为单元格设置数据有效性的功能。在很多情况下，通过设置数据的有效范围，用户只能输入有效数据，就降低了数据处理的复杂性，从而使数据的录入更方便、快捷，并可降低错误率。

设置数据有效性的方法：在"数据"选项卡"数据工具"功能区中，单击"数据验证"命令按钮中的"数据验证"命令，弹出"数据验证"对话框，如图 1-55 所示。其中：

任何值：默认选项，对输入数据不作任何限制，表示不使用数据有效性。

图 1-55 "数据验证"对话框

整数：指定输入的数值必须为整数，并可设置有效数据范围。

小数：指定输入的数值必须为数字或小数，并可设置有效数据范围。

序列：为有效数据指定一个序列，即为单元格添加下拉按钮，以方便数据的录入。

日期：指定输入的数值必须为日期，并可设置有效数据范围。

时间：指定输入的数值必须为时间，并可设置有效数据范围。

文本长度：指定有效数据的字符数。

自定义：使用自定义类型时，允许用户定义公式、使用表达式或引用其他单元格中各种计算值来判定输入数据的正确性。

输入信息选项：可在选定单元格时显示自定义的提示信息。

出错警告选项：可在输入了非法数据时，出现自定义的错误提示信息。

输入法模式选项：可在选定单元格时，自动打开输入法。

【例 1-7】使用数据有效性的方法，给"一季度销售报表"工作表中增加"性别"列数据。

操作步骤

（1）插入"性别"列。在"一季度销售报表"工作表中"姓名"列右侧插入"性别"列，并选中单元格区域 B3:B5，如图 1-56 所示。

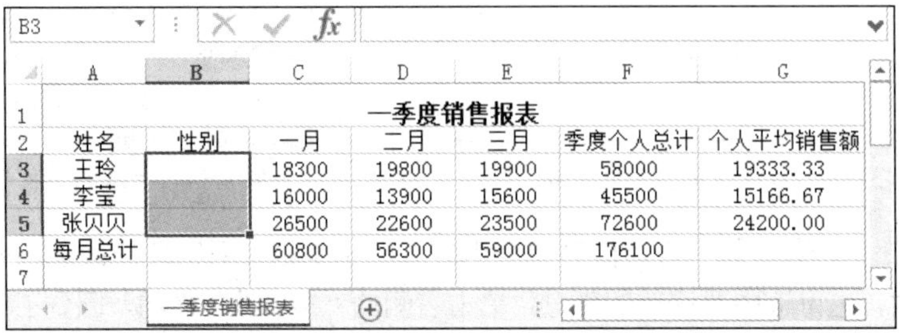

图 1-56 选中"性别"列数据

（2）设置数据有效性。在"数据"选项卡"数据工具"功能区中，单击"数据验证"命令按钮中的"数据验证"命令，在弹出的"数据验证"对话框中，单击"设置"选项卡中"允许"下拉按钮，如图 1-57 所示。此例选择的验证条件是"序列"，并在"来源"文本框中输入"男,女"（英文状态下的","），如图 1-58 所示。

图 1-57 "数据验证"对话框

图 1-58 "序列"验证条件

（3）设置提示信息。单击"数据验证"对话框"输入信息"选项卡，在"标题"文本框中输入"性别"，如图 1-59 所示。

（4）设置出错警告。单击"数据验证"对话框"出错警告"选项卡，可以输入错误提示信息，如图 1-60 所示。当录入数据出现错误时，将弹出错误提示。

图 1-59　"输入信息"选项卡

图 1-60　"出错警告"选项卡

（5）"性别"列的数据有效性最终效果如图 1-61 所示。

图 1-61　"性别"列的数据有效性最终效果

1.3.5　审核公式

1. 错误信息

处理错误信息是审核公式的基本功能之一。在使用公式或函数进行计算时，当单元格中的公式出现数据引用、编辑输入等错误时，Excel 会返回一个错误值。

常见错误值产生的原因及解决方法如表 1-1 所示。

表 1-1　常见错误值产生的原因及解决方法

错 误 值	错 误 原 因	解 决 方 法
#####!	公式的计算结果太长，当前单元格的列宽不够，或使用了负的日期或时间	调整列宽，使单元格能显示全部内容
#DIV/0!	当数值被 0 除时	修改除数所引用的单元格为非 0 值
#N/A	公式或函数中没有可用数值	查看公式或函数中引用的数据是否有拼写错误，例如 VLOOKUP 函数所要查找的数据并不在查找区域中
#NAME?	公式中引用了无法识别的名称	查看名称拼写是否错误，或是否未定义该名称；公式中正在使用的名称不能被删除，否则也会出现该错误信息

错 误 值	错误原因	解决方法
#NULL!	指定了两个并不相交的区域交叉点	查看是否有不正确的区域运算或数据引用
#NUM!	公式或函数中使用了无效的数值，例如公式产生的数字太大或太小，Excel 不能表示	修改公式，使运算结果在 Excel 的有效数字范围之间
#REF!	公式或函数中引用了无效的单元格	修改公式以正确地引用单元格，或查看公式中引用的单元格是否已被删除
#VALUE!	函数中的参数或运算对象的类型错误	确认公式或函数中所使用的参数正确，查看所引用的数据是否有效，例如四则运算中出现了文本型数据则会出错

当公式出现错误时，在单元格的左上角会出现一个绿色的小三角，选中该单元格后，会出现"出错警告"按钮，单击该按钮，即可显示错误提示信息及解决方法， 如图 1-62 所示，根据错误提示可以对公式进行修改。

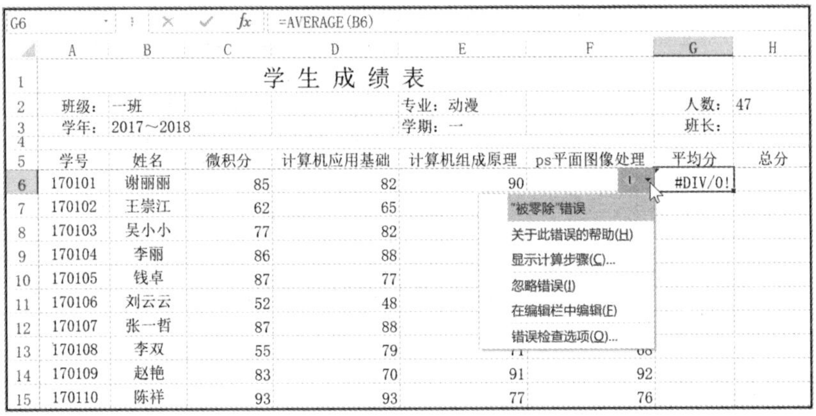

图 1-62　错误提示信息

2. 公式审核

公式审核是一种可以检查工作表中的公式和单元格之间的相互关系的工具，能够快速地找出具有引用关系的单元格，借此分析造成错误的单元格。在"公式"选项卡"公式审核"功能区中，有"追踪引用单元格""追踪从属单元格""显示公式""错误检查""公式求值"等命令按钮。

对复杂的公式，当不清楚公式中各种数据引用关系，或想追踪错误的公式时，可以利用 Excel 提供的公式审核功能实现。

1）追踪引用单元格

引用单元格是指被公式单元格引用的单元格，即提供数据的单元格。例如，单元格 A3 中的公式为"=A1+A2"，则称公式单元格 A3 引用了单元格 A1 和 A2。当需要查找为公式提供数据的单元格时，可以追踪引用单元格。

追踪引用单元格的操作方法：选中公式所在的单元格，在"公式"选项卡"公式审核"功能区中，单击"追踪引用单元格"命令按钮，Excel 将以蓝色标识该公式中引用的单元格，如图 1-63 所示，可见单元格 F7 引用了单元格 C4 和 C7。

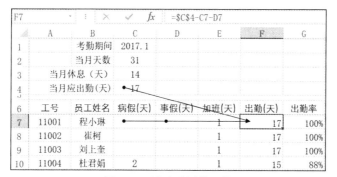

图 1-63 追踪引用单元格

追踪引用单元格时，如果引用单元格是通过公式引用其他单元格中的数据计算而来的，则可再次单击"追踪引用单元格"命令按钮进行追踪，每单击一次该按钮就可以向上追踪一级，直到查找到数据的最终来源。

要在单元格中快速追踪追除"######"以外的错误值导致公式出错的原因，可选择公式出错的单元格，然后在"公式审核"功能区中，单击"追踪从属单元格"命令按钮中的"追踪错误"按钮，此时表格中将显示从引用单元格到出错单元格的追踪箭头。其中，以红色箭头由引发错误的引用单元格指向出错的单元格，这样可快速查找出公式错误的原因。

2）追踪从属单元格

如果一个单元格被一个公式引用，这个单元格称为公式单元格的从属单元格。例如，单元格 A3 中的公式为"=A1+A2"，则称单元格 A1 和 A2 是公式单元格 A3 的从属单元格。

追踪从属单元格的操作方法：选中被公式引用的单元格，在"公式"选项卡"公式审核"功能区中，单击"追踪从属单元格"命令按钮，Excel 将以蓝色箭头指向公式单元格，如图 1-64 所示，即单元格 F7 是单元格 G7 的从属单元格。图中还标识出单元格 G7 也是其他非当前工作表或工作簿的从属单元格。

F7			×	✓	fx	=$C$4-C7-D7	
	A	B	C	D	E	F	G
1		考勤期间	2017.1				
2		当月天数	31				
3	当月休息（天）		14				
4	当月应出勤(天)		17				
6	工号	员工姓名	病假(天)	事假(天)	加班(天)	出勤(天)	出勤率
7	11001	程小琳			1	17	100%
8	11002	崔柯			1	17	100%
9	11003	刘上奎			1	17	100%
10	11004	杜君娟	2		1	15	88%

图 1-64 追踪从属单元格

3）追踪错误

追踪错误功能可以显示公式中出现错误的原因，并且能够再现计算步骤。

追踪错误的方法：选中公式单元格，在"公式"选项卡"公式审核"功能区中，单击"错误检查"命令按钮中的"追踪错误"按钮，Excel 将以蓝色标识出产生错误的单元格，如图 1-65 所示。

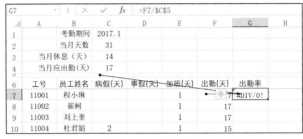

图 1-65　追踪错误

要取消追踪功能中的箭头，可以单击"公式审核"功能区中的"移去箭头"命令按钮。

1.4　实战训练

1.4.1　创建"学生成绩管理"系统

学生成绩管理是每个学校最重要的教学管理工作之一。学生成绩管理系统具有以下几个方面的功能：综合成绩构成、有效成绩计算、快捷的成绩查询、成绩统计分析及图表。

"学生成绩管理"系统由学生基本信息表、任课教师、班级成绩汇总表等工作簿构成。

任务一：创建"学生基本信息表"工作簿的"一班基本信息表"

操作步骤

（1）新建工作簿。在"文件"选项卡"新建"功能区中，单击"空白工作簿"命令按钮，并命名为"学生基本信息表"，创建工作表并命名为"一班"。

（2）制作一班基本信息表。选中单元格 A1:F1，在"开始"选项卡"对齐方式"功能区中，单击"合并并居中"命令按钮，将 A1:F1 合并，输入"学生基本信息表"，将"学号""姓名""身份证号"列数据补充完整，效果如图 1-66 所示。

（3）定义名称。选中单元格区域 A5:C52，在"公式"选项卡"定义的名称"功能区中，单击"根据所选内容创建"命令按钮，在弹出的"以选定区域创建名称"对话框中选定"首行"，单击"确定"按钮，如图 1-67 所示。

图 1-66　新建工作簿　　　　　　　图 1-67　"以选定区域创建名称"对话框

（4）修改名称。在"公式"选项卡"定义的名称"功能区中，单击"名称管理器"命令按钮，弹出"名称管理器"对话框，如图1-68所示，单击"编辑"按钮，修改名称为"一班性别""一班姓名""一班学号"，如图1-69所示。

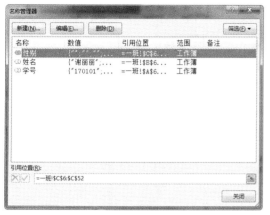

图 1-68　"名称管理器"对话框（1）　　　图 1-69　"名称管理器"对话框（2）

（5）复制一班的学生基本信息表，制作二班、三班的学生基本信息表。

任务二：创建"李老师（计算机应用基础）"工作簿中的"一班考勤表"

操作步骤

（1）打开"学生基本信息表"工作簿，如图1-70所示。

图 1-70　"学生基本信息表"工作簿

（2）新建工作簿。在"文件"选项卡"新建"功能区中，单击"空白工作簿"命令按钮，并命名为"李老师（计算机应用基础）"，创建工作表并命名为"一班考勤表"。

（3）制作"一班考勤表"。选中单元格A1:AF1，在"开始"选项卡"对齐方式"功能区中，单击"合并并居中"命令按钮，将A1:AF1合并并输入文字信息，效果如图1-71所示。

（4）设置单元格格式。选中A5单元格，右击，在弹出快捷菜单中选择"设置单元格格式"命令，在弹出的"设置单元格格式"对话框中，选择"数字"选项卡，修改格式为"常规"，如图1-72所示。

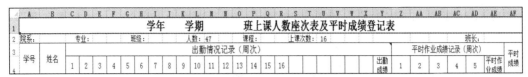

学年 学期 班上课人数座次表及平时成绩登记表
院系：
专业：
班级：
人数：47
课程：
上课次数：16
班长：
学号
姓名
出勤情况记录（周次）
1 2 3 4 5 6 7 8 9 10 11 12 13 14 15 16
出勤成绩
平时作业成绩记录（周次）
1 2 3 4 5
平时作业成绩
平时成绩

图 1-71 合并单元格

设置单元格格式
数字
对齐
字体
边框
填充
保护
分类(C):
常规
数值
货币
会计专用
日期
时间
百分比
分数
科学记数
文本
特殊
自定义
示例
常规单元格格式不包含任何特定的数字格式。
确定
取消

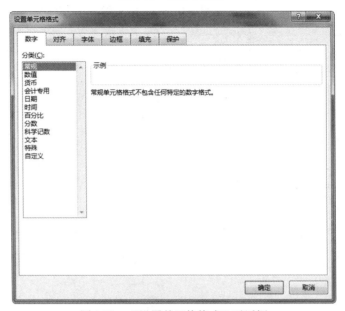

图 1-72 “设置单元格格式”对话框

（5）引用“学生基本信息表”信息。选中 A5 单元格，输入“=”，单击“学生基本信息表”工作簿中“一班”工作表 A6 单元格并按【Enter】键，相当于输入公式“=[学生基本信息表.xlsx]一班! $A$6”，将“学号”信息引用到“一班考勤表”中，效果如图 1-73 所示。

A5
=[学生基本信息表.xlsx]一班!$A$6
学号
姓名
出勤情况记录（周次）
1 2 3 4 5 6 7 8 9 10 11 12 13 14 15 16
170101
一班考勤表

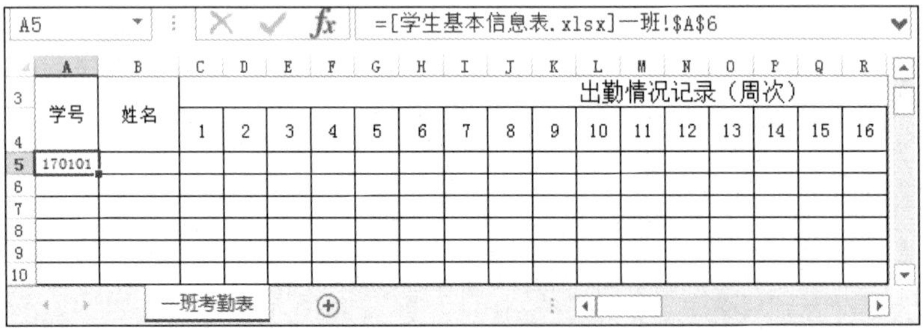

图 1-73 引用数据

（6）修改 A5 单元格中的公式为“=[学生基本信息表.xlsx]一班! A6”，以自动填充的方法向下复制公式，即将全部学生的“学号”信息引用到“一班考勤表”中，如图 1-74 所示。

（7）用同样的方法将“学生基本信息表”工作簿中的数据“姓名”引用到“一班考勤表”中。

（8）输入考勤记录和平时作业成绩，“一班考勤表”初步创建效果如图 1-75 所示。将会在项目 2 中继续本案例函数的运算。

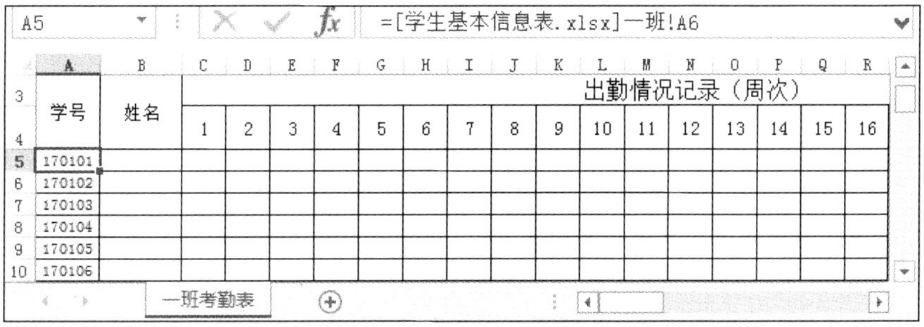

图 1-74　引用全部数据

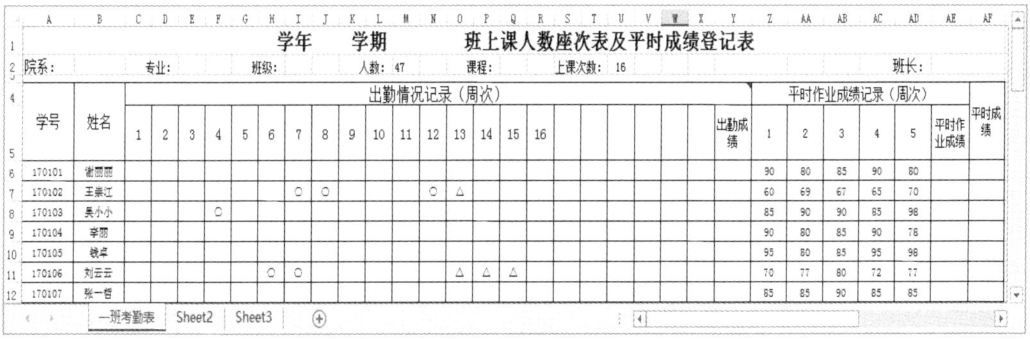

图 1-75　"一班考勤表"效果

（9）复制一班考勤表，制作二班和三班的考勤表。

任务三：创建"李老师（计算机应用基础）"工作簿中的"学生成绩表"

操作步骤

（1）新建工作表。在"三班考勤表"右侧单击"新工作表"按钮⊕，创建一张新的工作表，并命名为"一班成绩表"。

（2）制作"一班成绩表"。选中单元格 A1:F1，在"开始"选项卡"对齐方式"功能区中，单击"合并并居中"命令按钮，将单元格 A1:F1 进行合并并输入文字信息，效果如图 1-76 所示。

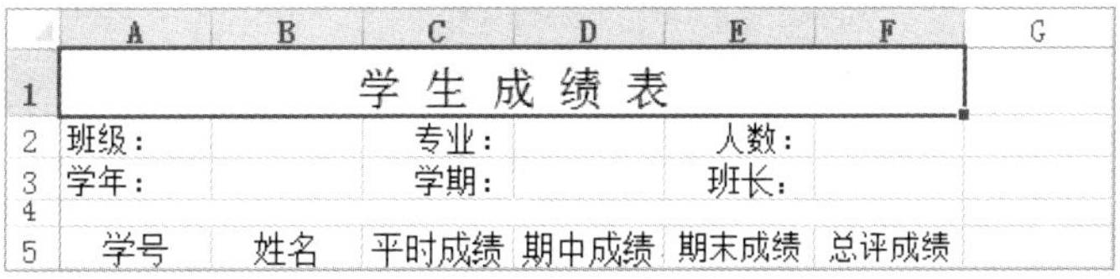

图 1-76　合并单元格

（3）用跟任务二同样的方法将"学生基本信息表"工作簿中的数据"班级""专业""学年""学期""学号""姓名"引用到"一班成绩表"中。

（4）输入期中和期末成绩，"一班成绩表"初步创建效果如图 1-77 所示。

图 1-77 "一班成绩表"效果

（5）用同样的方法制作二班和三班成绩表。

任务四：创建"班级成绩汇总表"工作簿中的"班级成绩表"

（1）新建工作簿。在"文件"选项卡"新建"功能区中，单击"空白工作簿"命令按钮，命名为"班级成绩汇总表"，创建工作表并命名为"一班"。

（2）"一班"工作表初步创建效果如图 1-78 所示。

图 1-78 "一班"工作表效果

（3）复制一班工作表，制作二班和三班成绩表。

1.4.2 创建"GT 公司人事管理"系统

"GT 公司人事管理"系统包含"员工出勤管理""员工信息管理"两个工作簿。在"员工信息管理"工作簿中创建了员工基本信息表及月度、季度、年度绩效考核表，在"员工出勤管理"工作簿中创建了考勤表及考勤统计表。

任务一：创建"员工信息管理"工作簿中的"员工基本信息表"

操作步骤

（1）新建工作簿。新建工作簿，命名为"员工信息管理"；新建工作表，命名为"员工基本信息表"，如图 1-79 所示。

图 1-79 "员工基本信息表"效果

（2）利用数据有效性的方法设置"民族""婚否""学历""职称"数据列。选中"民族"列，在"数据"选项卡"数据工具"功能区中，单击"数据验证"命令按钮并选择"数据验证"命令，弹出"数据验证"对话框，设置验证条件，如图 1-80 和图 1-81 所示。利用同上方法制作"婚否""学历""职称"列。

图 1-80 选中"民族"列　　　　　　　　　图 1-81 "数据验证"对话框

（3）将其他数据列信息输入完整，如图 1-82 所示。

图 1-82 "员工基本信息表"效果图

任务二：创建"员工信息管理"工作簿中的"绩效考核表"

操作步骤

（1）创建月绩效考核表。在"员工信息管理"工作簿中新建工作表，命名为"一月绩效考核表"。

（2）从"员工基本信息表"中引用"姓名""岗位"列的数据至"一月绩效考核表"中，效果如图 1-83 所示。

图 1-83 "一月绩效考核表"效果

（3）复制一月绩效考核表，制作二月和三月的绩效考核表。

（4）创建"一季度绩效考核表"。工作表初步创建效果如图 1-84 所示。

图 1-84 "一季度绩效考核表"效果

（5）创建"年度绩效考核表"。工作表初步创建效果如图 1-85 所示。

图 1-85 "年度绩效考核表"效果

任务三：创建"员工出勤管理"工作簿中的"员工考勤管理表"

操作步骤

（1）新建工作簿。在"文件"选项卡"新建"功能区中，单击"空白工作簿"命令按钮，命名为"员工考勤管理表"，创建工作表并命名为"一月"。

（2）从"员工基本信息表"中引用"工号""姓名"列的数据至"一月"工作表中，录入出勤基本信息，"一月"工作表初步创建效果如图 1-86 所示。

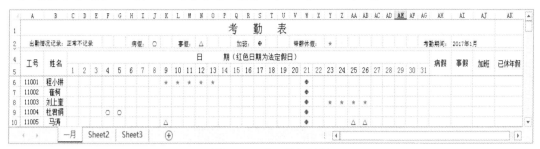

图 1-86　"一月"效果

（3）复制一月工作表，制作二月和三月工作表。

任务四：创建"员工出勤管理"工作簿中的"考勤统计表"

操作步骤

（1）新建工作表。创建新工作表，并命名为"一月考勤统计表"。

（2）从"员工基本信息表"中引用"工号""姓名"列的数据至"一月考勤统计表"工作表中，"一月考勤统计表"工作表初步创建效果如图 1-87 所示。

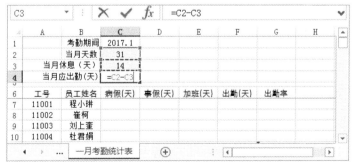

图 1-87　"一月考勤统计表"效果

（3）计算当月应出勤天数。选中单元格 C4，输入公式"=C2-C3"计算每月应出勤的天数，效果如图 1-88 所示。

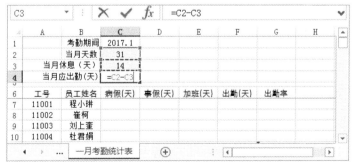

图 1-88　输入公式（1）

（4）计算每个人当月出勤的天数。选中单元格 F7，输入公式"=$C$4-C7-D7"计算每个人当月出勤的天数，效果如图 1-89 所示。

（5）计算每个人当月的出勤率。选中单元格 G7，输入公式"=F7/\$C\$4"计算每个人当月的出勤率，效果如图 1-90 所示。

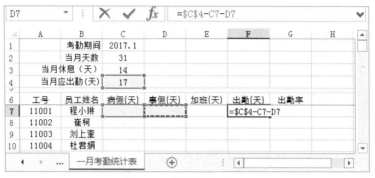

图 1-89　输入公式（2）

图 1-90　输入公式（3）

（6）复制一月考勤统计表，制作二月和三月考勤统计表。

任务五：创建"员工出勤管理"工作簿中的"一季度考勤统计表"

（1）制作一季度考勤统计表。在"三月考勤统计表"右侧单击新工作表按钮⊕，创建一张新的工作表，并命名为"一季度考勤统计表"。

（2）"一季度考勤统计表"工作表初步创建效果如图 1-91 所示。

图 1-91　"一季度考勤统计表"效果

项目2 功能强大的函数应用

2.1 项目展示：创建 GT 公司"薪资管理"工作簿

公式是由运算符连接的对数据进行计算的等式，函数则是一些预先编写的、按特定顺序或结构执行计算的特殊公式。在 Excel 中公式和函数是不分家的，根据需要公式中可以嵌入各种函数，函数是公式的重要组成部分。Excel 提供了大量的预置函数，使用函数可以简化公式，并能实现更为复杂的数据计算。

薪资管理是企业管理中必不可少的重要工作，薪资数据项目繁杂，需要用到函数对大量的数据进行计算。本项目创建了 GT 公司"薪资管理"工作簿，其中主要的工作表有：工资基础数据、福利表、保险公积金扣缴表、工资表等，在工作表的创建中引用了本公司"人力资源管理"系统中的数据。"薪资管理"工作簿效果如图 2-1 所示。

员工号	姓名	基本工资	岗位工资	绩效工资	加班工资	福利合计	应发工资合计	应扣病事假	五险一金	应纳税金额	个人所得税	应扣合计	实发工资
11001	程小琳	4400	3400	2700	317	1300	12117		1980	5137	303	2283	9834
11002	崔柯	4400	3200	2600		1300	11500		1980	4520	242	2222	9278
11003	刘上奎	3860	2800	1950	229	1165	10004		1737	3267	116	1853	8151
11004	杜君娟	4240	2800	2300	270	1260	10870	135	1908	3827	172	2215	8655
11005	马涛	4640	2800	2550	300	1360	11650	450	2088	4112	201	2739	8911
11006	张亚丽	3620	2600	1700		1105	9025		1629	2396	71	1700	7325
11007	朱瑞	2780	2600	1600		895	7875		1251	1624	48	1299	6576
11008	王国祥	2480	2200	1400		820	6900		1116	784	23	1139	5761

图 2-1 "薪资管理"工作簿

2.2 项目制作

任务一：创建"工资基础数据"工作表

操作步骤

（1）新建工作簿和工作表。创建工作簿"薪资管理.xlsx"，将其中的工作表"Sheet1"重命名为"工资基础数据"。

（2）给工作表填充数据。根据单位关于工资的各种制度设计表结构并输入数据，建成的表的结构和数据效果如图 2-2 所示。

	A	B	C	D
1	岗位	岗位工资	职称	职称级差系数
2	董事长	3400	高级经济师	2800
3	总经理	3200	高级会计师	2800
4	副总经理	2800	高级统计师	2800
5	董事长助理	2800	高级工程师	2800
6	总经理助理	2600	经济师	2000
7	财务总监	2800	会计师	2000
8	销售总监	2800	统计师	2000
9	项目总监	2800	工程师	2000

图 2-2 "工资基础数据"工作表效果

任务二：创建"福利表"工作表

"福利表"中的数据引用和计算要求如下。

①员工号、姓名、部门等数据引用自"员工信息管理.xlsx"工作簿中的"员工基本信息表"。

②住房补贴："员工基本信息表"中的"基本工资"的 10%。

③采暖补贴："员工基本信息表"中的"基本工资"的 15%。

④福利合计：住房补贴、采暖补贴、高温补贴、节假日补助之和。

操作步骤

（1）新建工作表。在"薪资管理.xlsx"工作簿中新建工作表"Sheet2"并命名为"福利表"，根据单位对工资的各种制度设计表结构。

（2）数据引用。分别在"福利表"中引用"员工信息管理.xlsx"工作簿中"员工基本信息表"中的"员工号""姓名""部门"等数据。

在 A2 单元格中输入公式"=[员工信息管理.xlsx]员工基本信息表!A2"。

在 B2 单元格中输入公式"=[员工信息管理.xlsx]员工基本信息表!B2"。

在 C2 单元格中输入公式"=[员工信息管理.xlsx]员工基本信息表!K2"。

（3）选中 A2 单元格，鼠标指向单元格右下角的填充柄，按下鼠标左键并向下拖曳，复制公式得到其他记录的员工号；选中 B2、C2 单元格，双击单元格右下角填充柄，即用自动填充的方法向下复制公式得到其他记录的姓名、部门数据。数据计算结果如图 2-3 所示。

提示：在每列数据的第一个单元格内输入公式或函数后，都要用自动填充的方法向下复制公式以得到下面的数据。这一步操作以后不再赘述。

（4）计算"住房补贴"和"采暖补贴"数据。

在 D2 单元格中输入公式"=[员工信息管理.xlsx]员工基本信息表!N2*10%"。

在 E2 单元格中输入公式"=[员工信息管理.xlsx]员工基本信息表!N2*15%"。

图 2-3 "福利表"结构及部分数据

（5）计算福利合计。选中 H2 单元格，输入函数"=SUM(D2:G2)"。数据计算结果如图 2-4 所示。

	A	B	C	D	E	F	G	H
1	员工号	姓名	部门	住房补贴	采暖补贴	高温补贴	节假日补助	合计
2	11001	程小琳	总经办	440	660		200	1300
3	11002	崔柯	总经办	440	660		200	1300
4	11003	刘上奎	总经办	386	579		200	1165
5	11004	杜君娟	总经办	424	636		200	1260
6	11005	马涛	总经办	464	696		200	1360
7	11006	张亚丽	总经办	362	543		200	1105
8	11007	朱瑞	总经办	278	417		200	895
9	11008	王国祥	总经办	248	372		200	820
10	11009	张聪	总经办	254	381		200	835

图 2-4 计算"合计"列数据

任务三：建立"保险公积金扣缴表"工作表

"保险公积金扣缴表"中的数据引用和计算要求如下。

①员工号、姓名、部门等数据引用自"员工信息管理.xlsx"工作簿中的"员工基本信息表"。

②养老保险："员工基本信息表"中的"基本工资"的 15%。

③医疗保险："员工基本信息表"中的"基本工资"的 5%。

④失业保险："员工基本信息表"中的"基本工资"的 5%。

⑤住房公积金："员工基本信息表"中的"基本工资"的 20%。

操作步骤

（1）新建工作表。在"薪资管理.xlsx"工作簿中新建工作表并重命名为"保险公积金扣缴表"，并设计表结构。

（2）数据引用。在"保险公积金扣缴表"中引用"员工基本信息表"中的"员工号"和"姓名"数据，如图 2-5 所示。

（3）计算养老保险、医疗保险、失业保险、住房公积金。

在 C2 单元格中输入公式"=[员工信息管理.xlsx]员工基本信息表!N2*15%"。

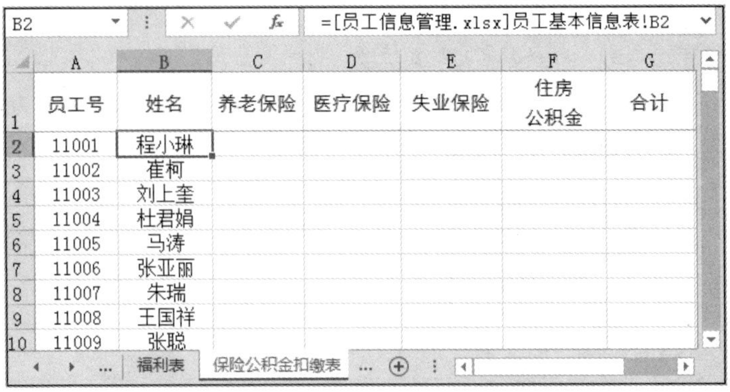

B2 =[员工信息管理.xlsx]员工基本信息表!B2

	A	B	C	D	E	F	G
1	员工号	姓名	养老保险	医疗保险	失业保险	住房公积金	合计
2	11001	程小琳					
3	11002	崔柯					
4	11003	刘上奎					
5	11004	杜君娟					
6	11005	马涛					
7	11006	张亚丽					
8	11007	朱瑞					
9	11008	王国祥					
10	11009	张聪					

福利表 | 保险公积金扣缴表

图 2-5 “保险公积金扣缴表”结构及部分数据

在 D2 单元格中输入公式“=[员工信息管理.xlsx]员工基本信息表!N2*5%”。

在 E2 单元格中输入公式“=[员工信息管理.xlsx]员工基本信息表!N2*5%”。

在 F2 单元格中输入公式“=[员工信息管理.xlsx]员工基本信息表!N2*20%”。数据计算结果如图 2-6 所示。

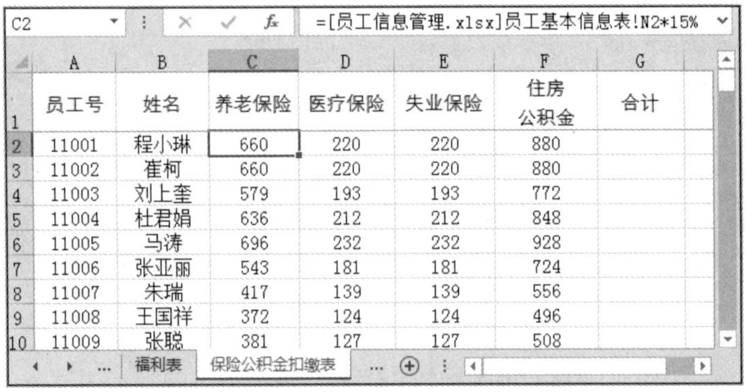

C2 =[员工信息管理.xlsx]员工基本信息表!N2*15%

	A	B	C	D	E	F	G
1	员工号	姓名	养老保险	医疗保险	失业保险	住房公积金	合计
2	11001	程小琳	660	220	220	880	
3	11002	崔柯	660	220	220	880	
4	11003	刘上奎	579	193	193	772	
5	11004	杜君娟	636	212	212	848	
6	11005	马涛	696	232	232	928	
7	11006	张亚丽	543	181	181	724	
8	11007	朱瑞	417	139	139	556	
9	11008	王国祥	372	124	124	496	
10	11009	张聪	381	127	127	508	

福利表 | 保险公积金扣缴表

图 2-6 “保险公积金扣缴表”部分数据

（4）计算合计。选中 G2 单元格，输入函数“=SUM(C2:F2)”，如图 2-7 所示。

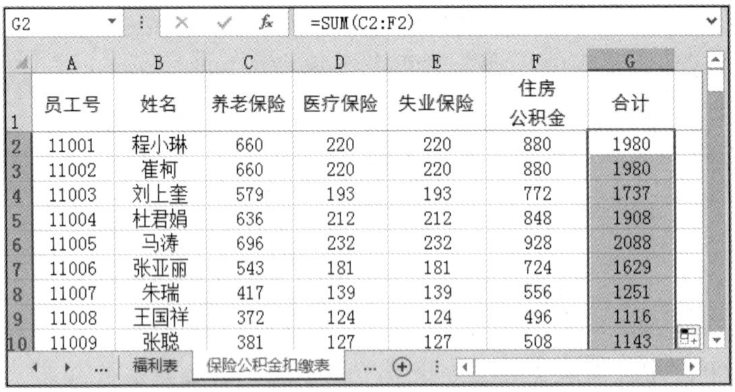

G2 =SUM(C2:F2)

	A	B	C	D	E	F	G
1	员工号	姓名	养老保险	医疗保险	失业保险	住房公积金	合计
2	11001	程小琳	660	220	220	880	1980
3	11002	崔柯	660	220	220	880	1980
4	11003	刘上奎	579	193	193	772	1737
5	11004	杜君娟	636	212	212	848	1908
6	11005	马涛	696	232	232	928	2088
7	11006	张亚丽	543	181	181	724	1629
8	11007	朱瑞	417	139	139	556	1251
9	11008	王国祥	372	124	124	496	1116
10	11009	张聪	381	127	127	508	1143

福利表 | 保险公积金扣缴表

图 2-7 计算“合计”列数据

任务四：创建“工资表”工作表

“工资表”中的数据引用和计算要求如下：

①员工号、姓名、部门等数据引用自"员工信息管理.xlsx"工作簿中的"员工基本信息表"。

②绩效工资的数据引用自"一月绩效考核表"。

③加班工资：个人天平均绩效工资（个人当月的绩效工资除以当月应出勤天数）的 2 倍乘以加班天数。当月应出勤天数及当月加班天数数据引用自"员工出勤管理.xlsx"工作簿中的"一月考勤统计表"。

④应发工资合计：基本工资、岗位工资、绩效工资、加班工资及福利合计之和。

⑤应扣病事假：病假（天）扣除个人天平均绩效工资的 50%，事假（天）扣除个人天平均绩效工资的 100%。病事假数据引用自"员工出勤管理.xlsx"工作簿中的"一月考勤统计表"。

⑥应纳税金额：从应发工资合计中扣除应扣病事假、五险一金及 5000 元（个税起征点为 5000 元）。

⑦个人所得税：GT 公司按 4 级税率计算个人所得税。

按照我国现行税收制度，2019 年个税起征点为 5000 元，个人所得税七级累进税率如表 2-1 所示。

表 2-1　个人所得税累进税率表

个人所得税七级累进税率表			
级　数	含税级距	税率（%）	速算扣除数
1	不超过 3000 元的	3	0
2	超过 3000 元至 12000 元的部分	10	210
3	超过 12000 元至 25000 元的部分	20	1410
4	超过 25000 元至 35000 元的部分	25	2660
5	超过 35000 元至 55000 元的部分	30	4410
6	超过 55000 元至 80000 元的部分	35	7160
7	超过 80000 元的部分	45	15160

在计算个人所得税时，可以根据公司的最高工资情况，选择输入适合的级别税率，不必输入全部 7 级税率。

⑧应扣合计：应扣病事假、五险一金及个人所得税之和。

⑨实发工资：应发工资合计与应扣合计之差。

操作步骤

（1）新建工作表。在"薪资管理.xlsx"工作簿中新建工作表，并命名为"工资表"，设计表结构。

（2）数据引用。在"工资表"中引用"员工基本信息表"中的员工号、姓名。

（3）引用基本工资、岗位工资、绩效工资数据。

在 C4 单元格中输入公式“=[员工信息管理.xlsx]员工基本信息表!N2”。

在 D4 单元格中输入公式“=[员工信息管理.xlsx]员工基本信息表!O2”。

在 E4 单元格中输入公式“=[员工信息管理.xlsx]一月绩效考核表!G2”，结果如图 2-8 所示。

E4 | [员工信息管理.xlsx]一月绩效考核表 !G2

工资表

制表人： 日期：2017年1月

员工号	姓名	基本工资	岗位工资	绩效工资	加班工资	福利合计	应发工资合计	应扣病事假	五险一金	应纳税金额	个人所得税	应扣合计	实发工资
11001	程小琳	4400	3400	2700									
11002	崔柯	4400	3200	2600									
11003	刘上奎	3860	2800	1950									
11004	杜君娟	4240	2800	2300									
11005	马涛	4640	2800	2550									
11006	张亚丽	3620	2600	1700									
11007	朱瑞	2780	2600	1600									
11008	王国祥	2480	2200	1400									

福利表 保险公积金扣缴表 工资表 工资条 工资基础数据

图 2-8 “工资表”部分数据

（4）计算：加班工资、福利合计、应发工资合计列数据。

在单元格 F4 中输入函数“=INT($E4/[员工出勤管理.xlsx]一月考勤统计表!$C$4*[员工出勤管理.xlsx]一月考勤统计表!E7*2)”。

在单元格 G4 中输入公式“=福利表!H2”。

在单元格 H4 中输入函数“=SUM(C4:G4)”，向下填充公式。数据计算结果如图 2-9 所示。

H4 | =SUM(C4:G4)

工资表

制表人： 日期：2017年1月

员工号	姓名	基本工资	岗位工资	绩效工资	加班工资	福利合计	应发工资合计	应扣病事假	五险一金	应纳税金额	个人所得税	应扣合计	实发工资
11001	程小琳	4400	3400	2700	317	1300	12117						
11002	崔柯	4400	3200	2600	305	1300	11805						
11003	刘上奎	3860	2800	1950	229	1165	10004						
11004	杜君娟	4240	2800	2300	270	1260	10870						
11005	马涛	4640	2800	2550	300	1360	11650						
11006	张亚丽	3620	2600	1700		1105	9025						
11007	朱瑞	2780	2600	1600		895	7875						
11008	王国祥	2480	2200	1400		820	6900						

福利表 保险公积金扣缴表 工资表 工资条 工资基础数据

图 2-9 计算“应发工资合计”等

（5）计算：应扣病事假、五险一金数据、应纳税金额、个人所得税列数据。

在单元格 I4 中输入函数“=INT(([员工出勤管理.xlsx]一月考勤统计表!C7/2+[员工出勤管理.xlsx]一月考勤统计表!D7)*工资表!E4/[员工出勤管理.xlsx]一月考勤统计表!$C$4)”。

在单元格 J4 中输入公式“=保险公积金扣缴表!G2”。

在单元格 K4 中输入函数“=IF(H4-I4-J4-5000<=0,0,H4-I4-J4-5000)”。

在单元格 L4 中输入函数

“=INT(IF(K4<=0,0,IF(K4<=3000,0.03*K4,IF(K4<=12000,0.1*K4-210,0.2*K4-1410))))”，向下填充公式。数据计算结果如图 2-10 所示。

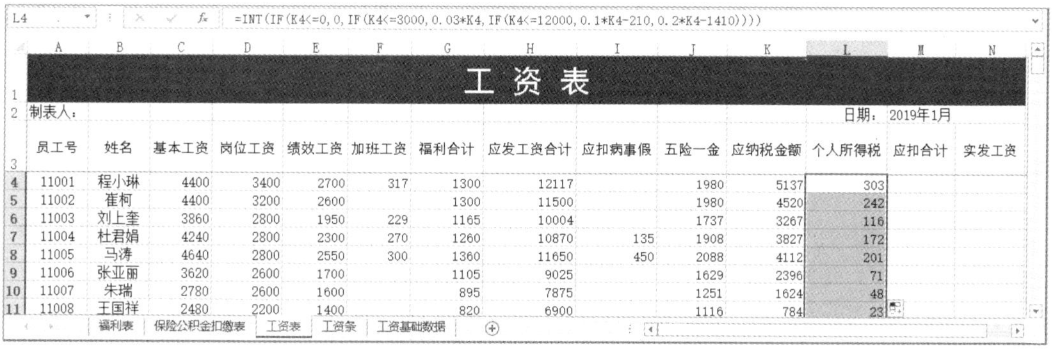

L4 =INT(IF(K4<=0,0,IF(K4<=3000,0.03*K4,IF(K4<=12000,0.1*K4-210,0.2*K4-1410))))

工资表

制表人： 日期：2019年1月

员工号	姓名	基本工资	岗位工资	绩效工资	加班工资	福利合计	应发工资合计	应扣病事假	五险一金	应纳税金额	个人所得税	应扣合计	实发工资
11001	程小琳	4400	3400	2700	317	1300	12117		1980	5137	303		
11002	崔柯	4400	3200	2600		1300	11500		1980	4520	242		
11003	刘上奎	3860	2800	1950	229	1165	10004		1737	3267	116		
11004	杜君娟	4240	2800	2300	270	1260	10870	135	1908	3827	172		
11005	马涛	4640	2800	2550	300	1360	11650	450	2088	4112	201		
11006	张亚丽	3620	2600	1700		1105	9025		1629	2396	71		
11007	朱瑞	2780	2600	1600		895	7875		1251	1624	48		
11008	王国祥	2480	2200	1400		820	6900		1116	784	23		

福利表 保险公积金扣缴表 工资表 工资条 工资基础数据

图 2-10 计算“个人所得税”等

（6）计算：应扣合计、实发工资。

在单元格 M4 中输入函数“=SUM(I4,j4,l4)”。

在单元格 N4 中输入函数“=H4-M4”，向下填充公式。数据计算结果如图 2-11 所示。

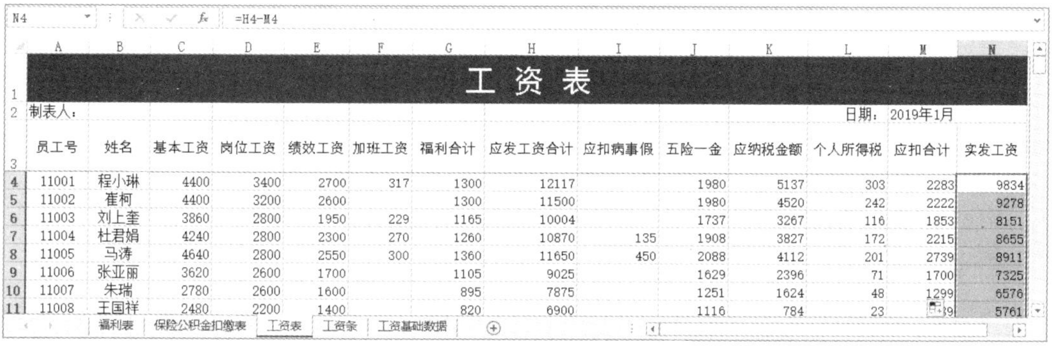

N4 =H4-M4

工资表

制表人： 日期：2019年1月

员工号	姓名	基本工资	岗位工资	绩效工资	加班工资	福利合计	应发工资合计	应扣病事假	五险一金	应纳税金额	个人所得税	应扣合计	实发工资
11001	程小琳	4400	3400	2700	317	1300	12117		1980	5137	303	2283	9834
11002	崔柯	4400	3200	2600		1300	11500		1980	4520	242	2222	9278
11003	刘上奎	3860	2800	1950	229	1165	10004		1737	3267	116	1853	8151
11004	杜君娟	4240	2800	2300	270	1260	10870	135	1908	3827	172	2215	8655
11005	马涛	4640	2800	2550	300	1360	11650	450	2088	4112	201	2739	8911
11006	张亚丽	3620	2600	1700		1105	9025		1629	2396	71	1700	7325
11007	朱瑞	2780	2600	1600		895	7875		1251	1624	48	1299	6576
11008	王国祥	2480	2200	1400		820	6900		1116	784	23	[illegible]	5761

福利表 保险公积金扣缴表 工资表 工资条 工资基础数据

图 2-11 计算“应扣合计”“实发工资”

2.3 知识点击

在公式中使用函数，往往可以简化输入和计算关系，例如，不使用函数的公式“=E3+(A1+B1+C1+D1+E1)/5”与使用函数的公式“=E3+AVERAGE(A1:E1)”是等价的，但很明显使用函数的公式更加简单明了。没有使用函数的公式往往只能解决一些简单的计算问题，在想完成特殊的计算或者进行比较复杂的数据计算时，往往需要在公式中使用函数。例如，自动分析条件并返回相应的值、按条件求和、统计条目数、按条件查找数据等。在公式中合理地应用函数可以大大提高工作效率。

本项目知识要点：

- ❒ 函数的结构和调用；
- ❒ 数学函数的应用；
- ❒ 日期和时间函数的应用；
- ❒ 文本和数据函数的应用；
- ❒ 逻辑函数的应用；

❏ 查找与引用函数的应用；

❏ 财务函数的应用。

2.3.1 函数的调用

Excel 提供了大量的内置函数，主要包括数学函数、文本和数据函数、日期与时间函数、查找和引用函数、逻辑函数、信息函数、财务函数、统计函数、工程函数、数据库函数等，用于科学计算、工程管理、金融管理、财务管理、统计和审计等不同领域。另外，用户还可以利用 VBA 或宏编写自定义函数以用于特定的需要。

1. 函数的结构

函数的语法以函数的名称开始，后面跟括号，括号中是以逗号","隔开的参数，即"函数名(参数 1,参数 2,参数 3,…)"。函数通过参数接收数据，运算后产生一个返回值，例如求和函数：

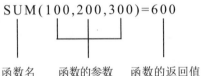

$$SUM(100,200,300)=600$$

函数名 　函数的参数 　函数的返回值

函数名用于描述函数的功能，函数的参数可以是数、文字、逻辑值和引用等。

2. 输入函数

函数作为公式的一部分，其输入方法和输入公式的方法类似，如果是非常熟悉的函数，可以在单元格中直接输入，对于不太熟悉的函数，可以使用菜单命令，根据提示的帮助插入函数。

方法一：在单元格中直接输入函数。

在单元格中直接输入函数与输入公式的方法相同，例如，要求计算出三个数的平均值放在 D1 单元格中，则在 D1 单元格中输入函数"=AVERAGE(A1:C1)"即可。

在输入函数的过程中，系统会提示所输入的函数名，如图 2-12 所示，此时双击所需要的函数名，则函数名就出现在公式编辑栏中了，再输入参数即可。单击编辑栏上的"输入"按钮 ✔，即可完成函数的输入，同时在单元格中得到函数返回值，如图 2-13 所示。

图 2-12　输入函数　　　　　　　　图 2-13　函数返回值

方法二：使用命令按钮插入函数。

在"公式"选项卡中，单击"插入函数"命令按钮，会弹出"插入函数"对话框，如图 2-14 所示。

使用命令按钮插入函数，是在"插入函数"对话框中，以可视化的方法选择所需要的函数，并设置函数的参数。

搜索函数：如果想要实现的操作不知道用哪一个函数，则可以在"搜索函数"栏中输入对函数功能的简单描述，如"平均值"，单击"转到"按钮，则可以在"选择函数"栏中出现和此功能相关的所有函数。

选择类别：单击"选择类别"下拉列表，可以选择函数的类别，如查找与引用函数。

选择函数：在选择类别后，选择所需要的函数。

图 2-14 "插入函数"对话框

【例 2-1】 在 D1 单元格中计算出三个数的平均值。

操作步骤

（1）选择 D1 单元格，在"公式"选项卡中，单击"插入函数"命令按钮，在弹出的"插入函数"对话框中选择类别和函数，如图 2-15 所示。

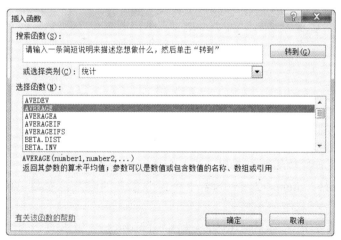

图 2-15 选择函数

（2）单击"确定"按钮，在弹出的"函数参数"对话框中设置参数，如图 2-16 所示。

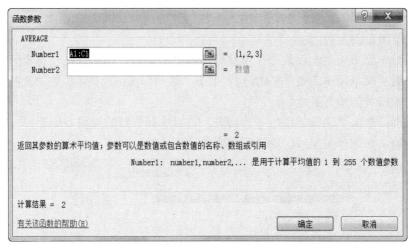

图 2-16　设置函数参数

（3）单击"确定"按钮，计算结果如图 2-17 所示。

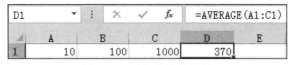

图 2-17　平均值计算结果

3. 嵌套函数

嵌套函数也称复合函数，就是将一个函数作为另一函数的参数使用。在 Excel 中函数的嵌套最多可达 7 层。

例如，嵌套函数 INT(AVERAGE(A1:C1))，其中函数 AVERAGE(A1:C1)的返回值为函数 INT()的参数，表示单元格区域 A1～C1 的平均值取整后的数值，如图 2-18 所示。

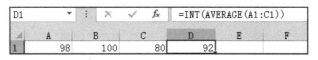

图 2-18　嵌套函数

2.3.2　数学函数

1. SUM 函数

语法：SUM(number1,number2,…)。

功能：返回所有参数的数值之和，或单元格区域中所有数值之和。

说明：number1，number2，…为若干个需要求和的参数，参数也可以是单元格区域引用。

例如，在如图 2-19 所示的 D15 单元格中输入函数"=SUM(F2:F13*G2:G13)"，并按【Enter】键，即可计算 GT 公司三月销售总金额。

D15 {=SUM(F2:F13*G2:G13)}

	A	B	C	D	E	F	G
1	订单号	订单日期	产品型号	产品名称	区域	销量	单价(万元)
2	#170301	2017/03/02	XC-95	产品C5	华东	20	¥ 4
3	#170302	2017/03/04	XC-91	产品C1	华中	40	¥ 3
4	#170303	2017/03/09	XB-83	产品B3	华中	15	¥ 2
5	#170304	2017/03/10	XC-94	产品C4	华东	50	¥ 4
6	#170305	2017/03/11	XB-81	产品B1	华中	20	¥ 2
7	#170306	2017/03/13	XC-92	产品C2	华东	50	¥ 3
8	#170307	2017/03/18	XA-74	产品A4	华东	22	¥ 3
9	#170308	2017/03/21	XC-95	产品C5	华东	22	¥ 4
10	#170309	2017/03/21	XB-83	产品B3	西南	22	¥ 2
11	#170310	2017/03/25	XA-71	产品A1	华东	19	¥ 2
12	#170311	2017/03/27	XC-95	产品C5	华北	40	¥ 4
13	#170312	2017/03/30	XC-92	产品C2	华东	18	¥ 3
14							
15		三月销售总金额（万元）		1002.4			
16							

图 2-19　求销售总金额

2. SUMIF 函数

语法：SUMIF(range,criteria,[sum_range])。

功能：在区域 range 中查找符合条件 criteria 的数据，再在区域 sum_range 中对满足条件的数据求和。

说明：range 为指定的查找单元格区域；criteria 为判断条件，其形式可以为数字、表达式或文本；sum_range 为参加求和的实际单元格区域，此参数可以省略，如果省略，会对应用 range 指定的区域的单元格求和。

【例 2-2】从上例 GT 公司三月份的销售订单表，计算出该公司三月份各个区域的销售总额。

操作步骤

（1）在如图 2-20 所示的各区域销售总额表中选中 B2 单元格，在编辑栏中输入函数“=SUMIF(三月份销售订单表!$D$2:$D$13,A2,三月份销售订单表!$G$2:$G$13)”，并按【Enter】键，得到华北地区的销售总额。

=SUMIF(三月份销售订单表!$D$2:$D$13,A2,三月份销售订单表!$G$2:$G$13)

	A	B	C	D	E
1	区域	三月份销售总金额(万元)			
2	华北	144			
3	华东				
4	华中				
5	西南				

图 2-20　各区域销售总额表

（2）选中 B2 单元格，向下拖动单元格右下角的填充柄，使用序列填充的方法计算其余区域的销售总额，如图 2-21 所示。

=SUMIF(三月份销售订单表!$D$2:$D$13,A2,三月份销售订单表!$G$2:$G$13)

	A	B	C	D	E
1	区域	三月份销售总金额(万元)			
2	华北	144			
3	华东	626.4			
4	华中	188			
5	西南	44			
6					

图 2-21　计算其余区域的销售总额

3. SUMIFS 函数

语法：SUMIFS(sum_range, criteria_range1, criteria1, [criteria_range2, criteria2], ...)。

功能：对区域中满足多个条件的单元格求和。

说明：sum_range 为要求和的单元格区域；criteria_range1 为在其中计算关联条件的第一个区域；criteria1 是关联条件，用来定义将对 criteria_range1 区域中的哪些单元格进行求和；criteria_range2、criteria2,...是可选项，是附加的区域及其关联条件，用来继续设置多个条件。

【例 2-3】如图 2-22 所示为 GT 公司产品的一季度销售订单，统计每个月每种产品的销售情况。

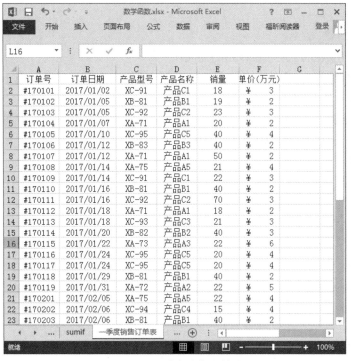

图 2-22　一季度销售订单表

操作步骤

（1）在如图 2-23 所示的产品销售统计表的 B3、C3、D3 单元格中依次输入以下函数：

"=SUMIFS(一季度销售订单表!$E$2:$E$44，一季度销售订单表!$A$2:$A$44，"#1701*"，一季度销售订单表!$D$2:$D$44，$A3)"；

"=SUMIFS(一季度销售订单表!$E$2:$E$44，一季度销售订单表!$A$2:$A$44，"#1702*"，一季度销售订单表!$D$2:$D$44，$A3)"；

"=SUMIFS(一季度销售订单表!$E$2:$E$44，一季度销售订单表!$A$2:$A$44，"#1703*"，一季度销售订单表!$D$2:$D$44，$A3)"。

按【Enter】键后得到每个月产品 A1 的销量之和。

=SUMIFS(一季度销售订单表!$E$2:$E$44,一季度销售订单表!$A$2:$A$44,"#1703*",一季度销售订单表!$D$2:$D$44,$A3)

	A	B	C	D	E	F	G	H	I
1	月份	1	2	3					
2	产品名称								
3	产品A1	88	0	19					
4	产品A2								
5	产品A3								
6	产品A4								
7	产品A5								
8	产品B1								
9	产品B2								
10	产品B3								
11	产品C1								
12	产品C2								
13	产品C3								
14	产品C4								
15	产品C5								

图 2-23　每个月产品 A1 的销售之和

（2）选中单元格 B3、C3、D3，双击右下角的填充柄，自动向下填充公式，计算出其他产品的每月销量之和，结果如图 2-24 所示。

	A	B	C	D
1	月份	1	2	3
2	产品名称			
3	产品A1	88	0	19
4	产品A2	22	47	0
5	产品A3	22	23	0
6	产品A4	0	50	22
7	产品A5	21	22	0
8	产品B1	99	40	20
9	产品B2	40	23	0
10	产品B3	40	45	37
11	产品C1	40	21	40
12	产品C2	93	20	68
13	产品C3	21	21	0
14	产品C4	0	15	50
15	产品C5	80	21	82

图 2-24　每月每种产品销售之和

4. ROUND 函数

语法：ROUND(number,num_digits)。

功能：返回参数按指定位四舍五入后的数值。

说明：number 为需要进行四舍五入的数值；num_digits 为要进行四舍五入运算的小数位数。

如果 num_digits 大于 0，则将数字四舍五入到指定的小数位数。例如，ROUND(2.15, 1) 将 2.15 四舍五入到第一个小数位，结果是 2.2。

如果 num_digits 等于 0，则将数字四舍五入到最接近的整数。例如，ROUND(32.2653,0) 返回结果是 32，而 ROUND(32.5653,0)返回结果是 33。

如果 num_digits 小于 0，则将数字四舍五入到小数点左边的相应位数。例如，ROUND (21.5,-1)将 21.5 四舍五入到小数点左侧一位，结果是 20。

例如，计算如图 2-25 所示的表格中课程的不及格率，要求百分比的数值精确到小数点后两位。在单元格 D2 中输入公式"=ROUND(C2/B2,4)"，由于要求百分比的数值中保留两位小数，所以这里保留到相除后结果的第四位，计算结果如图 2-25 所示。

	A	B	C	D
1	课程	参加考试总人数	不及格人数	不及格率
2	高等数学	458	18	3.93%
3	C语言	240	7	2.92%
4	计算机应用基础	576	9	1.56%

图 2-25　计算课程不及格率

5. INT 函数

语法：INT(number)。

功能：返回不大于参数 number 的最大整数。

说明：如果 number 是一个正数，INT 函数的返回值是直接把小数部分去掉后的值，例如，INT(8.9)将返回数值 8。

如果 number 是一个负数，需要注意 INT 函数的返回值是远离零的方向的取值，例如，INT(-8.9)将返回-9。

6. TRUNC 函数

语法：TRUNC(number,[num_digits])。

功能：按指定位数截断数字。

说明：number 是需要被截取的数字；num_digits 是可选参数，用于指定取整精度，它的默认值为 0。

例如，超市在收银时把分值的零钱舍掉。在如图 2-26 所示中的单元格 E2 中输入函数"= TRUNC(D2,1)"即可。

E2		▼	⋮	×	✓	fx	=TRUNC(D2, 1)	
	A	B	C	D	E	F		
1	名称	单价	数量	金额	应收金额			
2	西兰花	1.52	1.78	2.7056	2.7			
3	火龙果	12.53	3.3	41.349	41.3			
4	苹果	8.99	8.3	74.617	74.6			
5	西瓜	1.28	13.2	16.896	16.8			

图 2-26　计算应收金额

TRUNC 函数对数据是直接截断而不是四舍五入，当函数的第二个参数省略时，默认为 0，此时 TRUNC 函数功能类似于 INT 函数，当两者的参数是正数时，返回的结果完全相同，都返回数值的整数部分；而当函数的参数是负数时，TRUNC 函数是直接去掉数值的小数部分，而 INT 函数则是去掉小数位后加-1。

7. MOD 函数

语法：MOD(number,divisor)。

功能：返回两数相除的余数，结果的符号与除数相同。

2.3.3　统计函数

1. AVERAGE 函数

语法：AVERAGE(number1,number2,…)。

功能：返回所有参数的平均值。

例如：计算单元格区域 A1～C1 中数据的平均值，结果如图 2-27 所示；求 A1～C1 和数值 10 的平均值，结果如图 2-28 所示。

	A	B	C	D	E
1	70	80	90	80	

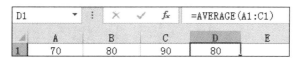

图 2-27　AVERAGE 函数的应用（1）

	A	B	C	D	E
1	70	80	90	62.5	

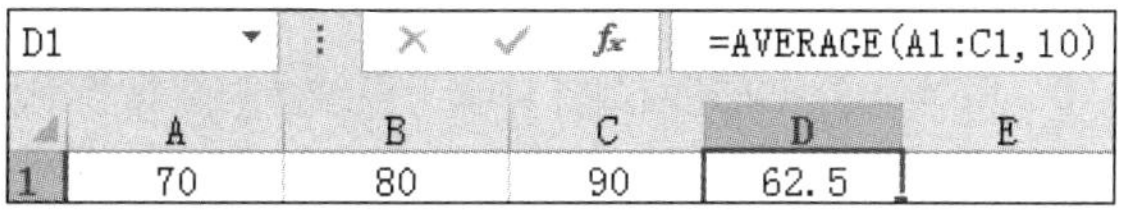

图 2-28　AVERAGE 函数的应用（2）

2. AVERAGEA 函数

语法：AVERAGEA(number1,number2,...)。

功能：返回所有参数的平均值。

AVERAGEA 函数和 AVERAGE 函数的区别是：AVERAGE 函数只统计所给区域中的数字，如果区域中包含文本或逻辑值，则这些值将被忽略；而 AVERAGEA 函数可以在平均值计算中包含引用中的逻辑值和文本，运算时逻辑真算作 1，逻辑假算作 0，文本值算作 0。

【例 2-4】在如图 2-29 所示的成绩表中分别计算不包含缺考学生和包含缺考学生的成绩平均值。

操作步骤

（1）计算不包括缺考成绩的平均分。在 D10 单元格中输入函数"=INT(AVERAGE(D2:D8))"，按【Enter】键后得出语文不包括缺考成绩的平均分，用序列填充的方法向 E10、F10 填充，得到数学和英语不包括缺考成绩的平均分，如图 2-29 所示。

	A	B	C	D	E	F
1	班级	姓名	性别	语文	数学	英语
2	五（1）	谭宜	女	87	76	90
3	五（1）	蔡尔沃	男	79	94	45
4	五（2）	周余力	男	75	88	56
5	五（1）	李思思	女	0	0	0
6	五（1）	李武	男	90	94	90
7	五（2）	张柳牛	男	缺考	77	87
8	五（2）	王其人	男	70	缺考	79
9						
10		**不包括缺考的平均分**		66	71	63
11						

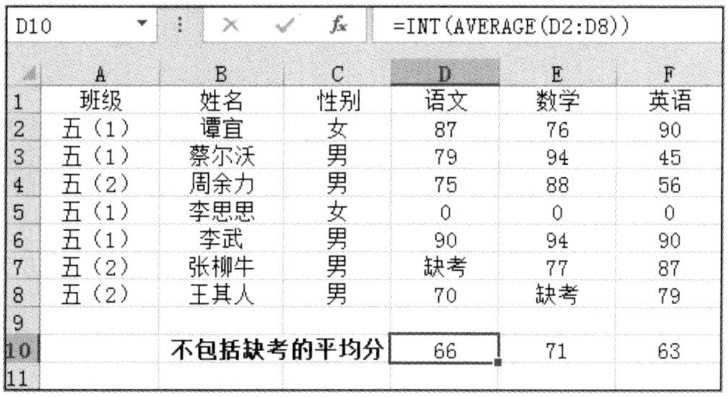

图 2-29　用 AVERAGE 函数计算缺考成绩不参与运算的平均分

（2）计算包括缺考成绩的平均分。在 D11 单元格中输入函数"=INT(AVERAGEA(D2:D8))"，按【Enter】键后得出语文包括缺考成绩的平均分，缺考成绩按 0 计算。用序列填充的方法向 E11、F11 填充，得到数学和英语包括缺考成绩的平均分，如图 2-30 所示。

D11 =INT(AVERAGEA(D2:D8))

	A	B	C	D	E	F
1	班级	姓名	性别	语文	数学	英语
2	五（1）	谭宜	女	87	76	90
3	五（1）	蔡尔沃	男	79	94	45
4	五（2）	周余力	男	75	88	56
5	五（1）	李思思	女	0	0	0
6	五（1）	李武	男	90	94	90
7	五（2）	张柳牛	男	缺考	77	87
8	五（2）	王其人	男	70	缺考	79
9						
10		不包括缺考的平均分		66	71	63
11		包括缺考的平均分		57	61	63
12						

图 2-30　用 AVERAGEA 函数计算缺考成绩参与运算的平均分

3. AVERAGEIF 函数

语法：AVERAGEIF(range,criteria,[average_range])。

功能：返回某个区域内满足给定条件的所有单元格的平均值。

说明：range 指要计算平均值的区域。

criteria 用来定义要参加计算的单元格的条件，如“>30”。

average_range 是可选项，用来指定计算平均值的实际单元格区域，如果省略，则使用 range 指定的区域。

4. AVERAGEIFS 函数

语法：AVERAGEIFS(average_range,criteria_range1,criteria1,[criteria_range2, criteria2],...)。

功能：返回满足多个条件的所有单元格的平均值。

说明：average_range 指要计算平均值的区域。

criteria_range1 为使用条件 criteria1 设置的区域。如果 criteria_range1 中有符合 criteria1 设置的条件的数据，则 average_range 中相应的值将参加平均值运算。

criteria1 是关联条件，用来定义将对 criteria_range1 区域中的哪些单元格进行求平均值计算。

criteria_range2、criteria2、...是可选项，是附加的区域及其关联条件，可以继续设置多个条件。

例如：如图 2-31 所示是对不同地区房产价格的统计，要求计算出在邯郸，一个至少有 3 间卧室和 1 间车库的住宅的平均价格，则需要在 D9 单元格中输入函数“=AVERAGEIFS (B2:B7, C2:C7,"邯郸",D2:D7,">2",E2:E7,"是")”。

=AVERAGEIFS(B2:B7, C2:C7, "邯郸", D2:D7, ">2",E2:E7, "是")

	A	B	C	D	E
1	类型	价格	区/镇	卧室数	是否有车库
2	舒适型住宅	230000	辽阳	3	否
3	舒适型公寓	197000	邯郸	2	是
4	豪华型别墅	345678	邯郸	4	是
5	豪华型多层	321900	辽阳	2	是
6	高级都市风范建筑	450000	邯郸	5	是
7	漂亮的殖民时代建筑	395000	邯郸	4	否
8					
9		目标房源平均价		397839	
10					

图 2-31　用 AVERAGEIFS 函数计算多个条件的平均值

5. COUNT 函数

语法：COUNT(value1,[value2],…)。

功能：统计包含数字的单元格个数及参数列表中数字的个数。

例如：统计如图 2-32 所示获取交通补助的人数，在 C14 单元格中输入公式“=COUNT(C2:C12)”，按【Enter】键即可。

COUNT 函数只统计包含数字的单元格，所以上例中值为“无”的单元格将不被统计在内。如果需要把包含非数值型数据的单元格也统计在内，需要用到下面介绍的 COUNTA 函数。

6. COUNTA 函数

语法：COUNTA(value1,[value2],…)。

功能：统计所给范围中不为空的文本型单元格数据的个数。

例如：统计如图 2-33 所示报名总人数，在 C10 单元格中输入公式“= COUNTA(A2:C8)”，按【Enter】键即可。

C14　　=COUNT(C2:C12)

	A	B	C	D
1	姓名	性别	交通补助	
2	宋燕玲	女	400	
3	郑芸	女	254	
4	黄嘉俐	女	360	
5	区菲娅	女	无	
6	江小丽	女	245	
7	麦子聪	男	无	
8	叶雯静	女	346	
9	钟琛	男	无	
10	陆穗平	男	无	
11	李霞	女	无	
12	周成	男	300	
13				
14	获取交通补助人数		6	

图 2-32　用 COUNT 函数统计获取交通补助的人数

C10　　=COUNTA(A2:C8)

	A	B	C	D
1	网络技术	机器人大赛	编程大赛	
2	谭宜	周余力	张柳牛	
3	李思思	李明利	王其人	
4	赵显峰	吴奇中	赵小英	
5	张厅中	程军	林娜	
6		张伟	何项军	
7			罗佳	
8			李想	
9				
10	报名总人数		16	

图 2-33　用 COUNTA 函数统计报名总人数

7. COUNTIF 函数

语法：COUNTIF(range,criteria)。

功能：返回某个单元格区域中满足给定条件的单元格个数。

说明：range 给出要统计的区域，criteria 给出参加统计的单元格需要符合的条件。

例如：统计如图 2-34 所示的单价在 3 万元以上的产品种类，在 B16 单元格中输入公式“= COUNTIF(C2:C14,">3")”，按【Enter】键即可。

C16　　=COUNTIF(C2:C14,">3")

	A	B	C	D	E
1	产品型号	产品名称	单价（万）	提成比例	提成金额(元)
2	XA-71	产品A1	2	5.00%	1000
3	XA-72	产品A2	5	5.20%	2600
4	XA-73	产品A3	5.5	5.20%	2860
5	XA-74	产品A4	2.6	5.00%	1300
6	XA-75	产品A5	4	5.20%	2080
7	XB-81	产品B1	1.5	5.00%	750
8	XB-82	产品B2	3	5.10%	1530
9	XB-83	产品B3	2	5.00%	1000
10	XC-91	产品C1	3.2	5.10%	1632
11	XC-92	产品C2	2.5	5.00%	1250
12	XC-93	产品C3	3	5.10%	1530
13	XC-94	产品C4	4.2	5.20%	2184
14	XC-95	产品C5	3.6	5.10%	1836
15					
16		产品种类	6		

图 2-34　用 COUNTIF 函数统计单价在 3 万元以上的产品种类

8. COUNTIFS 函数

语法：COUNTIFS(criteria_range1, criteria1, [criteria_range2, criteria2],…)。

功能：将条件应用于跨多个区域的单元格，然后统计满足所有条件的次数。

说明：criteria_range1 为在其中计算关联条件的第一个区域。

criteria1 设置条件，它定义了要计数的单元格范围。

criteria_range2、criteria2 是可选参数，定义附加的区域及其关联条件。

9. MAX 函数

语法：MAX(number1,[number2],…)。

功能：返回所有参数中的最大值，或单元格区域中的最大值。

10. MIN 函数

语法：MIN(number1,[number2],…)。

功能：返回所有参数中的最小值，或单元格区域中的最小值。

11. RANK.EQ 函数

语法：RANK.EQ(number,ref,[order])。

功能：返回一列数字的数字排位。其大小与列表中其他值相关，如果多个值具有相同的排位，则返回该组值的最高排位。

说明：number 是要进行排位的数。

ref 是对数字列表的引用，ref 中的非数值型值会被忽略。

order 是可选项，指定数字的排位方式，如果 order 为 0 或省略，排位是基于 ref 降序排列的列表；如果 order 不为 0，排位是基于 ref 升序排列的列表。

例如：要实现对客户信息表中记录按照全年购货金额大小进行排名，则在 F2 单元格中输入函数“=RANK.EQ(C2,$C$2:$C$26)”，按【Enter】键后用序列填充的方法向下填充数据，即可得到如图 2-35 所示结果。

F2	▼	⋮ × ✓ fx	=RANK.EQ(C2,$C$2:$C$26)		
	A	B	C	D	E	F
1	客户名称	区域	全年购货（万元）	电话	邮箱	购货额排名
2	北京和丰	华北	841	13593677230	zhangql@souhu.com	7
3	北京华夏	华北	468	13012340723	680937568@qq.com	17
4	天津嘉美	华北	684	16012340895	lishuai@163.com	10
5	河北汇丰源	华北	476	18712751239	liupeng@126.com	15
6	河北万博	华北	388.5	13612301237	712437568@qq.com	19
7	上海新世界	华东	1344.3	18648347870	zhangch@souhu.com	2
8	上海海通	华东	181.2	18722339358	lilxl@sina.com	25
9	江苏华东城	华东	360.5	13588341242	wangpx@sina.com	20
10	江苏天华	华东	681	13012373267	malihua@163.com	11

图 2-35　用 RANK.EQ 函数计算购货金额排名

提示：

和 RANK.EQ 函数功能类似的还有一个函数 RANK.AVG。两者的不同之处在于，如果在排序时有多个值具有相同的排位，RANK.EQ 返回这组数值中的最高排位，而 RANK.AVG 返回平均排位。

2.3.4　逻辑函数

1. IF 函数

语法：IF(logical_test,value_if_true,value_if_false)。

功能：根据逻辑计算的真假值返回不同结果。IF 函数最多可以嵌套 7 层。

说明：logical_test 为逻辑判断值，可以是 TRUE 或 FALSE。

value_if_true 为当 logical_test 为 TRUE 时的返回值。

value_if_false 为当 logical_test 为 FALSE 时的返回值。

【例 2-5】如图 2-36 所示为某公司的员工信息表，要求女职工 55 岁退休，男职工 60 岁退休，根据性别自动判断出每个职工的退休年龄。

操作步骤

（1）把光标定位到 D2 单元格，在编辑栏中输入公式“=IF(B2="男",60,55)”，单击编辑栏前面的输入按钮或按【Enter】键，得到第一位职工的退休年龄。

（2）选中 D2 单元格，拖动右下角的填充柄，向下复制公式，即可得出其他职工的退休年龄。结果如图 2-36 所示。

D2　=IF(B2="男",60,55)

	A	B	C	D	E
1	姓名	性别	职务	退休年龄	
2	程小琳	女	总经理	55	
3	崔柯	男	副总经理	60	
4	刘上奎	男	副总经理	60	
5	杜君娟	女	职员	55	
6	马涛	男	销售经理	60	
7	张亚丽	女	职员	55	
8	朱瑞	男	职员	60	

图 2-36　用 IF 函数判断退休年龄

2. AND 函数

语法：AND(logical1,[logical2],…)。

功能：判断所有参数的逻辑值是否为真，是真则返回 TRUE；只要有一个参数的逻辑值为假，则返回 FALSE。最多可以设置 30 个条件值或表达式。

【例 2-6】评选三好学生要求考试成绩全优，从下面成绩表中找出全优生，如果每门课考试成绩都在 85 分以上则显示为全优生，否则显示为 FALSE。

操作步骤

（1）把光标定位到 G2 单元格，在编辑栏中输入公式“=IF(AND(D2>=85,E2>=85, F2>=85),"全优生")”，单击编辑栏前面的输入按钮或按【Enter】键，得到第一个学生的考评。

（2）选中 G2 单元格，拖动右下角的填充柄，向下复制公式，即可得出其他学生的考评。结果如图 2-37 所示。

=IF(AND(D2>=85,E2>=85,F2>=85),"全优生")

	A	B	C	D	E	F	G	H
1	班级	性别	姓名	语文	数学	英语	考评	
2	五（1）	女	谭宜	87	76	90	FALSE	
3	五（1）	男	蔡尔沃	79	94	45	FALSE	
4	五（2）	男	周余力	75	88	56	FALSE	
5	五（1）	女	李思思	0	0	0	FALSE	
6	五（1）	男	李武	90	94	90	全优生	
7	五（2）	男	张柳牛	68	77	87	FALSE	
8	五（2）	男	王其人	70	80	79	FALSE	

图 2-37　用 AND 函数计算考评

3. OR 函数

语法：OR(logical1,[logical2],…)。

功能：判断所有参数的逻辑值是否为假，是假则返回 FALSE；只要有一个参数的逻辑值为真，则返回 TRUE。

【例 2-7】对员工进行考评，当 3 次考评中只要有一次超过 80 分，考评结果就为通过，只有当 3 次考评结果都达不到 80 分时，才显示为未通过。

操作步骤

（1）计算第一个员工的考评。把光标定位到 E2 单元格，在编辑栏中输入公式“=IF(OR(B2>=80,C2>=80,D2>=80),"通过","未通过")”，单击编辑栏前面的输入按钮或按【Enter】键，得到第一个员工的考评。

（2）计算其余员工的考评。选中 E2 单元格，拖动右下角的填充柄，向下复制公式，即可得出其他员工的考评。结果如图 2-38 所示。

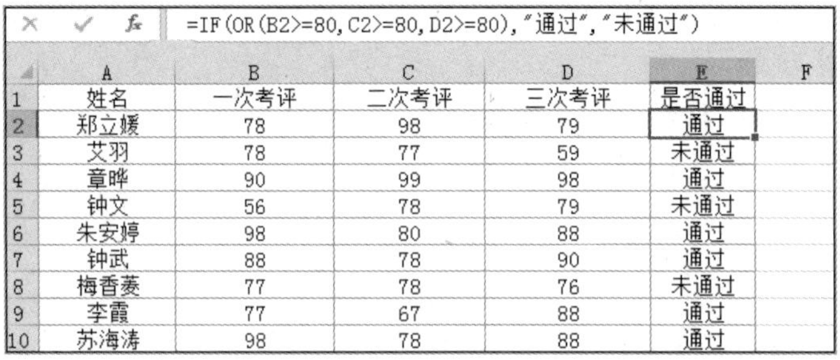

=IF(OR(B2>=80,C2>=80,D2>=80),"通过","未通过")

	A	B	C	D	E	F
1	姓名	一次考评	二次考评	三次考评	是否通过	
2	郑立媛	78	98	79	通过	
3	艾羽	78	77	59	未通过	
4	章晔	90	99	98	通过	
5	钟文	56	78	79	未通过	
6	朱安婷	98	80	88	通过	
7	钟武	88	78	90	通过	
8	梅香菱	77	78	76	未通过	
9	李霞	77	67	88	通过	
10	苏海涛	98	78	88	通过	

图 2-38　用 OR 函数计算员工考评

4. NOT 函数

语法：NOT(logical)。

功能：对参数的逻辑值求反。如果参数的逻辑值为 TRUE，则函数返回值为 FALSE；反之亦然。

【例 2-8】要求对如图 2-39 所示的某网吧顾客进行筛选，未满 18 周岁的未成年人不允许进入游戏，显示为 FALSE，其余显示为 TRUE。

操作步骤

（1）把光标定位到 C2 单元格，在编辑栏中输入公式“=NOT(B2<18)”，单击编辑栏前面的输入按钮或按【Enter】键，得到第一位顾客的筛选结果。

（2）选中 C2 单元格，拖动右下角的填充柄，向下复制公式，即可得出其他顾客的筛选结果。结果如图 2-39 所示。

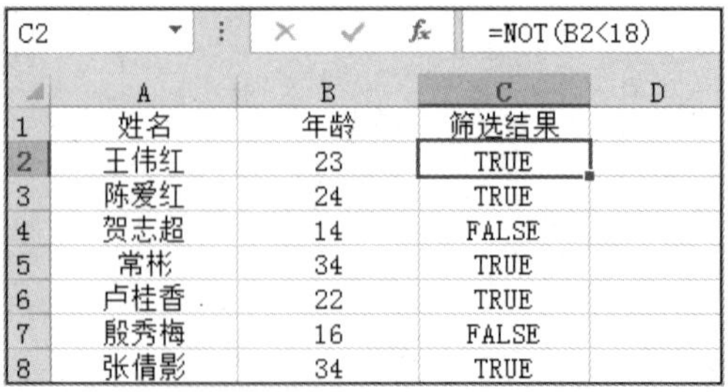

C2　=NOT(B2<18)

	A	B	C	D
1	姓名	年龄	筛选结果	
2	王伟红	23	TRUE	
3	陈爱红	24	TRUE	
4	贺志超	14	FALSE	
5	常彬	34	TRUE	
6	卢桂香	22	TRUE	
7	殷秀梅	16	FALSE	
8	张倩影	34	TRUE	

图 2-39　用 NOT 函数筛选顾客

2.3.5 日期和时间函数

1. NOW 函数

语法：NOW()。

功能：返回计算机系统日期和时间所对应的日期、时间的序列数。

说明：NOW 函数在每次打开工作表时更新值，当需要在工作表上显示当前日期和时间或者需要根据当前日期和时间计算一个值时，使用 NOW 函数很有用。

例如：当前日期为 2018 年 8 月 31 日，在单元格 A1 中输入公式 "=NOW()"，返回值如图 2-40 所示。

图 2-40　NOW 函数

2. TODAY 函数

语法：TODAY()。

功能：返回当前日期的序列数。

说明：当需要在工作表上显示当前日期时，常用 TODAY 函数，它还经常用于计算时间间隔。

【例 2-9】计算如图 2-41 所示的借书表中每条借书记录的借书天数。如果书已还，则借书天数是还书日期减去借书日期；如果书还未还，则借书天数是当前的日期减去借书日期。

　操作步骤

（1）计算第一条结束记录的借书天数。把光标定位到 F2 单元格，在编辑栏中输入函数 "=IF(E2="",TODAY()-B2,E2-B2)"，单击编辑栏前面的输入按钮或按【Enter】键，得到第一条借书记录的借书天数。

（2）选中 F2 单元格，拖动右下角的填充柄，向下复制公式，即可得出其他借书记录的借书天数。结果如图 2-41 所示。

图 2-41　利用 TODAY 函数计算借书天数

3. DATE 函数

语法：DATE(year,month,day)。

功能：返回某一特定日期的序列数。

说明：year 表示日期中的年，其值可以包含一到四位的数字。

month 表示一年中 1～12 月中的各个月。

day 表示一个月中 1～31 日中的各天。

例如：要建立一个倒计时牌，对 2019 年的高考日期进行倒计时，则可以输入公式
"=DATE(2019,6,7)-TODAY()&"天""，单击编辑栏前面的输入按钮或按【Enter】键，即可
得出倒计时的天数。结果如图 2-42 所示。

图 2-42　利用 DATE 函数建立倒计时牌

4. YEAR 函数

语法：YEAR(serial_number)。

功能：返回某日期对应的年份。

说明：serial_number 是要查找的年份的日期。

例如：要在 2017 年的销售订单表中，把在 2017 年处理的订单标记为已处理。把光标
定位到 E2 单元格，在编辑栏中输入公式 "=IF(YEAR(D2)=2017,"√"," ")"，按【Enter】键
后向下复制公式，即可得出如图 2-43 所示结果。

	A	B	C	D	E
1	订单号	订单日期	产品型号	订单处理日期	是否已处理
2	#170101	2017/01/02	XC-91	2017/01/02	√
3	#170102	2017/01/05	XB-81	2017/01/05	√
4	#170103	2017/01/05	XC-92	2017/01/05	√
5	#170104	2017/01/07	XA-71		
6	#170105	2017/01/10	XC-95	2017/01/10	√
7	#170106	2017/01/12	XB-83	2017/01/12	√
8	#170107	2017/01/12	XA-71	2017/01/12	√
9	#170108	2017/01/14	XA-75	2017/01/14	√
10	#170109	2017/01/14	XC-91	2017/01/14	√

图 2-43　利用 YEAR 函数计算年份

5. MONTH 函数

语法：MONTH(serial_number)。

功能：返回某日期对应的月份。

说明：serial_number 为要查找的月份的日期。

例如：每月的报表都有相似的结构，但是月份不同，在如图 2-44 所示的报表中利用
MONTH 函数可以给报表自动填写上月份。方法是：在 B1 单元格中输入公式 "=MONTH
(B3)"，按【Enter】键即可把销售日期中的月份提取出来，自动填写到报表表头中。结果如
图 2-44 所示。

6. DAY 函数

语法：DAY(serial_number)。

功能：返回以序列号表示的某日期的天数，用整数 1 到 31 表示。

说明：serial_number 为要查找的那一天的日期。

B1 =MONTH(B3)

	A	B	C	D	E	F
1		3月份产品销量一览表				
2	订单号	订单日期	产品型号	销量	单价(万元)	总金额（万元）
3	#170301	2017/03/02	XC-95	20	¥ 4	¥ 72.00
4	#170302	2017/03/04	XC-91	40	¥ 3	¥ 128.00
5	#170303	2017/03/09	XB-83	15	¥ 2	¥ 30.00
6	#170304	2017/03/10	XC-94	50	¥ 4	¥ 210.00
7	#170305	2017/03/11	XB-81	20	¥ 2	¥ 30.00
8	#170306	2017/03/13	XC-92	50	¥ 3	¥ 125.00
9	#170307	2017/03/18	XA-74	22	¥ 3	¥ 57.20
10	#170308	2017/03/21	XC-95	22	¥ 4	¥ 79.20
11	#170309	2017/03/21	XB-83	22	¥ 2	¥ 44.00
12	#170310	2017/03/25	XA-71	19	¥ 2	¥ 38.00
13	#170311	2017/03/27	XC-95	40	¥ 4	¥ 144.00
14	#170312	2017/03/30	XC-92	18	¥ 3	¥ 45.00

图 2-44　利用 MONTH 函数自动输入月份

【例 2-10】计算 3 月上旬的销售总金额。

操作步骤

（1）在图 2-45 中，把光标定位到 D15 单元格，在编辑栏中输入公式“{=SUM(IF(DAY(B2:B13)<10,F2:F13))}”。

D15 {=SUM(IF(DAY(B2:B13)<10,F2:F13))}

	A	B	C	D	E	F
1	订单号	订单日期	产品型号	销量	单价(万元)	总金额（万元）
2	#170301	2017/03/02	XC-95	20	¥ 4	¥ 72.00
3	#170302	2017/03/04	XC-91	40	¥ 3	¥ 128.00
4	#170303	2017/03/09	XB-83	15	¥ 2	¥ 30.00
5	#170304	2017/03/10	XC-94	50	¥ 4	¥ 210.00
6	#170305	2017/03/11	XB-81	20	¥ 2	¥ 30.00
7	#170306	2017/03/13	XC-92	50	¥ 3	¥ 125.00
8	#170307	2017/03/18	XA-74	22	¥ 3	¥ 57.20
9	#170308	2017/03/21	XC-95	22	¥ 4	¥ 79.20
10	#170309	2017/03/21	XB-83	22	¥ 2	¥ 44.00
11	#170310	2017/03/25	XA-71	19	¥ 2	¥ 38.00
12	#170311	2017/03/27	XC-95	40	¥ 4	¥ 144.00
13	#170312	2017/03/30	XC-92	18	¥ 3	¥ 45.00
14						
15		3月上旬销售金额(万元)		230		
16						

图 2-45　利用 DAY 函数得到上旬借书人数

这是一个数组公式。公式的计算过程是：先利用 DAY 函数把 B2:B13 中所有日期的日都提取出来；然后用 IF 函数判断 DAY 函数返回的日是否小于 10，即是否是上旬，如果是则返回结果 TRUE，反之返回结果 FALSE；最后 SUM 函数把返回 TRUE 值的日期对应在 F2:F13 的值求和。

（2）由于设置的是数组公式，结束需要按【Ctrl+Shift+Enter】组合键得出计算结果，数据计算结果如图 2-45 所示。

7. WORKDAY 函数

语法：WORKDAY(start_date, days,[holidays])。

功能：返回在某日期（起始日期）之前或之后、与该日期相隔指定工作日的某一日期的日期值。工作日不包括周末和专门指定的假日。

说明：start_date 是一个代表开始日期的日期。

days 是一个数值，表示 start_date 之前或之后不含周末及节假日的天数。days 为正值将生成未来日期，若为负值则生成过去日期。

holidays 是一个可选列表，其中包含需要从工作日历中排除的一个或多个日期，如国家各种的法定假日。

例如：根据每个休假开始日期，休假时长，计算员工的休假结束日期（休假期间的双休日不计入到休假时长中）。方法为：在 F2 单元格中输入函数“=WORKDAY(D2,E2)”，按【Enter】键后向下填充。结果如图 2-46 所示。

F2 =WORKDAY(D2,E2)

	A	B	C	D	E	F	G
1	姓名	性别	职务	休假日期	休假时长	休假结束日期	
2	程小琳	女	总经理	2017/7/23	21	2017/8/21	
3	崔柯	男	副总经理	2017/3/4	15	2017/3/24	
4	刘上奎	男	副总经理	2017/4/24	15	2017/5/15	
5	杜君娟	女	职员	2017/3/11	8	2017/3/22	
6	马涛	男	销售经理	2017/1/4	10	2017/1/18	
7	张亚丽	女	职员	2017/9/3	8	2017/9/13	
8	朱瑞	男	职员	2017/5/6	8	2017/5/17	

图 2-46　利用 WORKDAY 函数得到休假结束日期

上例中如果休假日期还要除掉法定节假日，可以把法定节假日在表中列出，把节假日所在的列表作为 WORKDAY 函数的第三个参数输入，即可在计算中自动去掉这些节假日。

2.3.6　文本函数

1. LEFT 函数

语法：LEFT(text,[num_chars])。

功能：根据指定的字符数，返回文本字符串中第 1 个或前几个字符。

说明：text 是包含要提取的字符的文本字符串。

num_chars 是可选参数，指定要由 LEFT 函数提取的字符的数量。num_chars 必须大于或等于 0，如果 num_chars 大于文本长度，则返回全部文本；如果省略 num_chars，则其默认值为 1。

例如：已知学生学号的前两位代表学生的入学年级信息，则可从学号中提取出年级信息。方法是：在 C2 单元格中输入公式“=LEFT(A2,2)&"级"”，按【Enter】键后向下填充，数据计算结果如图 2-47 所示。

C2 =LEFT(A2,2)&"级"

	A	B	C	D
1	学号	姓名	年级	
2	17131301001	王伟红	17级	
3	16131203002	陈爱红	16级	
4	14131002003	贺志超	14级	
5	17131301004	常彬	17级	
6	16131202013	卢桂香	16级	
7	17131304014	殷秀梅	17级	
8	15131102015	张倩影	15级	
9	16131203016	李想	16级	
10	17131302017	吴荣桂	17级	

图 2-47　利用 LEFT 函数提取出年级信息

2. RIGHT 函数

语法：RIGHT(text,[num_chars])。

功能：根据指定的字符数，返回文本字符串中最后 1 个或多个字符。

说明：text 是包含要提取的字符的文本字符串。

num_chars 是可选参数，其含义同 LEFT 函数中该参数。

例如：某产品规格的编号最后 3 位代表产品价格，则可从产品规格中把价格部分提取出来。方法为：在 B2 单元格中输入公式："=--RIGHT(A2,3)"，按【Enter】键后向下填充，得到其余记录的价格信息，如图 2-48 所示。

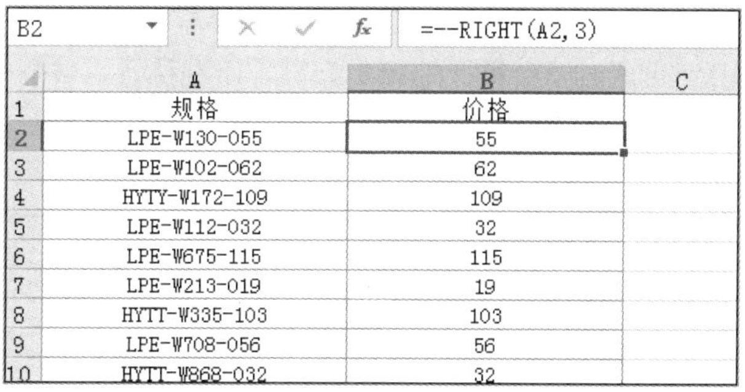

B2　=--RIGHT(A2,3)

	A	B	C
1	规格	价格	
2	LPE-W130-055	55	
3	LPE-W102-062	62	
4	HYTY-W172-109	109	
5	LPE-W112-032	32	
6	LPE-W675-115	115	
7	LPE-W213-019	19	
8	HYTT-W335-103	103	
9	LPE-W708-056	56	
10	HYTT-W868-032	32	

图 2-48　利用 RIGHT 函数提取出产品价格

RIGHT(A2,3)表示从编号中提取右边的 3 位，RIGHT 前面的运算符"--"表示把文本型的数据转换为数值型。

3. MID 函数

语法：MID(text,start_num,num_chars)。

功能：返回文本字符串中从指定位置开始的特定数目的字符。

说明：text 是包含要提取的字符的文本字符串。

start_num 指定文本中要提取的第一个字符的位置。

num_chars 指定从文本中返回字符的个数。

例如：学生的学号信息中的第 3 到第 8 位代表学生的班级编号，则可从学生学号信息中提取出班级编号。方法是：在 C2 单元格中输入公式"=MID(A2,3,6)"，按【Enter】键后向下填充，即可得出如图 2-49 所示结果。

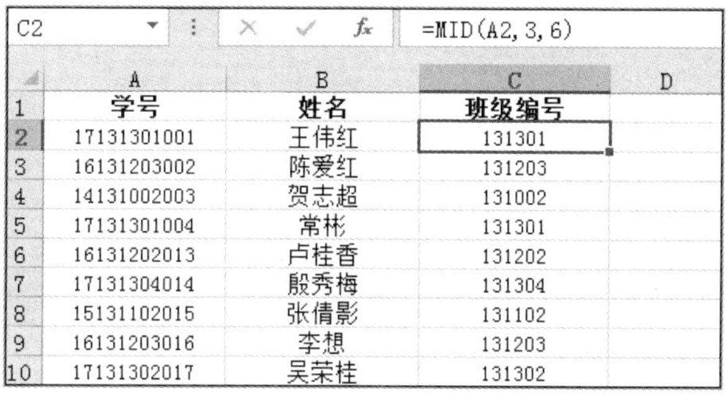

C2　=MID(A2,3,6)

	A	B	C	D
1	学号	姓名	班级编号	
2	17131301001	王伟红	131301	
3	16131203002	陈爱红	131203	
4	14131002003	贺志超	131002	
5	17131301004	常彬	131301	
6	16131202013	卢桂香	131202	
7	17131304014	殷秀梅	131304	
8	15131102015	张倩影	131102	
9	16131203016	李想	131203	
10	17131302017	吴荣桂	131302	

图 2-49　利用 MID 函数提取班级编号

4. FIND 函数

语法：FIND(find_text, within_text, [start_num])。

功能：在第二个文本串中定位第一个文本串，并返回第一个文本串的起始位置的值，该值从第二个文本串的第一个字符算起。

说明：find_text 是要查找的文本。

within_text 是包含要查找文本的文本。

start_num 是可选参数，指定开始查找的字符，默认值是 1。

例如：要从客户邮箱中提取出账号信息，在 D2 单元格中输入公式“=LEFT(C2,FIND("@",C2)-1)”，按【Enter】键后向下填充，即可得到图 2-50 所示结果。

上面公式中 FIND("@",C2)找出客户邮箱中@符号所在位置，这个位置之前的是账号信息；LEFT 截取客户邮箱中从开头开始共“FIND("@",C2)-1”个字符长度的字符串，就得到了账号信息。

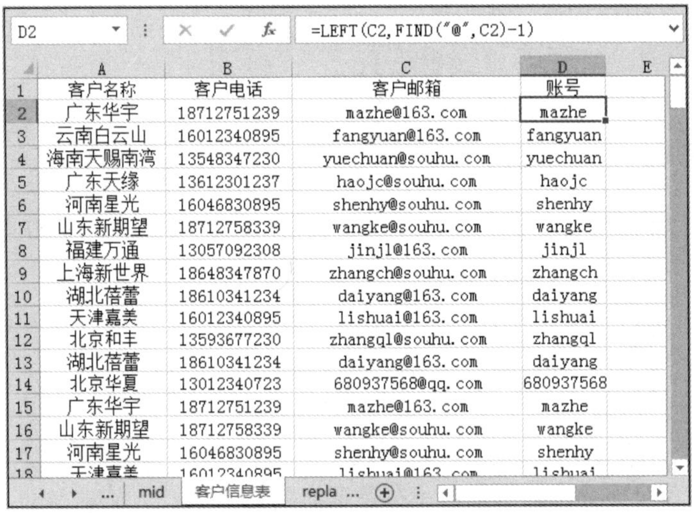
D2 =LEFT(C2,FIND("@",C2)-1)

	A	B	C	D
1	客户名称	客户电话	客户邮箱	账号
2	广东华宇	18712751239	mazhe@163.com	mazhe
3	云南白云山	16012340895	fangyuan@163.com	fangyuan
4	海南天赐南湾	13548347230	yuechuan@souhu.com	yuechuan
5	广东天缘	13612301237	haojc@souhu.com	haojc
6	河南星光	16046830895	shenhy@souhu.com	shenhy
7	山东新期望	18712758339	wangke@souhu.com	wangke
8	福建万通	13057092308	jinjl@163.com	jinjl
9	上海新世界	18648347870	zhangch@souhu.com	zhangch
10	湖北蓓蕾	18610341234	daiyang@163.com	daiyang
11	天津嘉美	16012340895	lishuai@163.com	lishuai
12	北京和丰	13593677230	zhangql@souhu.com	zhangql
13	湖北蓓蕾	18610341234	daiyang@163.com	daiyang
14	北京华夏	13012340723	680937568@qq.com	680937568
15	广东华宇	18712751239	mazhe@163.com	mazhe
16	山东新期望	18712758339	wangke@souhu.com	wangke
17	河南星光	16046830895	shenhy@souhu.com	shenhy
18	天津嘉美	16012340895	lishuai@163.com	lishuai

图 2-50 利用 FIND 函数提取账号信息

5. REPLACE 函数

语法：REPLACE(old_text, start_num, num_chars, new_text)。

功能：用某一字符串替换另一字符串的部分或全部内容。

说明：old_text 为被替换的字符串。

start_num 为 old_text 中要替换为 new_text 字符的起始位置。

num_chars 为 old_text 中要替换为 new_text 的字符个数。

new_text 为用于替换 old_text 字符的字符串。

例如：要用*号代替手机号码的后 4 位，屏蔽中奖手机号码。在 C2 单元格中输入函数“=REPLACE(B2,8,4,"****")”，按【Enter】键后向下填充，即可得到如图 2-51 所示结果。

6. RMB 函数

语法：RMB(number,[decimals])。

功能：以货币格式将数值舍入到指定的位数并转换为文本。

说明：number 为数值、包含数值的单元格引用，或计算结果为数值的公式。

decimals 为可选参数，表示小数位数，省略时默认小数位数为 2。

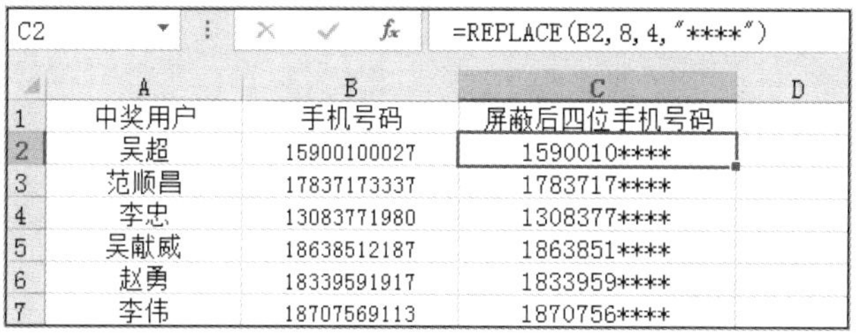
C2 =REPLACE(B2,8,4,"****")

	A	B	C	D
1	中奖用户	手机号码	屏蔽后四位手机号码	
2	吴超	15900100027	1590010****	
3	范顺昌	17837173337	1783717****	
4	李忠	13083771980	1308377****	
5	吴献威	18638512187	1863851****	
6	赵勇	18339591917	1833959****	
7	李伟	18707569113	1870756****	

图 2-51　利用 REPLACE 函数屏蔽手机号后 4 位

7. VALUE 函数

语法：VALUE(text)。

功能：将以文本形式输入的数字转换成数值。

说明：很多时候，Excel 会根据需要自动把文本转换为数字，但是有些特殊的情况需要用 VALUE 函数把文本型转换为数值型，否则进行算术运算会得到错误的结果。

8. LEN 函数

语法：LEN(text)。

功能：返回文本字符串 text 中的字符个数。

2.3.7　查找与引用函数

1. LOOKUP 函数

语法：LOOKUP(lookup_value,lookup_vector,[result_vector])

功能：在单行区域或单列区域（向量）中查找数值，然后返回第二个单行区域或单列区域中相同位置的数值。

说明：lookup_value 为在第一个向量中所要查找的数值，它可以为数字、文本、逻辑值或包含数值的名称或引用。

lookup_vector 为包含一行或一列的区域，可以为文本、数字或逻辑值。

result_vector 是可选参数，为包含一行或一列的区域，其大小必须与 lookup_vector 相同。

【例 2-11】在员工信息表中，根据员工编号查询员工的岗位工资。

操作步骤

（1）把光标定位到 H2 单元格，在公式编辑栏中输入函数“=LOOKUP(G2,A2:A100, E2:E100)”，如图 2-52 所示。

此公式表示要在 A 列中查找和 G2 相匹配的项，显示这个相匹配的项在 E 列对应的值，以实现岗位工资的查找。此时 H2 中会出现错误提示，这是因为 G2 中还没有输入数值，因此无法找到和 G2 匹配的项。

图 2-52 使用 LOOKUP 函数

（2）在 G2 单元格中输入需要查找岗位工资的员工编号，就会在 H2 单元格看到对应的岗位工资，如图 2-53 所示。当需要查询其他编号员工的对应工资时，只需更改 G2 单元格中的数据，H2 单元格就会产生相应的变化。

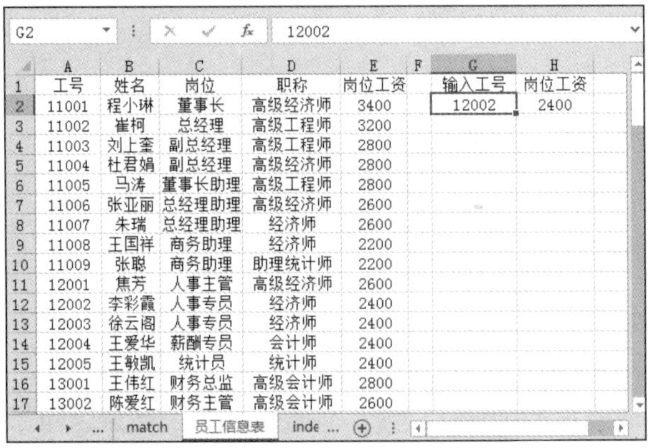

图 2-53 查询员工对应的岗位工资

LOOKUP 函数有两种语法形式：向量和数组。

数组形式的公式为"=LOOKUP(lookup_value,array)"。

以上公式中 array 为包含文本、数字或逻辑值的单元格区域或数组，其值用于与 lookup_value 进行比较。

提示：

LOOKUP 是一个模糊查找函数，模糊查找函数在进行查找前必须要对查找的那一列先进行升序排列。

2. VLOOKUP 函数

语法：VLOOKUP(lookup_value,table_array,col_index_num,[range_lookup])。

功能：在表格或数值数组的首列查找指定的数值，并由此返回表格或数组当前列中指定行处的数值。

说明：lookup_value 为需要在表格数组第一列中查找的数值，可以为数值或引用。若 lookup_value 小于 table_array 第一列中的最小值，VLOOKUP 将返回错误值 #N/A。

table_array 为两列或多列数据，其中第一列中的值是由 lookup_value 搜索的值，可以是文本、数字或逻辑值。

col_index_num 为 table_array 中待返回的匹配值的列序号。

range_lookup 为逻辑值，指定希望 VLOOKUP 查找精确匹配值还是近似匹配值，如果为 TRUE 或省略，则返回值为近似匹配值；为 FALSE 则返回值为精确匹配值。

提示：

查找函数 HLOOKUP 和 VLOOKUP 非常类似。区别在于 VLOOKUP 表示垂直方向的查找，HLOOKUP 表示水平方向的查找；当比较值位于要查找的数据左边一列，要查找右面给定列中的数据时，可使用 VLOOKUP 函数；当比较值位于数据表的首行，要查找下面给定行中的数据时，可使用 HLOOKUP 函数。

【例 2-12】使用 VLOOKUP 函数，由如图 2-54 所示产品出库表自动生成产品出库单。

出库单号	出库日期	产品名称	计量单位	数量	单价	金额	客户名称	业务员
			产 品 出 库 表					
0001	2017/3/5	上衣	件	55	200	11000	红星商场	王晓红
0002	2017/4/6	毛衣	件	80	150	12000	百货商场	李晓玲
0003	2017/4/12	裤子	件	60	180	10800	美雅服装店	张珊
0004	2017/5/6	裤子	件	50	180	9000	美雅服装店	张珊
0005	2017/5/12	上衣	件	40	200	8000	红星商场	王晓红
0006	2017/5/23	裙子	件	20	260	5200	青青服装店	赵静

图 2-54　产品出库表

操作步骤

（1）创建产品出库单，如图 2-55 所示。

（2）在"产品出库单"工作表的单元格 E3、B4、E4、A7～E7 中分别输入以下函数：

"=VLOOKUP($B$3,产品出库表!$A$2:$I$8,2,FALSE)"；

"=VLOOKUP($B$3,产品出库表!$A$2:$I$8,9,FALSE)"；

"=VLOOKUP($B$3,产品出库表!$A$2:$I$8,8,FALSE)"；

"=VLOOKUP($B$3,产品出库表!$A$2:$I$8,3,FALSE)"；

"=VLOOKUP($B$3,产品出库表!$A$2:$I$8,4,FALSE)"；

"=VLOOKUP($B$3,产品出库表!$A$2:$I$8,5,FALSE)"；

"=VLOOKUP($B$3,产品出库表!$A$2:$I$8,6,FALSE)"；

"=VLOOKUP($B$3,产品出库表!$A$2:$I$8,7,FALSE)"。

（3）当在 B3 单元格中输入出库单号后，即可自动生成产品出库表中的各项数据，如图 2-56 所示。

图 2-55　产品出库单

图 2-56　VLOOKUP 函数的应用

上面的一系列公式都是使用的 VLOOKUP 函数，以第一个公式为例，是要在 A2:A8（函数的第二个参数）这个数据块的第一列查找到和 B3（函数的第一个参数）单元格相等的数据，找到后显示这个数据所在行在数据块中第二（函数的第三个参数）列中对应的值，函数的第四个参数 FALSE 表示是精确匹配。

3. MATCH 函数

语法：MATCH(lookup_value,lookup_array,[match_type])。

功能：返回在指定方式下与指定数值匹配的数组中元素的相应位置。

说明：lookup_value 为需要在数据表中查找的数值。

lookup_array 为可能包含所要查找数值的连续单元格区域。

match_type 是可选参数，表示查找方式，为数字-1、0 或者 1，省略时取值为 0。

MATCH 函数的作用是定位，在单元格区域内搜索指定项，然后返回该项在单元格区域中的相对位置。

例如：在如图 2-57 所示的销售表中，如果想找到某个店名，如"南七店"所在的单元格对应的位置。在 G3 单元格中输入要定位的"南七店"，然后在 H3 和 H4 单元格中分别输入函数"=MATCH(G3,A1:A9)"和"=MATCH(G3,A5:E5)"，输入完成按【Enter】键，会在 H3 和 H4 单元格中分别显示要定位的"南七店"所在的行坐标和列坐标，如图 2-57 所示。

MATCH 函数一般不单独使用，而是和其他函数，尤其常和 INDEX 函数配合使用。

	A	B	C	D	E	F	G	H	I
1	店铺	1月	2月	3月	总金额				
2	市府广场店	54.4	82.34	32.43	169.17				
3	舒城路店	84.6	38.65	69.5	192.75		南七店	5	
4	城隍庙店	73.6	50.4	53.21	177.21			1	
5	南七店	112.8	102.45	108.37	323.62				
6	太湖路店	45.32	56.21	50.21	151.74				
7	青阳南路店	163.5	77.3	98.25	339.05				
8	黄金广场店	98.09	43.65	76	217.74				
9	大润发店	132.76	23.1	65.76	221.62				

图 2-57　用 MATCH 函数查找指定值的位置

4. INDEX 函数

语法：INDEX(array,row_num,[column_num])。

功能：返回表格或区域中指定位置处的值。

说明：array 表示单元格区域或数组常量。

row_num 表示选择数组中的某行，函数从该行返回数值。

column_num 是可选参数，表示选择数组中的某列，函数从该列返回数值。

例如：在如图 2-58 所示表格中，在任一空白单元格中输入函数"=INDEX(A1:D9,H3,H4)"，按【Enter】键后可以看到单元格中显示"南七店"，如图 2-58 所示。

因为从上面 MATCH 函数的说明可以知道 H3 是和 H4 单元格中分别是内容为"南七店"的单元格的行坐标（值为 5）和列坐标（值为 1）。

图 2-58　用 INDEX 函数返回指定位置单元格的值

MATCH 函数和 INDEX 函数经常配合使用，MATCH 函数查找并返回找到的值所在的位置，INDEX 函数返回指定位置的值。

例如：在上面的表格中，要查询最高销售总金额对应的店铺，可在 C14 单元格中输入函数 "=INDEX(A2:A9,MATCH(MAX(E2:E9),E2:E9))"，按【Enter】键后就得出销售金额最高的店铺的名称，如图 2-59 所示。

图 2-59　MATCH 函数和 INDEX 函数配合使用

2.3.8　财务函数

1. PMT 函数

语法：PMT(rate,nper,pv,[fv],[type])。

功能：根据固定付款额和固定利率计算贷款的付款额。

说明：rate 为各期利率。

nper 为投资期限，即贷款的付款总期数。

pv 为现值，或一系列未来付款额现在所值的总额，也叫本金。

fv 为投资在期限终止时的剩余值，默认值为 0。

type 为指定各期的付款时间是在期初还是期末，1 表示期初付款，0 表示期末付款，默认值为 0。

例如：在如图 2-60 所示的表格中录入了某项贷款年利率、贷款年限、贷款总金额，付款方式为期末付款。要求计算出贷款的每年偿还额。

在 B5 单元格中输入函数 "=PMT(B1,B2,B3)"，按【Enter】键就得出该贷款的每年偿还金额，如图 2-60 所示。

B5 =PMT(B1, B2, B3)

	A	B	C
1	贷款年利率	4.90%	
2	贷款年限	15	
3	贷款总金额	630000	
4			
5	每年偿还金额	-60286.07	
6			

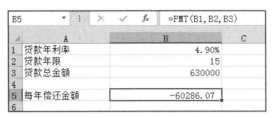

图 2-60　用 PMT 函数计算每年贷款偿还金额

使用 PMT 函数时需要注意 rate 和 nper 所用的单位是要一致的。后面的财务函数中，凡是有 rate 和 nper 参数的地方，都要求单位一致。

例如：要计算上述表格中每月需要偿还的金额，则公式中的 rate 需要改为“年利率/12”，即月利率，贷款期限需要改为 15*12 月，如图 2-61 所示。

B5 =PMT(B1/12, B2*12, B3)

	A	B	C
1	贷款年利率	4.90%	
2	贷款年限	15	
3	贷款总金额	630000	
4			
5	每月偿还金额	-4949.24	
6			

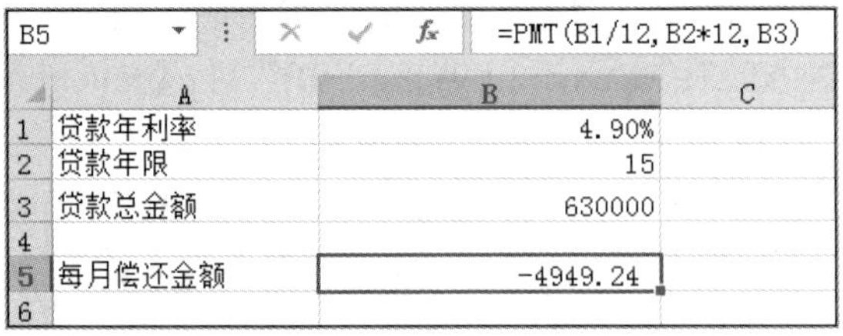

图 2-61　用 PMT 函数计算每月贷款偿还金额

2. IPMT 函数

语法：IPMT(rate, per, nper, pv, [fv], [type])。

功能：基于固定利率及等额分期付款方式，返回给定期数内对投资的利息偿还额。

说明：rate 为各期利率。

per 为用于计算其利息数额的期数，必须在 1 到 nper 之间。

nper 为年金的付款总期数。

pv 为现值，或一系列未来付款的当前值的累积和。

fv 为未来值，或在最后一次付款后希望得到的现金余额。如果省略则默认值为 0。

type 用以指定各期的付款时间是在期初还是期末，值为数字 0（期末）或 1（期初）。如果省略则默认值为 0。

【例 2-13】在如图 2-62 所示的表格中录入了某项贷款年利率、贷款年限、贷款总金额，付款方式为期末付款。计算出每年偿还金额中有多少是利息。

操作步骤

（1）在工作表中依次输入年份数序列（输入的数据在后面公式中会被引用），如图 2-62 所示。

（2）把光标定位到 B6 单元格，在公式编辑栏中输入函数“=IPMT($B$1,A6,$B$2,$B$3)”，按【Enter】键后得出第一年还款中的利息金额。

（3）选中 B6 单元格，拖动右下角的填充柄，向下复制公式，即可得出其余年份还款中的利息金额，如图 2-63 所示。

	A	B
1	贷款年利率	4.90%
2	贷款年限	15
3	贷款总金额	630000
4		
5	年份	利息金额
6	1	
7	2	
8	3	
9	4	
10	5	
11	6	
12	7	
13	8	
14	9	
15	10	
16	11	
17	12	
18	13	
19	14	
20	15	

图 2-62　输入贷款年份

B6　=IPMT($B$1, A6, $B$2, $B$3)

	A	B	C
1	贷款年利率	4.90%	
2	贷款年限	15	
3	贷款总金额	630000	
4			
5	年份	利息金额	
6	1	-30870.00	
7	2	-29428.61	
8	3	-27916.60	
9	4	-26330.49	
10	5	-24666.67	
11	6	-22921.32	
12	7	-21090.45	
13	8	-19169.86	
14	9	-17155.17	
15	10	-15041.75	
16	11	-12824.78	
17	12	-10499.18	
18	13	-8059.62	
19	14	-5500.52	
20	15	-2816.03	

图 2-63　用 IPMT 函数计算每年还款利息金额

3. PPMT 函数

语法：PPMT(rate, per, nper, pv, [fv], [type])。

功能：基于固定利率和等额分期付款方式，计算贷款或投资在某一给定期间内的本金偿还额。

说明：rate 为各期利率。

per 为指定期数，必须在 1 到 nper 之间。

nper 为年金的付款总期数。

pv 为现值，即一系列未来付款当前值的总和。

fv 为未来值，或在最后一次付款后希望得到的现金余额。如果省略则默认值为 0。

type 用以指定各期的付款时间是在期初还是期末。

【例 2-14】在如图 2-64 所示的表中录入了某项贷款年利率、贷款年限、贷款总金额，付款方式为期末付款。计算出每年偿还金额中有多少是本金。

操作步骤

（1）在工作表中依次输入年份数序列，同【例 2-13】第一步。

（2）把光标定位到 B6 单元格，在公式编辑栏中输入函数“=PPMT($B$1,A6,$B$2,$B$3)”，按【Enter】键后拖动右下角的填充柄向下填充，即可得出如图 2-64 所示结果。

B6　=PPMT($B$1, A6, $B$2, $B$3)

	A	B	C
1	贷款年利率	4.90%	
2	贷款年限	15	
3	贷款总金额	630000	
4			
5	年份	本金金额	
6	1	-29416.07	
7	2	-30857.46	
8	3	-32369.47	
9	4	-33955.58	
10	5	-35619.40	
11	6	-37364.75	
12	7	-39195.62	
13	8	-41116.21	
14	9	-43130.90	
15	10	-45244.32	
16	11	-47461.29	
17	12	-49786.89	
18	13	-52226.45	
19	14	-54785.55	
20	15	-57470.04	

图 2-64　用 PPMT 函数计算每年还款本金金额

4. ISPMT 函数

语法：ISPMT(rate,per,nper,pv)。

功能：基于等额本金还款方式，返回某一指定投资或贷款期间内所需支付的利息。等额本金还款方式是指每期偿还的本金数相同，利息逐期递减。

说明：rate 为各期利率。

per 为计算利息的期数，必须在 1 到 nper 之间。

nper 为投资的总支付期数。

pv 为投资的现值。对于贷款来说，pv 是贷款金额。

5. PV 函数

语法：PV(rate,nper,pmt,[fv],[type])。

功能：返回投资的现值。现值是一系列未来各期年金现在价值的总额。如果投资回收的当前价值大于投资的价值，则这项投资是有收益的。

说明：rate 为各期利率。

nper 为年金的付款总期数。

pmt 为每期的付款金额，在年金周期内不能更改。

fv 为未来值，或在最后一次付款后希望得到的现金余额。如果省略则默认值为 0。

type 用以指定各期的付款时间是在期初还是期末。

例如：假如要购买一项保险，投资回报率为 4.32%，该保险可以在今后 40 年内于每月末回报 700 元。此项保险的购买成本为 100000 元，要求计算出该项保险的现值是多少，从而判断该项投资是否合算。

在 B5 单元格中输入函数 "=PV(B1/12,B2*12,B3,0)"，按【Enter】键即可计算出该项保险的现值，如图 2-65 所示。

由于计算出的现值高于实际投资金额，所以这是一项合算的投资。

B5	▼	:	×	✓	fx	=PV(B1/12, B2*12, B3, 0)	
	A			B			C
1	投资回报率			4.32%			
2	投资回报期(年)			40			
3	每月回报金额			700			
4							
5	此项保险的现值			-159796.1173			
6							

图 2-65　用 PV 函数计算投资现值

2.4　实战训练

2.4.1　在"学生成绩管理"工作簿中应用函数

任务一：应用函数计算"学生基本信息表"中的数据

学生基本信息表中的性别、年龄及籍贯信息从身份证号码中应用函数提取，自动生成。身份证号码各位的含义如图 2-66 所示，其中倒数第二位是性别代码，男单女双。

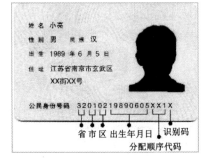

图 2-66　身份证号码各位含义

操作步骤

（1）打开工作簿“学生基本信息表.xlsx”，选择工作表“一班”，如图 2-67 所示。

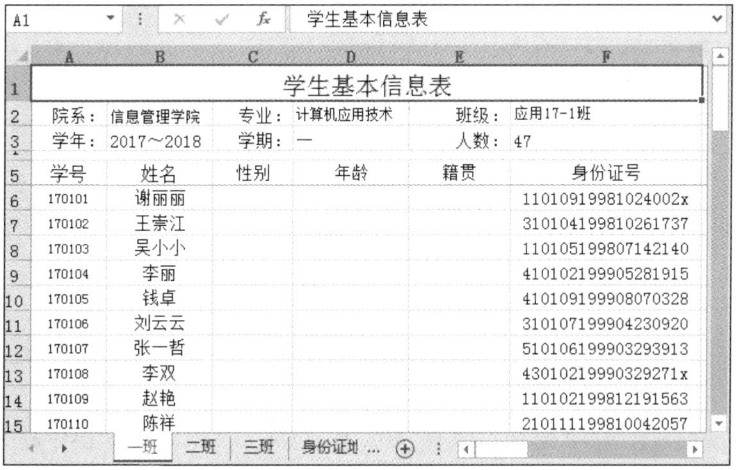

A1 学生基本信息表

学生基本信息表					
院系：	信息管理学院	专业：	计算机应用技术	班级：	应用17-1班
学年：	2017～2018	学期：	一	人数：	47
学号	姓名	性别	年龄	籍贯	身份证号
170101	谢丽丽				11010919981024002x
170102	王崇江				310104199810261737
170103	吴小小				110105199807142140
170104	李丽				410102199905281915
170105	钱卓				410109199908070328
170106	刘云云				310107199904230920
170107	张一哲				510106199903293913
170108	李双				43010219990329271x
170109	赵艳				110102199812191563
170110	陈祥				210111199810042057

一班 二班 三班 身份证地 …

图 2-67　学生基本信息表

（2）生成：性别、年龄、籍贯等列数据。

在单元格 C6 中，输入公式“=IF(MOD(MID(F6,17,1),2)=0,"女","男")”。

在单元格 D6 中，输入公式“=YEAR(TODAY())-MID(F6,7,4)”。

在单元格 E6 中，输入公式“=VLOOKUP(VALUE(LEFT(F6,2)),身份证地区编号!A$2:B$32,2,FALSE)”，并向下填充公式，生成数据如图 2-68 所示。

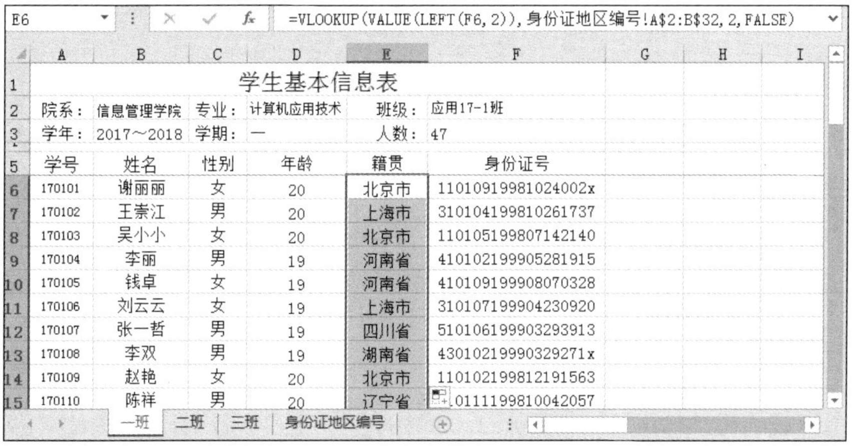

E6 =VLOOKUP(VALUE(LEFT(F6,2)),身份证地区编号!A$2:B$32,2,FALSE)

学生基本信息表					
院系：	信息管理学院	专业：	计算机应用技术	班级：	应用17-1班
学年：	2017～2018	学期：	一	人数：	47
学号	姓名	性别	年龄	籍贯	身份证号
170101	谢丽丽	女	20	北京市	11010919981024002x
170102	王崇江	男	20	上海市	310104199810261737
170103	吴小小	女	20	北京市	110105199807142140
170104	李丽	男	19	河南省	410102199905281915
170105	钱卓	女	19	河南省	410109199908070328
170106	刘云云	女	19	上海市	310107199904230920
170107	张一哲	男	19	四川省	510106199903293913
170108	李双	男	19	湖南省	43010219990329271x
170109	赵艳	女	20	北京市	110102199812191563
170110	陈祥	男	20	辽宁省	0111199810042057

一班 二班 三班 身份证地区编号

图 2-68　生成“性别”、“年龄”和“籍贯”列数据

任务二：根据考勤情况计算学生平时成绩

学生成绩的计算规则如下：出勤成绩以 100 分为基础，迟到一次扣除 2 分，请假一次扣除 3 分，旷课一次扣掉 100 分除以上课次数的取整值。平时作业成绩为有记录的各周平时作业的平均值。平时成绩由出勤成绩和平时作业成绩构成，出勤成绩占 1/3，平时作业成绩占 2/3。

操作步骤

（1）打开工作簿“李老师（计算机应用基础）.xlsx”，选择工作表“一班考勤表”，如图 2-69 所示。

院系：　专业：　班级：　人数：47　课程：　上课次数：16　班长：

学号	姓名	出勤情况记录（周次）																出勤成绩	平时作业成绩记录（周次）					平时作业成绩	平时成绩
		1	2	3	4	5	6	7	8	9	10	11	12	13	14	15	16		1	2	3	4	5		
170101	谢丽丽																		90	80	85	90	80		
170102	王崇江							○	○				○	△					60	69	67	65	80		
170103	吴小小				○														85	90	90	85	80		
170104	李丽																		90	80	85	90	80		
170105	钱卓																		95	80	85	95	80		
170106	刘云云						○	○						△	△	△			70	77	80	72	80		
170107	张一哲																		85	85	90	85	80		
170108	李双																		80	85	85	80	80		
170109	赵艳									○							△		90	80	90	90	80		
170110	陈祥																		90	75	85	90	80		

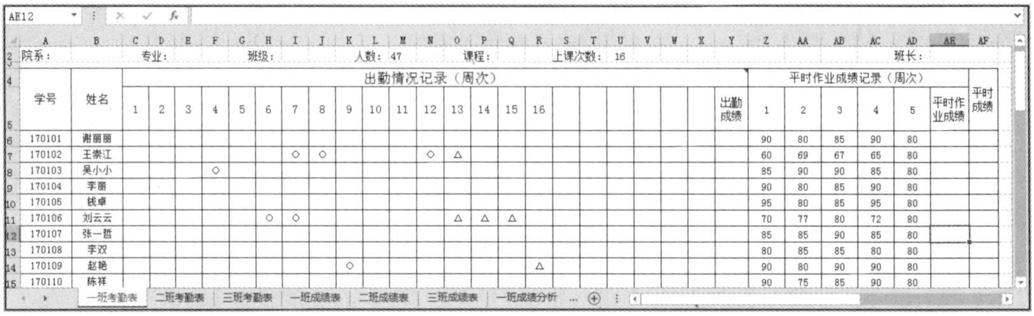

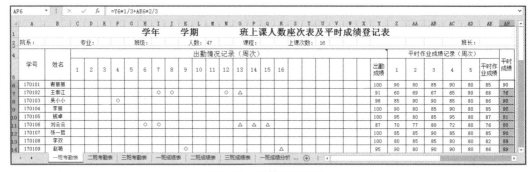

图 2-69　班级考勤表

（2）计算出勤成绩。把光标定位到 Y6 单元格，在公式编辑栏中输入公式“=100-COUNTIF(C6:X6,"○")*2-COUNTIF(C6:X6,"△")*3-COUNTIF(C6:X6," ×")*INT(100/$U$2)”，按【Enter】键后再向下填充公式，数据计算结果如图 2-70 所示。

（3）计算平时作业成绩。把光标定位到 AE6 单元格，在公式编辑栏中输入公式“=SUM(Z6:AD6)/5”，按【Enter】键后再向下填充公式，数据计算结果如图 2-70 所示。

（4）计算平时成绩。在 AF6 单元格中输入公式“=Y6*1/3+AE6*2/3”，按【Enter】键后再向下填充公式，数据计算结果如图 2-70 所示。

学年　学期　班上课人数座次表及平时成绩登记表

院系：　专业：　班级：　人数：47　课程：　上课次数：16　班长：

学号	姓名	出勤情况记录（周次）																出勤成绩	平时作业成绩记录（周次）					平时作业成绩	平时成绩
		1	2	3	4	5	6	7	8	9	10	11	12	13	14	15	16		1	2	3	4	5		
170101	谢丽丽																	100	90	80	85	90	80	85	90
170102	王崇江							○	○				○	△				91	60	69	67	65	80	68	76
170103	吴小小				○													98	85	90	90	85	80	86	90
170104	李丽																	100	90	80	85	90	80	85	90
170105	钱卓																	100	95	80	85	95	80	87	91
170106	刘云云						○	○						△	△	△		87	70	77	80	72	80	76	80
170107	张一哲																	100	85	85	90	85	80	85	90
170108	李双																	100	80	85	85	80	80	82	88
170109	赵艳									○							△	95	90	80	90	90	80	86	89

图 2-70　计算平时成绩

任务三：计算学生总评成绩

学生总评成绩由平时成绩（占 20%）、期中成绩（占 20%）和期末成绩（占 60%）三部分组成。

操作步骤

（1）在平时成绩上定义名称。打开工作簿“李老师（计算机应用基础）.xlsx”，选择工作表“一班考勤表”，选中学生平时成绩所在的 AF6 到 AF52 区域；在“公式”选项卡的“定义的名称”功能区中，单击“新建名称”命令按钮，弹出“新建名称”对话框，在“名称”框中输入“一班平时成绩”，如图 2-71 所示。最后单击“确定”按钮。

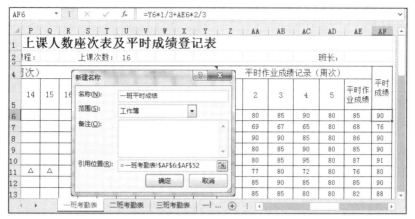

图 2-71　为平时成绩定义名称

（2）在工作表“一班成绩表”中引用定义的名称。打开工作表“一班成绩表”，在单元格 C6 中输入公式“=一班平时成绩”，按【Enter】键后向下填充公式，数据计算结果如图 2-72 所示。

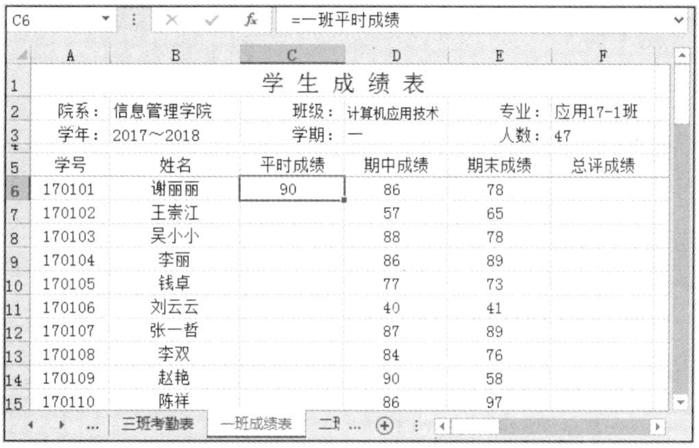
C6　=一班平时成绩

学生成绩表

院系：信息管理学院　班级：计算机应用技术　专业：应用17-1班
学年：2017～2018　学期：一　人数：47

学号	姓名	平时成绩	期中成绩	期末成绩	总评成绩
170101	谢丽丽	90	86	78	
170102	王崇江		57	65	
170103	吴小小		88	78	
170104	李丽		86	89	
170105	钱卓		77	73	
170106	刘云云		40	41	
170107	张一哲		87	89	
170108	李双		84	76	
170109	赵艳		90	58	
170110	陈祥		86	97	

图 2-72　使用名称得到平时成绩

（3）计算总评成绩。在 F6 单元格中输入公式“=TRUNC(一班平时成绩*20%+一班期中成绩*20%+一班期末成绩*60%)”，结果如图 2-73 所示。

=TRUNC(一班平时成绩*20%+一班期中成绩*20%+一班期末成绩*60%)

学生成绩表

院系：信息管理学院　班级：计算机应用技术　专业：应用17-1班
学年：2017～2018　学期：一　人数：47

学号	姓名	平时成绩	期中成绩	期末成绩	总评成绩
170101	谢丽丽	90	86	78	82
170102	王崇江	76	57	65	65
170103	吴小小	90	88	78	82
170104	李丽	90	86	89	88
170105	钱卓	91	77	73	77
170106	刘云云	80	40	41	48
170107	张一哲	90	87	89	88
170108	李双	88	84	76	80
170109	赵艳	89	90	58	70
170110	陈祥	89	86	97	93

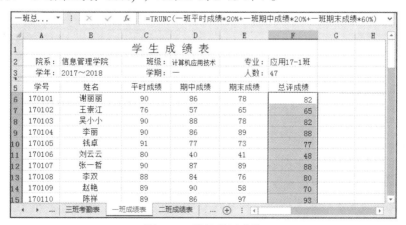

图 2-73　计算总评成绩

任务四：计算"班级成绩汇总表"中的数据

成绩汇总把一个班的学生的各门课成绩汇总到一个表中，从而对每个班学生的各科总成绩进行各方面的计算。

操作步骤

（1）在总评成绩上定义名称。打开工作簿"李老师（计算机应用基础）.xlsx"，选择工作表 "一班成绩表"，选中学生总评成绩所在的 F6 到 F52 区域，定义名称"一班总评成绩"，如图 2-74 所示。

图 2-74　为总评成绩定义名称

（2）打开工作簿"班级成绩汇总表"，选择工作表"一班"，如图 2-75 所示。

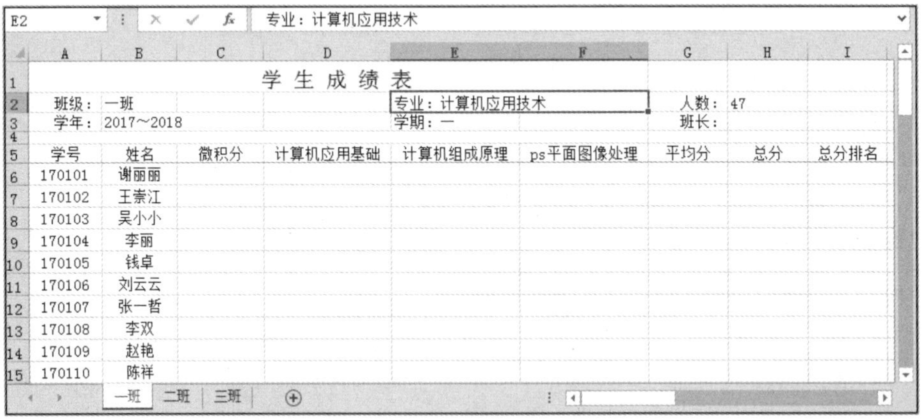

图 2-75　打开"班级成绩汇总表"

（3）在工作表"一班"中引入"计算机应用基础"总评成绩。在 D6 单元格中输入公式：='李老师（计算机应用基础）.xlsx'!一班总评成绩，数据引入如图 2-76 所示。

（4）用同样的方法引入其他课程的总评成绩，数据引入结果如图 2-76 所示。

（5）计算：平均分、总分、总分排名。

在单元格 G6 中输入公式 "=TRUNC(AVERAGE(C6:F6))"。

在单元格 H6 中输入公式 "=SUM(C6:F6)"。

在单元格 I6 中输入公式 "=RANK.AVG(H6,H$6:H$52)"，并向下填充公式，数据计算结果如图 2-77 所示。

图 2-76　引入各课程总评成绩

图 2-77　计算平均分、总分、总分排名

任务五：计算"试卷分析报告"中的数据

"试卷分析报告"是由每门课的总评成绩统计各分数段的人数、比例、最高分、最低分、平均值和标准差等数据。

操作步骤

（1）打开"一班成绩分析"工作表，如图 2-78 所示。

（2）引用班级人数数据。在 G6 单元格中输入公式 "=一班成绩表!F3"，按【Enter】键后，数据引用结果如图 2-78 所示。

（3）统计各分数段人数。在 C9～G9 单元格中分别输入以下公式：

"=COUNTIF(一班总评成绩,">89")"；

"=COUNTIFS(一班总评成绩,">79",一班总评成绩,"<90")";

"=COUNTIFS(一班总评成绩,">69",一班总评成绩,"<80")";

"=COUNTIFS(一班总评成绩,">59",一班总评成绩,"<70")";

"=COUNTIF(一班总评成绩,"<60")"。按【Enter】键后得到各个分数段的人数,如图 2-78 所示。

（4）统计各分数段人数所占比例。在 C10～G10 单元格中分别输入以下公式：

"=C9/$G$6";

"=D9/$G$6";

"=E9/$G$6";

"=F9/$G$6";

"=G9/$G$6"。按【Enter】键后得到各个分数段的人数比例，如图 2-78 所示。

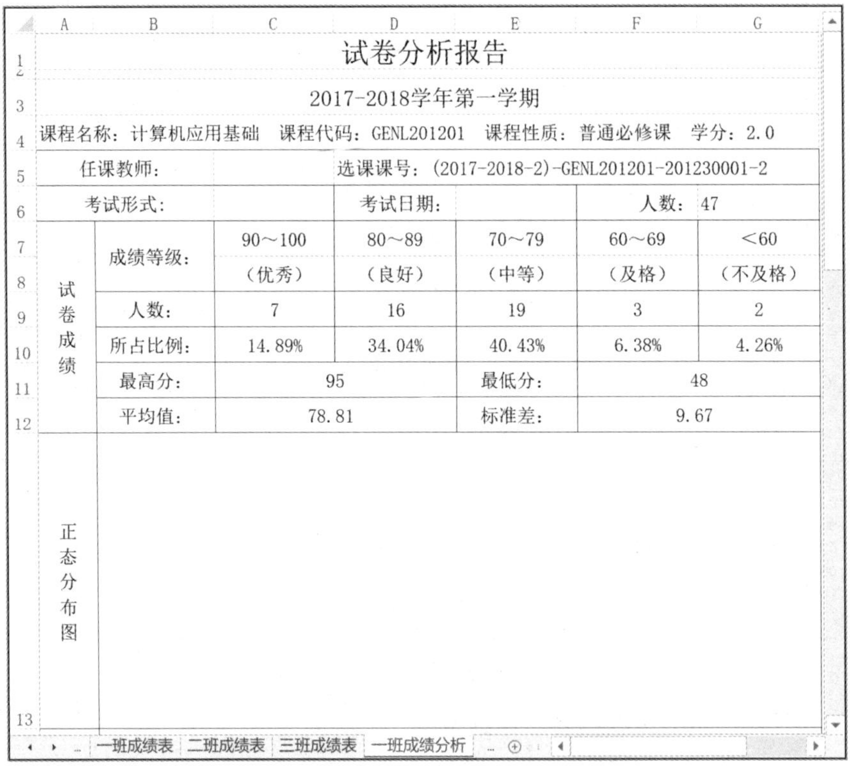

		A	B	C	D	E	F	G
1					**试卷分析报告**			
2								
3					2017-2018学年第一学期			
4		课程名称：计算机应用基础		课程代码：GENL201201		课程性质：普通必修课	学分：2.0	
5		任课教师：		选课课号：(2017-2018-2)-GENL201201-201230001-2				
6		考试形式：		考试日期：			人数：47	
7	试卷成绩	成绩等级：		90～100	80～89	70～79	60～69	<60
8				（优秀）	（良好）	（中等）	（及格）	（不及格）
9		人数：		7	16	19	3	2
10		所占比例：		14.89%	34.04%	40.43%	6.38%	4.26%
11		最高分：		95		最低分：	48	
12		平均值：		78.81		标准差：	9.67	
13		正态分布图						

一班成绩表　二班成绩表　三班成绩表　一班成绩分析

图 2-78 "试卷分析报告"数据计算结果

（5）计算最高分、最低分、平均值和标准差。

在 C11 单元格中输入公式 "=MAX(一班成绩表!F6:F52)"；

在 F11 单元格中输入公式 "=MIN(一班成绩表!F6:F52)"；

在 C12 单元格中输入公式 "=AVERAGE(一班总评成绩)"；

在 F12 单元格中输入公式 "=STDEV(一班总评成绩)"。按【Enter】键后得到上述各值，如图 2-78 所示。

2.4.2 在 GT 公司“人事档案管理”工作簿中应用函数

任务一：计算“员工基本信息表”数据

“员工基本信息表”中的各列数据的引用及计算规则如下：

①性别、年龄、籍贯和出生日期均由身份证信息获取。身份证号码的前两位表示籍贯所在地区的代码，在“基础数据来源表”中有地区和代码的对应关系，通过对比身份证的前两位便可得到具体的地区信息；身份证号码的第 7 至第 14 位代表出生日期，提取即可得到出生日期。

②“部门”信息由“工号”列的前两位对比“基础数据来源表”中“工号”和“部门”信息对应关系得到。

③“工龄”等于当前日期和“参加工作日期”之间相差的年数。

④“司龄”等于当前日期和“入职公司日期”之间相差的年数。

⑤“基本工资”等于“职称工资”+“工龄”×30+“司龄”×50。

⑥“岗位工资”根据职工的岗位信息来源于“基础数据来源表”的对应的“岗位工资”。

操作步骤

（1）打开工作簿“员工信息管理.xlsx”，选中工作表“员工基本信息表”，如图 2-79 所示。

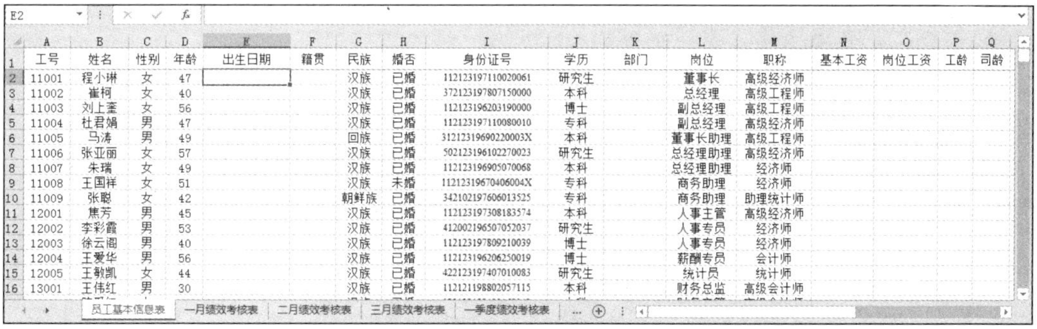

工号	姓名	性别	年龄	出生日期	籍贯	民族	婚否	身份证号	学历	部门	岗位	职称	基本工资	岗位工资	工龄	司龄
11001	程小琳	女	47			汉族	已婚	112123197110020061	研究生		董事长	高级经济师				
11002	崔柯	女	40			汉族	已婚	372123197807150000	本科		总经理	高级工程师				
11003	刘上奎	女	56			汉族	已婚	112123196203190000	博士		副总经理	高级工程师				
11004	杜君娟	男	47			汉族	已婚	112123197110080010	专科		副总经理	高级经济师				
11005	马涛	男	49			回族	已婚	31212319690220003X	本科		董事长助理	高级工程师				
11006	张亚丽	女	57			汉族	已婚	502123196102270023	研究生		总经理助理	高级经济师				
11007	朱瑞	女	49			汉族	已婚	112123196905070068	本科		总经理助理	经济师				
11008	王国祥	女	51			汉族	未婚	11212319670406004X	专科		商务助理	经济师				
11009	张聪	女	42			朝鲜族	已婚	342102197606013525	专科		商务助理	助理统计师				
12001	焦芳	男	45			汉族	已婚	112123197308183574	本科		人事主管	高级经济师				
12002	李彩霞	男	53			汉族	已婚	412002196507052037	研究生		人事专员	经济师				
12003	徐云阁	男	40			汉族	已婚	112123197809210039	博士		人事专员	经济师				
12004	王爱华	男	56			汉族	已婚	112123196206250019	博士		薪酬专员	会计师				
12005	王敏凯	女	44			汉族	已婚	422123197407010083	研究生		统计员	统计师				
13001	王伟红	男	30			汉族	已婚	112121198802057115	本科		财务总监	高级会计师				

图 2-79 员工基本信息表

（2）生成：出生日期、籍贯、部门列数据。

在单元格 E2 中输入公式“=TEXT(MID(I2,7,8),"0000-00-00")”。

在单元格 F2 中输入公式“=VLOOKUP(VALUE(LEFT(I2,2)),基础数据来源表!G$2: H$32, 2,FALSE) ”。

在单元格 K2 中输入公式“=VLOOKUP(VALUE(LEFT(A2,2)),基础数据来源表!A$2: B$10,2,FALSE) ”。向下填充数据，数据计算结果如图 2-80 所示。

（3）生成：司龄、工龄列数据。

在单元格 Q2 中输入公式“=DATEDIF(S2,TODAY(),"y")”。

在单元格 P2 中输入公式“=DATEDIF(R2,TODAY(),"y")”。向下填充数据，数据计算结果如图 2-81 所示。

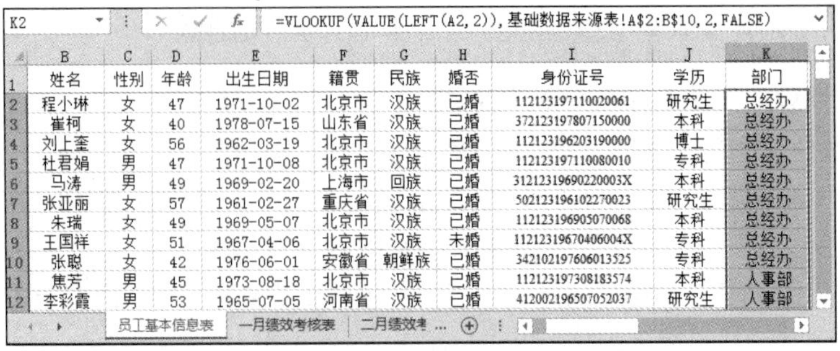

K2 =VLOOKUP(VALUE(LEFT(A2,2)),基础数据来源表!A$2:B$10,2,FALSE)

	B	C	D	E	F	G	H	I	J	K
1	姓名	性别	年龄	出生日期	籍贯	民族	婚否	身份证号	学历	部门
2	程小琳	女	47	1971-10-02	北京市	汉族	已婚	112123197110020061	研究生	总经办
3	崔柯	女	40	1978-07-15	山东省	汉族	已婚	372123197807150000	本科	总经办
4	刘上奎	女	56	1962-03-19	北京市	汉族	已婚	112123196203190000	博士	总经办
5	杜君娟	男	47	1971-10-08	北京市	汉族	已婚	112123197110080010	专科	总经办
6	马涛	男	49	1969-02-20	上海市	回族	已婚	31212319690220003X	本科	总经办
7	张亚丽	女	57	1961-02-27	重庆省	汉族	已婚	502123196102270023	研究生	总经办
8	朱瑞	女	49	1969-05-07	北京市	汉族	已婚	112123196905070068	本科	总经办
9	王国祥	女	51	1967-04-06	北京市	汉族	未婚	11212319670406004X	专科	总经办
10	张聪	女	42	1976-06-01	安徽省	朝鲜族	已婚	342102197606013525	专科	总经办
11	焦芳	男	45	1973-08-18	北京市	汉族	已婚	112123197308183574	本科	人事部
12	李彩霞	男	53	1965-07-05	河南省	汉族	已婚	412002196507052037	研究生	人事部

员工基本信息表 一月绩效考核表 二月绩效考...

图 2-80 生成“出生日期”、“籍贯”和“部门”列数据

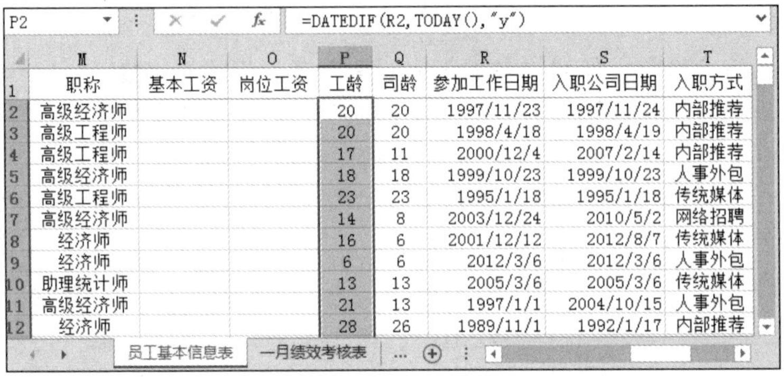

P2 =DATEDIF(R2,TODAY(),"y")

	M	N	O	P	Q	R	S	T
1	职称	基本工资	岗位工资	工龄	司龄	参加工作日期	入职公司日期	入职方式
2	高级经济师			20	20	1997/11/23	1997/11/24	内部推荐
3	高级工程师			20	20	1998/4/18	1998/4/19	内部推荐
4	高级工程师			17	11	2000/12/4	2007/2/14	内部推荐
5	高级经济师			18	18	1999/10/23	1999/10/23	人事外包
6	高级工程师			23	23	1995/1/18	1995/1/18	传统媒体
7	高级经济师			14	8	2003/12/24	2010/5/2	网络招聘
8	经济师			16	6	2001/12/12	2012/8/7	传统媒体
9	经济师			6	6	2012/3/6	2012/3/6	人事外包
10	助理统计师			13	13	2005/3/6	2005/3/6	传统媒体
11	高级经济师			21	13	1997/1/1	2004/10/15	人事外包
12	经济师			28	26	1989/11/1	1992/1/17	内部推荐

员工基本信息表 一月绩效考核表 ...

图 2-81 生成“工龄”和“司龄”列数据

（4）生成：基本工资、岗位工资列数据。

在单元格 N2 中输入公式“=VLOOKUP(M2,基础数据来源表!E$2:F$13,2,FALSE)+P2*30+Q2*50”。

在单元格 O2 中输入公式“=VLOOKUP(L2,基础数据来源表!C$2:D$29,2,FALSE)”。向下填充数据，数据计算结果如图 2-82 所示。

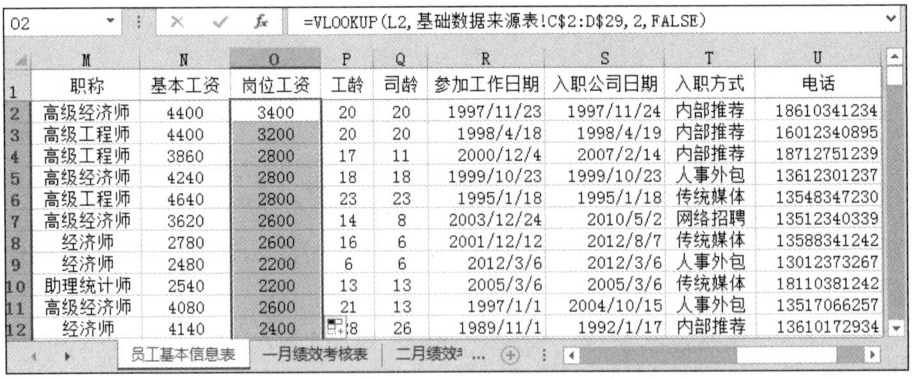

O2 =VLOOKUP(L2,基础数据来源表!C$2:D$29,2,FALSE)

	M	N	O	P	Q	R	S	T	U
1	职称	基本工资	岗位工资	工龄	司龄	参加工作日期	入职公司日期	入职方式	电话
2	高级经济师	4400	3400	20	20	1997/11/23	1997/11/24	内部推荐	18610341234
3	高级工程师	4400	3200	20	20	1998/4/18	1998/4/19	内部推荐	16012340895
4	高级工程师	3860	2800	17	11	2000/12/4	2007/2/14	内部推荐	18712751239
5	高级经济师	4240	2800	18	18	1999/10/23	1999/10/23	人事外包	13612301237
6	高级工程师	4640	2800	23	23	1995/1/18	1995/1/18	传统媒体	13548347230
7	高级经济师	3620	2600	14	8	2003/12/24	2010/5/2	网络招聘	13512340339
8	经济师	2780	2600	16	6	2001/12/12	2012/8/7	传统媒体	13588341242
9	经济师	2480	2200	6	6	2012/3/6	2012/3/6	人事外包	13012373267
10	助理统计师	2540	2200	13	13	2005/3/6	2005/3/6	传统媒体	18110381242
11	高级经济师	4080	2600	21	13	1997/1/1	2004/10/15	人事外包	13517066257
12	经济师	4140	2400	8	26	1989/11/1	1992/1/17	内部推荐	13610172934

员工基本信息表 一月绩效考核表 二月绩效考...

图 2-82 生成“基本工资”和“岗位工资”列数据

任务二：计算“员工出勤管理”中的考勤数据

“考勤表”中的各列数据的计算规则如下。

病假：本月病假天数；事假：本月事假天数；加班：本月加班天数；已休年假：本月已休年假天数。

操作步骤

（1）打开工作簿"员工出勤管理.xlsx"，选中工作表"一月"，如图 2-83 所示。

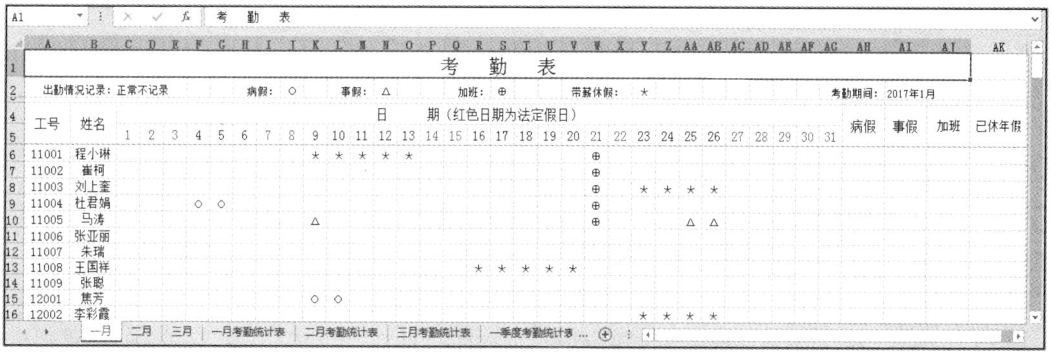

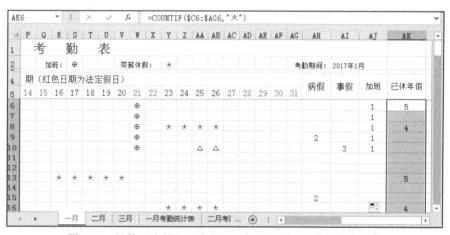

图 2-83　一月的考勤表

（2）计算：病假、事假、加班、已休年假列数据。

在单元格 AH6 中输入公式"=COUNTIF($C6:$AG6，"○")"。

在单元格 AI6 中输入公式"=COUNTIF($C6:$AG6，"△")"。

在单元格 AJ6 中输入公式"=COUNTIF($C6:$AG6，"⊕")"。

在单元格 AK6 中输入公式"=COUNTIF($C6:$AG6，"＊")"。向下填充数据，数据计算结果如图 2-84 所示。

图 2-84　计算"病假"、"事假"、"加班"和"已休年假"天数

（3）把上面计算出的数据引入到工作表"一月考勤统计表"中，即可得到完整的一月考勤统计表，如图 2-85 所示。

任务三：计算"一月绩效考核表"数据

"一月绩效考核表"中数据的引用和计算规则如下。

①"工号""姓名""岗位""司龄"引用自"员工基本信息表"相应列的数据。

②"加班"和"出勤"引用自工作簿"员工出勤管理.xlsx"中工作表"一月考勤统计表"中的相应列。

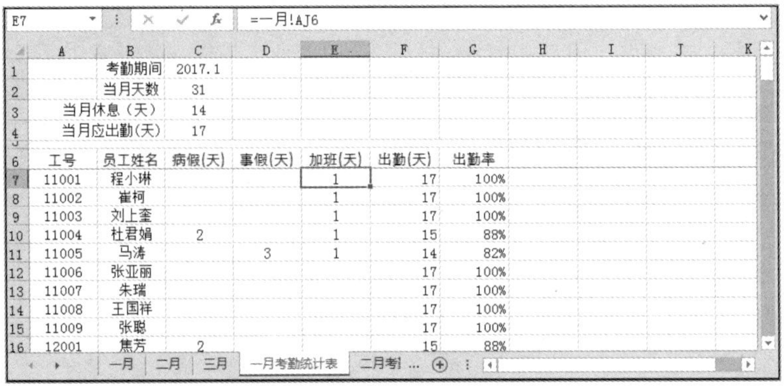

	A	B	C	D	E	F	G
1		考勤期间	2017.1				
2		当月天数	31				
3	当月休息（天）		14				
4	当月应出勤(天)		17				
6	工号	员工姓名	病假(天)	事假(天)	加班(天)	出勤(天)	出勤率
7	11001	程小琳			1	17	100%
8	11002	崔柯			1	17	100%
9	11003	刘上奎			1	17	100%
10	11004	杜君娟	2		1	15	88%
11	11005	马涛		3	1	14	82%
12	11006	张亚丽				17	100%
13	11007	朱瑞				17	100%
14	11008	王国祥				17	100%
15	11009	张聪				17	100%
16	12001	焦芳	2			15	88%

图 2-85　一月考勤统计表

③“绩效工资”等于“基础数据来源表”中对应岗位的“岗位工资”的 50%与“司龄”乘以 50 的和。

④“工作态度”等于“出勤天数+加班天数×2”

⑤“绩效总分”等于“绩效工资÷100+工作态度×5”，然后对所得的和求整。

⑥“绩效排名”是对“绩效总分”进行排名。

操作步骤

（1）打开工作簿“员工信息管理.xlsx”，选中工作表“一月绩效考核表”，如图 2-86 所示。

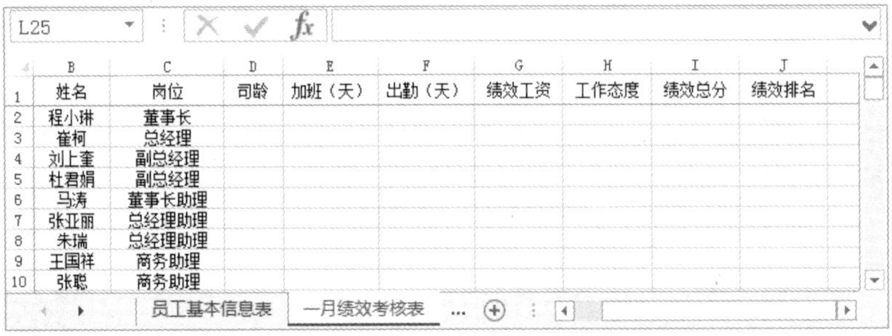

	B	C	D	E	F	G	H	I	J
1	姓名	岗位	司龄	加班（天）	出勤（天）	绩效工资	工作态度	绩效总分	绩效排名
2	程小琳	董事长							
3	崔柯	总经理							
4	刘上奎	副总经理							
5	杜君娟	副总经理							
6	马涛	董事长助理							
7	张亚丽	总经理助理							
8	朱瑞	总经理助理							
9	王国祥	商务助理							
10	张聪	商务助理							

图 2-86　一月绩效考核表

（2）在“一月绩效考核表”中引入司龄、加班天数、出勤天数。

在单元格 D2 中输入公式“=员工基本信息表!Q2”。

在单元格 E2 中输入公式“=[员工出勤管理.xlsx]一月考勤统计表!E7”。

在单元格 F2 中输入公式“=[员工出勤管理.xlsx]一月考勤统计表!F7”。向下填充公式，数据计算结果如图 2-87 所示。

（3）计算：绩效工资、工作态度、绩效总分、绩效排名列数据。

在单元格 G2 中输入公式“=VLOOKUP(C2,基础数据来源表!C$2:D$29,2,FALSE)*50%+D2*50”。

在单元格 H2 中单元格中输入公式“=E2*2+F2”。

在单元格 I2 中单元格中输入公式“=INT(G2/100+H2*5)”。

在单元格 J2 中输入公式“=RANK(I2,I$2:I$100,0)”。向下填充公式，数据计算如图 2-88 所示。

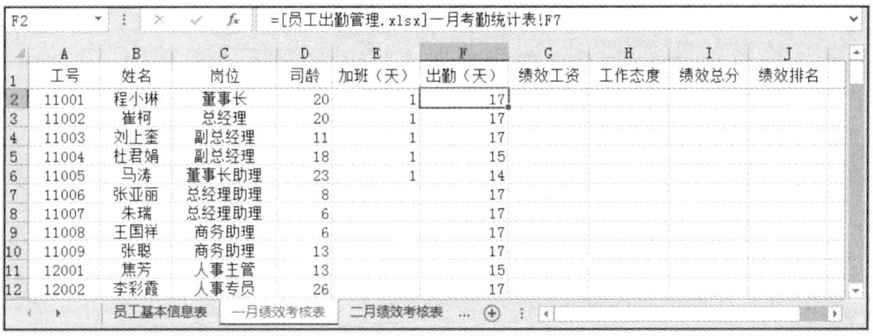

F2 =[员工出勤管理.xlsx]一月考勤统计表!F7

工号	姓名	岗位	司龄	加班（天）	出勤（天）	绩效工资	工作态度	绩效总分	绩效排名
11001	程小琳	董事长	20	1	17				
11002	崔柯	总经理	20	1	17				
11003	刘上奎	副总经理	11	1	17				
11004	杜君娟	副总经理	18	1	15				
11005	马涛	董事长助理	23	1	14				
11006	张亚丽	总经理助理	8		17				
11007	朱瑞	总经理助理	6		17				
11008	王国祥	商务助理	6		17				
11009	张聪	商务助理	13		17				
12001	焦芳	人事主管	13		15				
12002	李彩霞	人事专员	26		17				

员工基本信息表 | 一月绩效考核表 | 二月绩效考核表 ...

图 2-87 计算“司龄”、“加班”和“出勤”列数据

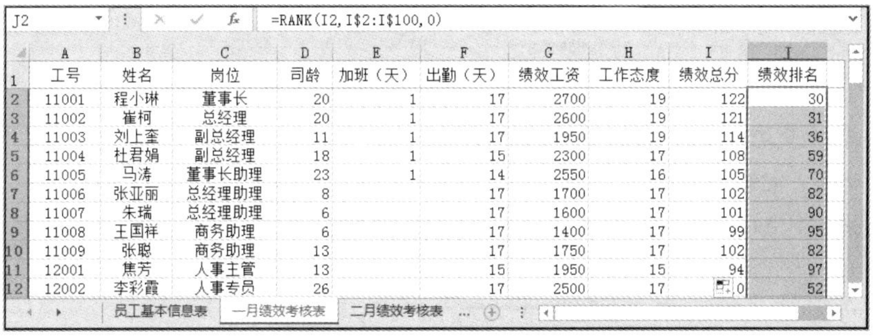

J2 =RANK(I2,I$2:I$100,0)

工号	姓名	岗位	司龄	加班（天）	出勤（天）	绩效工资	工作态度	绩效总分	绩效排名
11001	程小琳	董事长	20	1	17	2700	19	122	30
11002	崔柯	总经理	20	1	17	2600	19	121	31
11003	刘上奎	副总经理	11	1	17	1950	19	114	36
11004	杜君娟	副总经理	18	1	15	2300	17	108	59
11005	马涛	董事长助理	23	1	14	2550	16	105	70
11006	张亚丽	总经理助理	8		17	1700	17	102	82
11007	朱瑞	总经理助理	6		17	1600	17	101	90
11008	王国祥	商务助理	6		17	1400	17	99	95
11009	张聪	商务助理	13		17	1750	17	102	82
12001	焦芳	人事主管	13		15	1950	15	94	97
12002	李彩霞	人事专员	26		17	2500	17	0	52

员工基本信息表 | 一月绩效考核表 | 二月绩效考核表 ...

图 2-88 计算绩效排名

任务四：计算“一季度绩效考核表”数据

“一季度绩效考核表”中数据的引用和计算规则如下。

①“姓名”引用自“员工基本信息表”的“姓名”列。

②“月份”中的“1”、“2”和“3”分别引用自“一月绩效考核表”、“二月绩效考核表”和“三月绩效考核表”的“绩效总分”列。

③“平均分”是“1”、“2”和“3”中分数的平均值。

④“绩效排名”是对“平均分”的排名。

操作步骤

（1）打开工作簿“员工信息管理.xlsx”，选中工作表“一季度绩效考核表”，如图 2-89 所示。

姓名	月份			平均分	绩效排名
	1	2	3		
程小琳					
崔柯					
刘上奎					
杜君娟					
马涛					
张亚丽					
朱瑞					
王国祥					

... 一季度绩效考核表 | 基础 ...

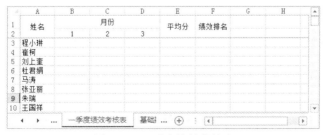

图 2-89 一季度绩效考核表

（2）在“一季度绩效考核表”中引入1、2、3月份的绩效总分。

在B3单元格中输入公式“=一月绩效考核表!$I2”。

在C3单元格中输入公式“=二月绩效考核表!$I2”。

在D3单元格中输入公式“=三月绩效考核表!$I2”。向下填充公式，数据计算如图2-90所示。

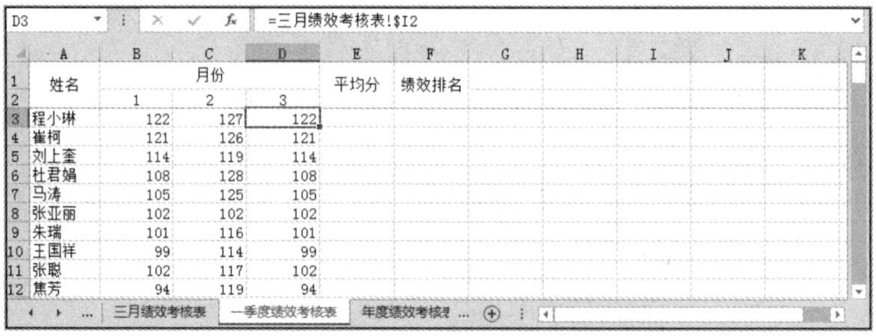

	A	B	C	D	E	F
1	姓名	月份			平均分	绩效排名
2		1	2	3		
3	程小琳	122	127	122		
4	崔柯	121	126	121		
5	刘上奎	114	119	114		
6	杜君娟	108	128	108		
7	马涛	105	125	105		
8	张亚丽	102	102	102		
9	朱瑞	101	116	101		
10	王国祥	99	114	99		
11	张聪	102	117	102		
12	焦芳	94	119	94		

图2-90 填充1、2、3月份绩效总分

（3）计算：平均分和绩效排名列数据。

在单元格E2中输入公式“=AVERAGE(B3:D3)”。

在单元格F3中输入公式“=RANK(E3,E$2:E$101,0)”。向下填充公式，数据计算如图2-91所示。

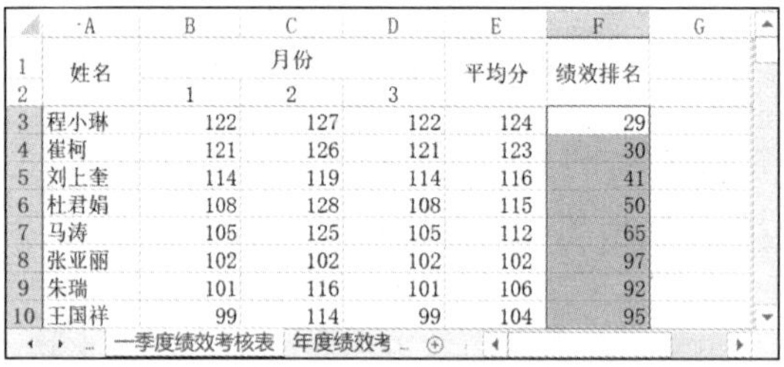

	A	B	C	D	E	F
1	姓名	月份			平均分	绩效排名
2		1	2	3		
3	程小琳	122	127	122	124	29
4	崔柯	121	126	121	123	30
5	刘上奎	114	119	114	116	41
6	杜君娟	108	128	108	115	50
7	马涛	105	125	105	112	65
8	张亚丽	102	102	102	102	97
9	朱瑞	101	116	101	106	92
10	王国祥	99	114	99	104	95

图2-91 计算“平均分”和“绩效排名”列数据

任务五：计算“年度绩效考核表”数据

“年度绩效考核表”中数据的引用和计算规则如下。

①“工号”“姓名”“工龄”“司龄”各列数据引用自“员工基本信息表”的相应列。

②“年带薪休假（天）”数值由工龄和司龄共同决定，最大值不超过15天，工龄、司龄和年带薪休假天数间的关系如图2-92所示。

工龄（年）	年带薪休假天数	司龄（年）	年带薪休假天数
大于20	10	大于20	8
大于等于10小于等于20	8	大于等于10小于等于20	5
大于5小于10	5	大于5年小于10	3
小于等于5	2	小于等于5	1

图2-92 工龄、司龄对应的年带薪休假天数

③“已休（天）”数值由工作簿“员工出勤管理.xlsx”中工作表“一月”“二月”“三月”中该员工的“已休年假”数相加得到（已休假天数等于每个月已休年假天数之和，此处只以计算前三个月的已休年假天数为例）。

④“剩余（天）”数值由“年带薪休假（天）”数值减去“已休（天）”数值得到。

操作步骤

（1）打开工作簿"员工信息管理.xlsx"，选中工作表"年度绩效考核表"，如图 2-93 所示。

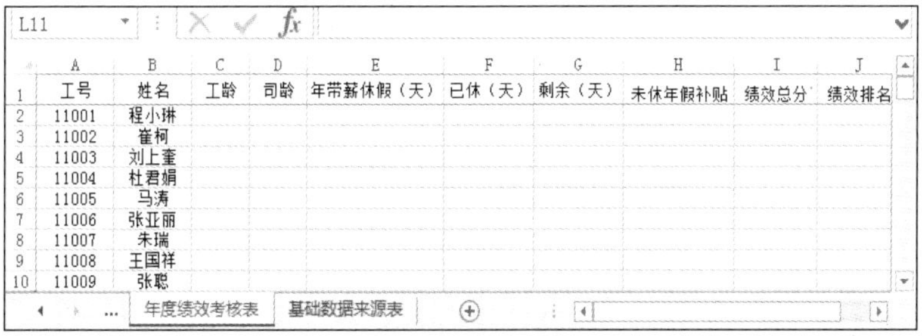

图 2-93　年度绩效考核表

（2）在"年度绩效考核表"中引入工龄和司龄。

在 C2、D2 单元格中分别输入公式"=员工基本信息表!P2"和"=员工基本信息表!Q2"。用序列填充方法向下填充数据，如图 2-94 所示。

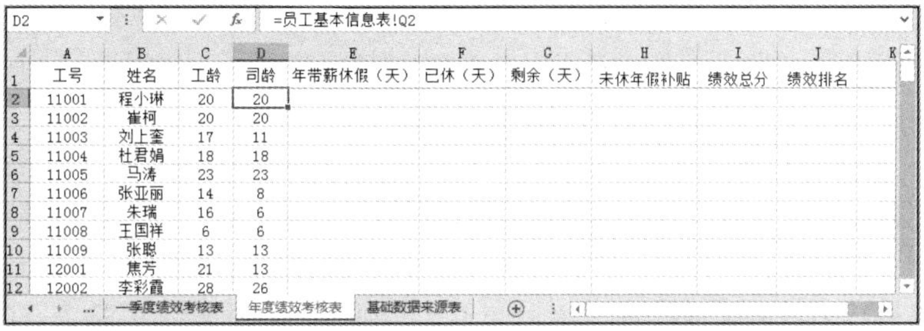

图 2-94　在"年度绩效考核表"中输入"工龄"和"司龄"列

（3）计算：年带薪休假天数、已休年假天数、剩余年假天数列数据。

在单元格 E2 中输入公式"=MIN(IF(C2>20,10,IF(C2>=10,8,IF(C2>5,5,2)))+IF(D2>20,8,IF(D2>=10,5,IF(D2>5,3,1)))), 15)"。

在单元格 F2 中输入公式"=[员工出勤管理.xlsx]一月!AK6+[员工出勤管理.xlsx]二月!AK6+[员工出勤管理.xlsx]三月!AK6"。

在单元格 G2 中输入公式"=E2-F2"。向下填充公式，数据计算如图 2-95 所示。

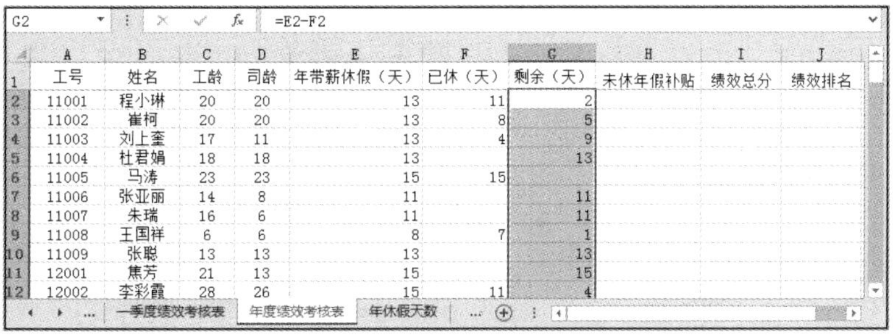

图 2-95　计算剩余年假天数

项目3 简单实用的数据管理工具

3.1 项目展示：创建“销售管理”工作簿，对销售数据做多级分类汇总

“销售管理”是企业信息管理的重要组成部分，其中包括客户档案管理、产品销售订单管理、销售业绩管理等一系列销售管理事务。利用 Excel 提供的简单实用的数据管理工具，通过对数据进行排序、筛选、分类汇总和合并计算等操作，使企业的领导和相关部门及时了解销售过程中每个环节的数据信息和准确情况，及时地做出合理的生产计划、销售等工作安排。

本项目创建了 GT 公司“销售管理”工作簿，其中包含的工作表有：销售订单表、客户信息表、产品信息表、客户统计表、产品统计表、销售员统计表等，通过对客户、产品、销售员等数据进行多种方式的排序，可以方便、清晰地浏览、检索大量繁杂的数据，部分工作表效果如图 3-1、图 3-2 和图 3-3 所示。

	A	B	C	D	E	F	G	H	I	J	K	L	M	N	O
1	订单号	订单日期	产品型号	产品名称	客户名称	区域	销量	单价(万元)	总金额（万元）	订单处理日期	是否已处理	业务员	客户电话	客户邮箱	销售员
2	#170101	2017/01/02	XC-91	产品C1	广东华宇	华中	18	¥ 3	¥ 57.60	2017/01/02	√	马哲	18712751239	mazhe@163.com	范顺昌
3	#170102	2017/01/05	XB-81	产品B1	云南白云山	西南	19	¥ 2	¥ 28.50	2017/01/05	√	方圆	16012340895	fangyuan@163.com	赵勇
4	#170103	2017/01/05	XC-92	产品C2	海南天赐南湾	华中	23	¥ 3	¥ 57.50	2017/01/05	√	岳川	13548347230	yuechuan@souhu.com	吴献威
5	#170104	2017/01/07	XA-71	产品A1	广东天缘	华中	20	¥ 2	¥ 40.00			郝佳靓	13612301237	haojc@souhu.com	李忠
6	#170105	2017/01/10	XC-95	产品C5	河南星光	华中	40	¥ 4	¥ 144.00	2017/01/10	√	申海洋	16046830895	shenhy@souhu.com	李彩霞
7	#170106	2017/01/12	XB-83	产品B3	山东新期望	华东	40	¥ 2	¥ 80.00	2017/01/12	√	王科	18712758339	wangke@souhu.com	黄华香
8	#170107	2017/01/12	XA-71	产品A1	福建万通	华东	50	¥ 2	¥ 100.00	2017/01/12	√	靳基林	13057092308	jinjl@163.com	李艳
9	#170108	2017/01/14	XA-75	产品A5	上海新世界	华东	21	¥ 4	¥ 84.00	2017/01/14	√	张春华	18648347870	zhangch@souhu.com	王花云
10	#170109	2017/01/14	XC-91	产品C1	湖北蓓蕾	华中	22	¥ 3	¥ 70.40	2017/01/14	√	戴洋	18610341234	daiyang@163.com	常平
11	#170110	2017/01/16	XB-81	产品B1	天津嘉美	华北	40	¥ 2	¥ 60.00	2017/01/16	√	李帅	16012340895	lishuai@163.com	范晓丽
12	#170111	2017/01/16	XC-92	产品C2	北京和丰	华北	70	¥ 3	¥ 175.00	2017/01/16	√	张秋玲	13593677230	zhangql@souhu.com	刘艳辉
13	#170112	2017/01/18	XA-71	产品A1	湖北蓓蕾	华中	18	¥ 2	¥ 36.00	2017/01/18	√	戴洋	18610341234	daiyang@163.com	常平
14	#170113	2017/01/18	XC-93	产品C3	北京华夏	华北	21	¥ 3	¥ 63.00	2017/01/18	√	马东	13012340723	680937568@qq.com	刘艳辉
15	#170114	2017/01/20	XB-82	产品B2	广东华宇	华中	40	¥ 3	¥ 120.00	2017/01/20	√	马哲	18712751239	mazhe@163.com	范顺昌

销售订单表 客户信息表 产品信息表 客户统计表 产品统计表 销售员统计表 销售员查询表 产品查询表 客户 …

图 3-1 “销售订单表”制作效果

	A	B	C	D	E	F	G	H	I	J	K	L	M	N
1–2	月份 / 客户名称	1	2	3	4	5	6	7	8	9	10	11	12	合计（万元）
3	北京和丰	175	69			54	105	135	109		50		144	841
4	北京华夏	63			44	55	66	40		140	60			468
5	天津嘉美	132			182	100			60		120		90	684
6	河北汇丰源			144					144			188		476
7	河北万博							130	258.5					388.5
8	上海新世界	84	60	210	168		260	115	92.4	34.5	168	84	68.4	1344.3
9	上海海通											124	57.2	181.2
10	江苏华东城	110		163	87.5									360.5
11	江苏天华				60		210.4	60	200		96.6	54		681
12	浙江金沙					315	159.8					110		584.8
13	浙江红河谷		193	102.2		42		40		186	156.5		100.2	819.9
14	浙江丰乐谷							55		220				275
15	福建金石		50	151.2		120	120	182		50	159	161	84	1077.2

销售订单表 客户信息表 产品信息表 客户统计表 产品统计表 销售员统计表 销售 …

图 3-2 “客户统计表”制作效果

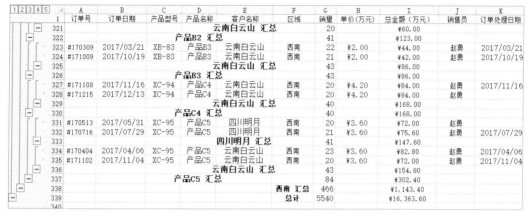

图 3-3　销售数据的三级分类汇总结果

3.2　项目制作

任务一：创建"销售管理"工作簿，制作销售订单表、客户信息表和产品信息表

"销售订单表"中的数据引用和计算要求如下。

①产品名称：根据产品型号，从产品信息表中查找产品名称。

②区域：根据客户名称，从产品信息表中查找客户所在区域。

③单价：从产品信息表中查找产品的单价。

④总金额：销量乘以单价。

⑤是否已处理：由订单处理日期判断该订单是否已处理。

⑥业务员、客户电话、客户邮箱、销售员：均由客户信息表中查找。

操作步骤

（1）新建工作簿。在"文件"选项卡的"新建"功能区中，单击"空白工作簿"命令按钮，并命名为"销售管理"。

（2）制作销售订单表、客户信息表和产品信息表，并录入基础数据，如图3-4、图3-5和图3-6所示。

图 3-4　"销售订单表"中的数据录入

	A	B	C	D	E	F	G	H
1	客户名称	区域	业务员	全年购货（万元）	星级	电话	邮箱	销售员
2	北京和丰	华北	张秋玲			13593677230	zhangql@souhu.com	刘艳辉
3	北京华夏	华北	马东			13012340723	680937568@qq.com	刘艳辉
4	天津嘉美	华北	李帅			16012340895	lishuai@163.com	范晓丽
5	河北汇丰源	华北	刘鹏			18712751239	liupeng@126.com	李娟娟
6	河北万博	华北	欧阳鹏			13612301237	712437568@qq.com	李娟娟
7	上海新世界	华东	张春华			18648347870	zhangch@souhu.com	王花云
8	上海海通	华东	李琳霞			18722339358	lilxl@sina.com	王花云
9	江苏华东城	华东	王鹏霄			13588341242	wangpx@sina.com	张丹丹
10	江苏天华	华东	马丽华			13012373267	malihua@163.com	张丹丹
11	浙江金沙	华东	张安安			18110381242	zhangaa@163.com	刘真真
12	浙江红河谷	华东	郭伟建			13517066257	guowj@163.com	李素华
13	浙江丰乐谷	华东	刘建华			13610172934	liujh@163.com	李素华
14	福建金石	华东	贺惠			13012340895	hehui@souhu.com	李艳
15	福建万通	华东	靳基林			13057092308	jinjl@163.com	李艳

销售订单表 客户信息表 产品信息表

图 3-5 “客户信息表”中的数据录入

	A	B	C	D	E	F	G	H
1	产品型号	产品名称	单价（万）	提成比例	提成金额(元)			
2	XA-71	产品A1	2	5.00%	1000			
3	XA-72	产品A2	5	5.20%	2600			
4	XA-73	产品A3	5.5	5.20%	2860			
5	XA-74	产品A4	2.6	5.00%	1300			
6	XA-75	产品A5	4	5.20%	2080			
7	XB-81	产品B1	1.5	5.00%	750			
8	XB-82	产品B2	3	5.10%	1530			
9	XB-83	产品B3	2	5.00%	1000			
10	XC-91	产品C1	3.2	5.10%	1632			
11	XC-92	产品C2	2.5	5.00%	1250			
12	XC-93	产品C3	3	5.10%	1530			
13	XC-94	产品C4	4.2	5.20%	2184			
14	XC-95	产品C5	3.6	5.10%	1836			

销售订单表 客户信息表 产品信息表

图 3-6 “产品信息表”中的数据录入

（3）销售订单表中数据的引用与计算。

在 D2 单元格中输入公式“=VLOOKUP(C2,产品信息表!A$2:B$14,2,FALSE)”。

在 E2 单元格中输入公式“=VLOOKUP($E2,客户信息表!$A$2:$H$26,2,FALSE) ”。

在 R2 单元格中输入公式“=VLOOKUP(C2,产品信息表!A$2:C$14,3,FALSE) ”。

在 I2 单元格中输入公式“=G2*H2”。

在 K2 单元格中输入公式“=IF(YEAR(J2)=2017,"√"," ")”。

在 L2 单元格中输入公式“=VLOOKUP($E2,客户信息表!$A$2:$H$26,3,FALSE) ”。

在 H2 单元格中输入公式“=VLOOKUP($E2,客户信息表!$A$2:$H$26,6,FALSE) ”。

在 N2 单元格中输入公式“=VLOOKUP($E2,客户信息表!$A$2:$H$26,7,FALSE) ”。

在 O2 单元格中输入公式“=VLOOKUP($E2,客户信息表!$A$2:$H$26,8,FALSE) ”。向下填充公式，数据引用和计算结果如图 3-7 所示。

	A	B	C	D	E	F	G	H	I	J	K	L	M	N	O
1	订单号	订单日期	产品型号	产品名称	客户名称	区域	销量	单价(万元)	总金额（万元）	订单处理日期	是否已处理	业务员	客户电话	客户邮箱	销售员
2	#170101	2017/01/02	XC-91	产品C1	广东华宇	华中	18	¥ 3	¥ 57.60	2017/01/02	√	马哲	18712751239	mazhe@163.com	范顺昌
3	#170102	2017/01/05	XB-81	产品B1	云南白云山	西南	19	¥ 2	¥ 28.50	2017/01/05	√	方圆	16012340895	fangyuan@163.com	赵勇
4	#170103	2017/01/05	XC-92	产品C2	海南天赐南湾	华中	23	¥ 3	¥ 57.50	2017/01/05	√	岳川	13548347230	yuechuan@souhu.com	吴献威
5	#170104	2017/01/07	XA-71	产品A1	广东天缘	华中	20	¥ 2	¥ 40.00			郝佳晨	13612301237	haojc@souhu.com	李忠
6	#170105	2017/01/10	XC-95	产品C5	河南星光	华中	40	¥ 4	¥ 144.00	2017/01/10	√	申海洋	16046830895	shenhy@souhu.com	李彩霞
7	#170106	2017/01/12	XB-83	产品B3	山东新期望	华东	40	¥ 2	¥ 80.00	2017/01/12	√	王科	18712758339	wangke@souhu.com	黄华香
8	#170107	2017/01/12	XA-71	产品A1	福建万通	华东	50	¥ 2	¥ 100.00	2017/01/12	√	靳基林	13057092308	jinjl@163.com	李艳
9	#170108	2017/01/14	XA-75	产品A5	上海新世界	华东	21	¥ 4	¥ 84.00	2017/01/14	√	张春华	18648347870	zhangch@souhu.com	王花云
10	#170109	2017/01/14	XC-91	产品C1	湖北蓓蕾	华中	22	¥ 3	¥ 70.40	2017/01/14	√	戴洋	18610341234	daiyang@163.com	常平
11	#170110	2017/01/16	XB-81	产品B1	天津嘉美	华北	40	¥ 2	¥ 60.00	2017/01/16	√	李帅	16012340895	lishuai@163.com	范晓丽
12	#170111	2017/01/16	XC-92	产品C2	北京和丰	华北	70	¥ 3	¥ 175.00	2017/01/16	√	张秋玲	13593677230	zhangql@souhu.com	刘艳辉
13	#170112	2017/01/18	XA-71	产品A1	湖北蓓蕾	华中	18	¥ 2	¥ 36.00	2017/01/18	√	戴洋	18610341234	daiyang@163.com	常平
14	#170113	2017/01/18	XC-93	产品C3	北京华夏	华北	21	¥ 3	¥ 63.00	2017/01/18	√	马东	13012340723	680937568@qq.com	刘艳辉
15	#170114	2017/01/20	XB-82	产品B2	广东华宇	华中	40	¥ 3	¥ 120.00	2017/01/20	√	马哲	18712751239	mazhe@163.com	范顺昌

销售订单表 客户信息表 产品信息表

图 3-7 “销售订单表”中数据的引用与计算

任务二：制作客户统计表、产品统计表、销售员统计表

客户统计表、产品统计表、销售员统计表的数据都来自于销售订单表，应用多条件求和函数计算而得。

操作步骤

（1）打开"销售管理"工作簿，创建新工作表，分别命名为"客户统计表""产品统计表""销售员统计表"。

（2）客户统计表中数据的引用与计算。

在 A3 单元格中输入公式"=客户信息表!A2"。

在 B3 单元格中输入公式"=SUMIFS(销售订单表!$I$2:$I$181,销售订单表!$A$2:$A$181,"#1701*",销售订单表!$E$2:$E$181,$A3)"，即由销售订单表中的数据计算一月份"北京和丰"公司购货的总金额。

在 N3 单元格中输入公式"=SUM(B3:M3)"。数据引用与计算结果如图 3-8 所示。

（3）在 C3～M3 单元格中输入公式。应用自动填充的方法向右复制公式后，修改参数"#1701*"即可，如单元格 C2 中要将参数"#1701*"修改为"#1702*"。自动填充数据后结果如图 3-8 所示。

（4）应用自动填充的方法向下复制步骤（3）中的公式，客户统计表的制作效果如图 3-8 所示。

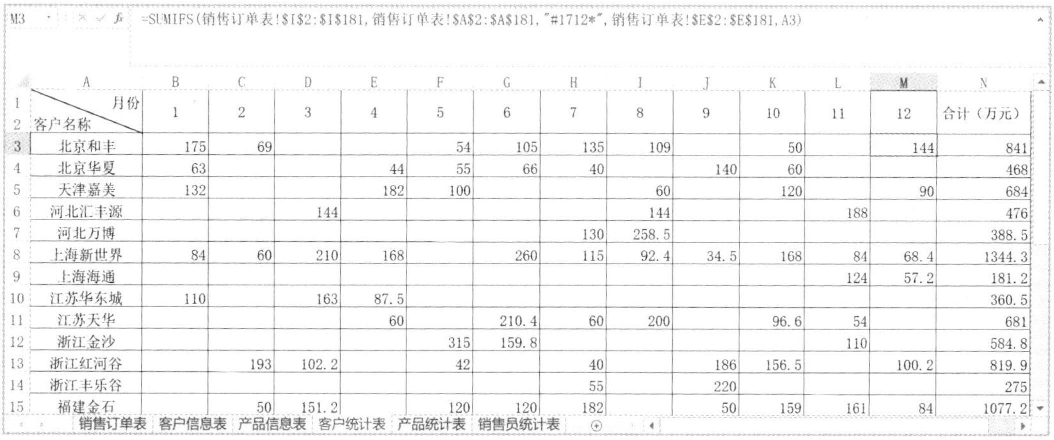

M3			f_x =SUMIFS(销售订单表!$I$2:$I$181,销售订单表!$A$2:$A$181,"#1712*",销售订单表!$E$2:$E$181,A3)										
	A	B	C	D	E	F	G	H	I	J	K	L	M	N
1	月份	1	2	3	4	5	6	7	8	9	10	11	12	合计（万元）
2	客户名称													
3	北京和丰	175	69			54	105	135	109		50		144	841
4	北京华夏	63			44	55	66	40		140	60			468
5	天津嘉美	132			182	100			60		120		90	684
6	河北汇丰源			144					144			188		476
7	河北万博							130	258.5					388.5
8	上海新世界	84	60	210	168		260	115	92.4	34.5	168	84	68.4	1344.3
9	上海海通											124	57.2	181.2
10	江苏华东城	110		163	87.5									360.5
11	江苏天华				60		210.4	60	200		96.6	54		681
12	浙江金沙					315	159.8					110		584.8
13	浙江红河谷		193	102.2		42			40		186	156.5		100.2	819.9
14	浙江丰乐谷								55		220			275
15	福建金石		50	151.2			120	120	182		50	159	161	84	1077.2

销售订单表　客户信息表　产品信息表　客户统计表　产品统计表　销售员统计表

图 3-8 "客户统计表"的制作效果

（5）用同样的方法制作产品统计表和销售员统计表，也可以复制客户统计表，做适当的修改得到产品统计表和销售员统计表。

任务三：多级分类汇总"销售订单表"中的数据

操作步骤

（1）打开"销售订单表"，如图 3-4 所示。

（2）按照多关键字进行排序。选中所有数据信息，按照"区域""产品名称""客户名称"等字段进行排序，如图3-9所示。

图3-9 按照多关键字排序

（3）单击"确定"按钮，排序结果如图3-10所示。

	A	B	C	D	E	F	G	H	I	J	K
1	订单号	订单日期	产品型号	产品名称	客户名称	区域	销量	单价(万元)	总金额（万元）	销售员	订单处理日期
8	#171005	2017/10/10	XB-81	产品B1	北京华夏	华北	40	¥1.50	¥60.00	刘艳辉	2017/10/10
9	#170110	2017/01/16	XB-81	产品B1	北京华夏	华北	40	¥1.50	¥60.00	刘艳辉	2017/01/16
10	#170817	2017/08/30	XB-81	产品B1	天津嘉美	华北	40	¥1.50	¥60.00	范晓丽	
11	#170211	2017/02/22	XB-82	产品B2	北京和丰	华北	23	¥3.00	¥69.00	刘艳辉	2017/02/22
12	#170705	2017/07/07	XB-82	产品B2	北京和丰	华北	45	¥3.00	¥135.00	刘艳辉	2017/07/07
13	#170806	2017/08/12	XB-82	产品B2	北京和丰	华北	18	¥3.00	¥54.00	刘艳辉	2017/08/12
14	#170610	2017/06/20	XB-82	产品B2	北京华夏	华北	22	¥3.00	¥66.00	刘艳辉	2017/06/20
15	#171011	2017/10/25	XB-82	产品B2	天津嘉美	华北	40	¥3.00	¥120.00	刘艳辉	2017/10/25
16	#171203	2017/12/05	XB-82	产品B2	天津嘉美	华北	18	¥3.00	¥54.00	范晓丽	2017/12/05
17	#170406	2017/04/08	XB-83	产品B3	北京华夏	华北	22	¥2.00	¥44.00	刘艳辉	2017/04/08
18	#170713	2017/07/24	XB-83	产品B3	北京华夏	华北	20	¥2.00	¥40.00	刘艳辉	2017/07/24
19	#171214	2017/12/13	XB-83	产品B3	天津嘉美	华北	18	¥2.00	¥36.00	范晓丽	2017/12/13
20	#170111	2017/01/16	XC-92	产品C2	北京和丰	华北	70	¥2.50	¥175.00	刘艳辉	2017/01/16
21	#170810	2017/08/16	XC-92	产品C2	北京和丰	华北	22	¥2.50	¥55.00	刘艳辉	2017/08/16
22	#171006	2017/10/11	XC-92	产品C2	北京和丰	华北	20	¥2.50	¥50.00	刘艳辉	2017/10/11
23	#170505	2017/05/20	XC-92	产品C2	北京华夏	华北	22	¥2.50	¥55.00	刘艳辉	
24	#170512	2017/05/30	XC-92	产品C2	天津嘉美	华北	40	¥2.50	¥100.00	范晓丽	2017/05/30
25	#170113	2017/01/18	XC-93	产品C3	北京华夏	华北	21	¥3.00	¥63.00	刘艳辉	2017/01/18
26	#170507	2017/05/24	XC-95	产品C5	北京和丰	华北	15	¥3.60	¥54.00	刘艳辉	2017/05/24

图3-10 多关键字排序结果

（4）进行一级分类汇总。选择任意一个数据单元格，在"数据"选项卡下的"分级显示"功能区中，单击"分类汇总"按钮，打开"分类汇总"对话框，选择"区域"作为分类字段，汇总方式为"求和"，选定"销量"和"总金额"为汇总项，如图3-11所示。

（5）单击"确定"按钮，按照"区域"一级分类汇总的结果如图3-12所示。

（6）添加二级分类汇总。在"数据"选项卡下"分级显示"功能区中，单击"分类汇总"命令按钮，再次打开"分类汇总"对话框，选择"产品名称"作为分类字段，汇总方式为"求和"，选定"销量"和"总金额"为汇总项，取消勾选"替换当前分类汇总"复选框，如图3-13所示。

（7）单击"确定"按钮，按照"产品"名称二级分类汇总结果如图3-14所示。

图3-11 按照"区域"进行分类汇总

	订单号	订单日期	产品型号	产品名称	客户名称	区域	销量	单价(万元)	总金额(万元)	销售员	订单处理日期
167				华中 汇总			2101		¥6,064.80		
168	#171104	2017/11/10	XA-74	产品A4	云南白云山	西南	70	¥2.60	¥182.00	赵勇	2017/11/10
169	#170118	2017/01/29	XB-81	产品B1	四川明月	西南	40	¥1.50	¥60.00	赵勇	
170	#170614	2017/06/27	XB-81	产品B1	四川明月	西南	22	¥1.50	¥33.00	赵勇	2017/06/27
171	#170102	2017/01/05	XB-81	产品B1	云南白云山	西南	19	¥1.50	¥28.50	赵勇	2017/01/05
172	#170410	2017/04/20	XB-81	产品B1	云南白云山	西南	18	¥1.50	¥27.00	赵勇	2017/04/20
173	#170801	2017/08/02	XB-81	产品B1	云南白云山	西南	70	¥1.50	¥105.00	赵勇	2017/08/02
174	#170809	2017/08/16	XB-81	产品B1	云南白云山	西南	19	¥1.50	¥28.50	赵勇	
175	#171213	2017/12/13	XB-82	产品B2	四川明月	西南	21	¥3.00	¥63.00	赵勇	2017/12/13
176	#170816	2017/08/26	XB-82	产品B2	云南白云山	西南	20	¥3.00	¥60.00	赵勇	2017/08/26
177	#170309	2017/03/21	XB-83	产品B3	云南白云山	西南	22	¥2.00	¥44.00	赵勇	2017/03/21
178	#171019	2017/10/19	XB-83	产品B3	云南白云山	西南	21	¥2.00	¥42.00	赵勇	2017/11/16
179	#171108	2017/11/16	XC-94	产品C4	云南白云山	西南	20	¥4.20	¥84.00	赵勇	
180	#171215	2017/12/13	XC-94	产品C4	云南白云山	西南	20	¥4.20	¥84.00	赵勇	
181	#170513	2017/05/31	XC-95	产品C5	四川明月	西南	20	¥3.60	¥72.00	赵勇	
182	#170716	2017/07/29	XC-95	产品C5	四川明月	西南	21	¥3.60	¥75.60	赵勇	2017/07/29
183	#170404	2017/04/06	XC-95	产品C5	云南白云山	西南	23	¥3.60	¥82.80	赵勇	2017/04/06
184	#171102	2017/11/04	XC-95	产品C5	云南白云山	西南	20	¥3.60	¥72.00	赵勇	2017/11/04
185				西南 汇总			466		¥1,143.40		
186				总计			5540		¥16,363.60		

图 3-12　一级分类汇总结果

图 3-13　按照"产品名称"进行分类汇总

	订单号	订单日期	产品型号	产品名称	客户名称	区域	销量	单价(万元)	总金额(万元)	销售员
12				产品A5 汇总			47		¥188.00	
13	#171005	2017/10/10	XB-81	产品B1	北京华夏	华北	40	¥1.50	¥60.00	刘艳辉
14	#170110	2017/01/16	XB-81	产品B1	天津嘉美	华北	40	¥1.50	¥60.00	范晓丽
15	#170817	2017/08/30	XB-81	产品B1	天津嘉美	华北	40	¥1.50	¥60.00	范晓丽
16				产品B1 汇总			120		¥180.00	
17	#170211	2017/02/22	XB-82	产品B2	北京和丰	华北	23	¥3.00	¥69.00	刘艳辉
18	#170705	2017/07/07	XB-82	产品B2	北京和丰	华北	45	¥3.00	¥135.00	刘艳辉
19	#170806	2017/08/12	XB-82	产品B2	北京和丰	华北	18	¥3.00	¥54.00	刘艳辉
20	#170610	2017/06/20	XB-82	产品B2	北京华夏	华北	22	¥3.00	¥66.00	刘艳辉
21	#171011	2017/10/25	XB-82	产品B2	天津嘉美	华北	40	¥3.00	¥120.00	范晓丽
22	#171203	2017/12/05	XB-82	产品B2	天津嘉美	华北	18	¥3.00	¥54.00	范晓丽
23				产品B2 汇总			166		¥498.00	
24	#170406	2017/04/08	XB-83	产品B3	北京华夏	华北	22	¥2.00	¥44.00	刘艳辉
25	#170713	2017/07/24	XB-83	产品B3	北京华夏	华北	20	¥2.00	¥40.00	刘艳辉
26	#171214	2017/12/13	XB-83	产品B3	天津嘉美	华北	18	¥2.00	¥36.00	范晓丽
27				产品B3 汇总			60		¥120.00	

图 3-14　二级分类汇总结果

（8）添加三级分类汇总。再次打开"分类汇总"对话框，选择"客户名称"作为分类字段，汇总方式为"求和"，选定"销量"和"总金额"为汇总项。汇总结果如图 3-15 所示。

	订单号	订单日期	产品型号	产品名称	客户名称	区域	销量	单价(万元)	总金额(万元)	销售员	订单处理日期
321					云南白云山 汇总		20		¥60.00		
322				产品B2 汇总			41		¥123.00		
323	#170309	2017/03/21	XB-83	产品B3	云南白云山	西南	22	¥2.00	¥44.00	赵勇	2017/03/21
324	#171009	2017/10/19	XB-83	产品B3	云南白云山	西南	21	¥2.00	¥42.00	赵勇	2017/10/19
325					云南白云山 汇总		43		¥86.00		
326				产品B3 汇总			43		¥86.00		
327	#171108	2017/11/16	XC-94	产品C4	云南白云山	西南	20	¥4.20	¥84.00	赵勇	2017/11/16
328	#171215	2017/12/13	XC-94	产品C4	云南白云山	西南	20	¥4.20	¥84.00	赵勇	
329					云南白云山 汇总		40		¥168.00		
330				产品C4 汇总			40		¥168.00		
331	#170513	2017/05/31	XC-95	产品C5	四川明月	西南	20	¥3.60	¥72.00	赵勇	
332	#170716	2017/07/29	XC-95	产品C5	四川明月	西南	21	¥3.60	¥75.60	赵勇	2017/07/29
333					四川明月 汇总		41		¥147.60		
334	#170404	2017/04/06	XC-95	产品C5	云南白云山	西南	23	¥3.60	¥82.80	赵勇	2017/04/06
335	#171102	2017/11/04	XC-95	产品C5	云南白云山	西南	20	¥3.60	¥72.00	赵勇	2017/11/04
336					云南白云山 汇总		43		¥154.80		
337				产品C5 汇总			84		¥302.40		
338				西南 汇总			466		¥1,143.40		
339				总计			5540		¥16,363.60		

图 3-15　三级分类汇总结果

3.3　知识点击

Excel 除了可以方便、高效地完成各种复杂的数据计算以外，同时还具有各种数据管理功能，如排序、筛选、分类汇总和合并计算等操作，被广泛应用于信息管理工作中，从而更有效地利用数据，提高工作效率和决策能力。

本项目的知识要点有：
- 数据的排序；
- 数据的筛选；
- 数据的分类汇总；
- 数据的合并计算。

3.3.1 数据的排序

排序是将工作表中无规律的数据按某几列以升序或降序的形式排列起来。排序是数据分析中最常见的操作，Excel 允许对字符、数字等数据按升序或降序排序。要进行排序的数据称之为关键字，Excel 提供了三级排序，分别为主要关键字、次要关键字和第三关键字。

不同类型的数据的排序规则如表 3-1 所示。

表 3-1　不同类型的数据排序规则

数 据 类 型	排 序 规 则
数值	按数值的大小
字母	按字母的先后顺序
日期	按日期的先后顺序
汉字	按汉语拼音的顺序或按笔画的顺序
逻辑值	升序时 FALSE 在前，TRUE 在后，降序时相反
空格	总是排在最后

1. 简单排序

简单排序是按照选中单元格所在列的数据默认进行升序或降序排序。

无论何种级别的排序，排序前首先选取工作表中需要排序的所有单元格区域（注意：已经合并了的单元格不要选中），然后在"数据"菜单下的"排序和筛选"功能区中，单击"升序"或"降序"命令按钮即可。

2. 按主要关键字排序

通常数据对象都有多个属性，在 Excel 的工作表中一行表示一个数据对象，一列表示数据对象的一个属性。在排序操作中以某一个属性作为排序依据，该属性即为排序关键字。

在一个工作表中用哪个属性作为排序关键字，要视具体的应用需要而定。在同一个工作表中，根据需要可以按不同的关键字来排序。

按主要关键字对数据进行排序时，在"数据"选项卡下的"排序和筛选"功能区中，单击"排序"命令按钮，弹出"排序"对话框，如图 3-16 所示。在"排序"对话框中可以设置主要关键字、排序依据、次序等参数，还可以添加、删除、复制排序条件。

【例 3-1】在"学生成绩汇总表"中以"总分"为关键字，按"降序"排序。

图 3-16   "排序"对话框

操作步骤

（1）打开学生成绩汇总表"三班"工作表，如图 3-17 所示。

（2）在"数据"选项卡的"排序和筛选"功能区中，单击"排序"命令按钮，在弹出的"排序"对话框中设置参数，如图 3-18 所示。

图 3-17   学生成绩表汇总表

图 3-18   设置主要关键字参数

（3）单击"确定"按钮，排序结果如图 3-19 所示。

图 3-19   排序结果

3．按多个关键字排序

按主要关键字进行排序时，不可避免地会出现相同的数据信息，通过添加其他条件进行排序，即按多个关键字进行排序，可以再区分这些有重复数据的信息。

【例 3-2】在学生成绩表中分别以"总分""微积分"为主、次关键字按"降序"排序。

操作步骤

（1）打开三班学生成绩表，如图 3-19 所示。

（2）在"数据"选项卡的"排序和筛选"功能区中，单击"排序"命令按钮，在弹出的"排序"对话框中设置主要关键字的参数，如图 3-20 所示。

（3）在"排序"对话框中单击"添加条件"按钮，设置次要关键字的参数，如图 3-20 所示，单击"确定"按钮，即可按多个关键字排序。排序结果如图 3-21 所示。

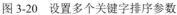

图 3-20　设置多个关键字排序参数

图 3-21　多个关键字排序结果

4. 自定义排序

Excel 表中有时希望按照部门、职称、学历等自定义的序列进行排序，则需要先将这些信息定义为序列，然后进行自定义排序。

在"数据"选项卡的"排序和筛选"功能区中，单击"排序"命令按钮，在弹出的"排序"对话框中，在"次序"下拉列表中选择"自定义序列"选项，打开"自定义序列"对话框，如图 3-22 所示。单击"添加"按钮，可以输入自定义序列。

图 3-22　"自定义序列"对话框

3.3.2 数据的筛选

Excel 中数据筛选在企业财务实务中是比较常见的，数据的筛选是数据计算之前要进行的一个关键步骤。常用的数据筛选功能有两种：自动筛选和高级筛选。

自动筛选和高级筛选的区别在于：

❑ 自动筛选是把表格中的数据筛选出来后，数据还在原来的单元格中；

❑ 高级筛选是把表格中的数据筛选出来后，数据被复制到空白的单元格中。

注意：无论是何种筛选，筛选前一定要把表头的标题行或者某个单元格字段选上。

1. 自动筛选

自动筛选一般用于简单的条件筛选，只显示符合条件的数据，将不满足条件的数据暂时隐藏起来，因此自动筛选并不会改变当前数据表的内容。常见的字段类型有文本型、日期型、数字型等，自动筛选对应"文本筛选""日期筛选""数字筛选"等操作。

【例 3-3】利用"筛选"按钮下拉列表功能自动筛选，在"学生基本信息表"中，对文本字段类型进行自动筛选。

操作步骤

（1）打开三班的"学生基本信息表"，如图 3-23 所示。

图 3-23 三班学生基本信息表

（2）单击工作表第 5 行"标题行"中任意一个单元格，在"数据"选项卡的"排序和筛选"功能区中，单击"筛选"按钮，标题行所有字段右侧出现下三角形"筛选"按钮，如图 3-24 所示。

图 3-24 工作表中的"筛选"按钮

（3）单击标题行"性别"单元格右侧的"筛选"按钮，显示如图 3-25 所示的筛选功能菜单。

Excel数据处理与分析

（4）取消勾选"全选"复选框，选中"女"复选框，单击"确定"按钮，筛选结果如图 3-26 所示。

图 3-25 文本类型单元格筛选功能

5	学号	姓名	性别	年龄	籍贯	身份证号
6	170301	白宏伟	女	19	北京市	110109199901014001
7	170302	符坚	女	20	北京市	110104199802011747
8	170303	谢如雪	女	20	天津市	120105199803032144
12	170307	徐鹏飞	女	19	江西省	360106199907293961
14	170309	曾令铨	女	20	江苏省	320102199810191585
16	170311	侯小文	女	19	福建省	350226199911021965
19	170314	张雄杰	女	19	河南省	410106199905133022
21	170316	齐小娟	女	19	重庆市	500111199906163022
22	170317	孙如红	女	19	黑龙江省	230630199905210048
24	170319	周梦飞	女	19	上海市	310226199904111420
28	170323	吉莉莉	女	19	湖北省	420108199908013724
30	170324	莫一明	女	20	广东省	440105199810212569
33	170328	马小军	女	20	云南省	530101199801051064

图 3-26 自动筛选"性别"="女"的结果

【例 3-4】利用"文本筛选"子菜单，在"学生基本信息表"中，对文本字段类型进行自动筛选。

操作步骤

（1）接着【例 3-3】的操作，单击"撤销"按钮，取消按照"性别"="女"自动筛选结果。

（2）单击标题行"籍贯"单元格右侧的"筛选"按钮，并选择筛选菜单下"文本筛选"右侧的子菜单"开头是..."，如图 3-27 所示。

（3）打开"自定义自动筛选方式"对话框，在"开头是"右侧文本下拉框中输入"河"，如图 3-28 所示。

图 3-27 "文本筛选"子菜单

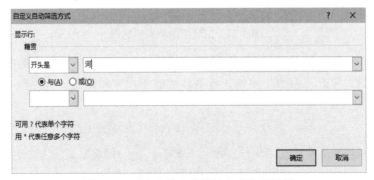

图 3-28 "自定义自动筛选方式"对话框

（4）自定义自动筛选"籍贯"=开头是"河"的结果如图 3-29 所示。

· 90 ·

	A	B	C	D	E	F
5	学号	姓名	性别	年龄	籍贯	身份证号
19	170314	张雄杰	女	19	河南省	6199905133022
20	170315	江晓勇	男	19	河南省	2199905240453
25	170320	杜春兰	男	20	河南省	410227199812061571
31	170326	侯登科	男	19	河南省	410221199902048335
32	170327	宋子文	男	19	河南省	410226199910240017
42	170337	齐飞扬	女	19	河南省	410224199901280026

图 3-29　自定义自动筛选结果

2. 高级筛选

高级筛选能够完成比较复杂的多条件查询，并能将筛选结果复制到表格中的其他位置。

无论是单一条件的高级筛选还是多条件的高级筛选，首先在要筛选的工作表的空白处输入所要筛选的条件，输入时还需注意：

❏ 每个筛选条件最好在一列输入，不同筛选条件在不同列；

❏ 筛选条件的表头标题需要和数据表中表头一致；

❏ 如果是两个及以上筛选条件，判断筛选条件输入在同一行表示为"与"的关系，判断筛选条件输入在不同的行表示为"或"的关系。

【例 3-5】筛选出"工资表"中"市场部实发工资大于 7000"的员工工资信息。

操作步骤

（1）打开"工资表"，在空白处输入两个筛选条件，如图 3-30 所示。

图 3-30　输入高级筛选条件

（2）在"数据"选项卡的"排序和筛选"功能区中，单击"高级"命令按钮，弹出"高级筛选"对话框，如图 3-31 所示。

（3）单击"高级筛选"对话框中"列表区域"右侧的单元格引用按钮，打开"高级筛选-列表区域"小窗体，如图 3-32 所示。

（4）选择区域"工资表!$A$3:$O$101"，筛选的列表区域显示如图 3-33 所示。

（5）单击"高级筛选-列表区域"小窗体右下方的单元格引用按钮，返回到"高级筛选"对话框中。

图 3-31　"高级筛选"对话框

图 3-32 "高级筛选 - 列表区域"小窗体　　图 3-33 选择高级筛选的列表区域

（6）单击"高级筛选"对话框中"条件区域"右侧的单元格引用按钮，打开"高级筛选 - 条件区域"小窗体，选择区域"$Q$3:$R$4"，如图 3-34 所示。

（7）单击"高级筛选 - 条件区域"小窗体右下方的单元格引用按钮，返回到"高级筛选"对话框中，如图 3-35 所示。

图 3-34 "高级筛选 - 条件区域"小窗体　　图 3-35 选择高级筛选的条件区域

（8）单击"确定"按钮，显示同时满足"市场部"和"实发工资大于 7000"的员工工资信息，如图 3-36 所示。

员工号	姓名	部门	基本工资	岗位工资	绩效工资	加班工资	福利合计	应发工资合计	应扣病事假	五险一金	应纳税金额	个人所得税	应扣合计	实发工资
14001	李红	市场部	4040	2800	1950	229	1210	10229		1818	4911	427	2245	7984
14002	吴荣桂	市场部	4400	2600	2400	282	1300	11182	141	1980	5561	557	2678	8504
14003	常国平	市场部	3840	2600	1950	229	1160	9779		1728	4551	355	2083	7696
14004	李丽娜	市场部	3600	2600	1800	211	1100	9311	52	1620	4139	308	1980	7331
14006	范晓丽	市场部	3810	2400	1550	182	1153	9095		1715	3880	283	1998	7097
14007	李娟娟	市场部	3200	2400	1950	229	1000	8779		1440	3839	278	1718	7061
14010	刘真真	市场部	5040	2400	3100	364	1460	12364		2268	6596	764	3032	9332
14017	李忠	市场部	3200	2400	1950	229	1000	8779		1440	3839	278	1718	7061
14020	徐冬	市场部	3260	2200	2200	258	1015	8933		1467	3966	291	1758	7175
14023	赵新风	市场部	3200	2600	2050	241	1000	9091		1440	4151	310	1750	7341

图 3-36 同时满足给定条件的高级筛选结果

3.3.3 数据的分类汇总

分类汇总是对工作表中的数据进行快速统计汇总的方法，使用分类汇总命令可以免去输入大量公式和函数的操作。

在执行分类汇总操作之前，首先确定哪一列字段数据是需要分类的，并对该列数据进行排序，保证该列中相同名称的数据紧挨在一起，然后再进行分类汇总。这是分类汇总使用前的重中之重。

分类汇总时要在如图 3-37 所示的"分类汇总"对话框中进行选择。其中：

图 3-37 "分类汇总"对话框

□ 分类字段：需要选择在工作表中已排过序，并且有重复记录的名称；

□ 汇总方式：可以选择"求和""计数""平均值""最大值"等汇总方式；

□ 选定汇总项：选择的汇总字段项必须是数字类型。

1. 建立分类汇总

【例 3-6】在"客户信息表"中，按照"区域"对客户"全年购货"金额进行分类汇总。

操作步骤

（1）打开"客户信息表"工作表，如图 3-38 所示。

（2）选择所有数据信息，在"数据"选项卡的"排序和筛选"功能区中，单击"排序"命令按钮，打开"排序"对话框，按照主关键字"区域"升序排序，排序结果如图 3-39 所示。

图 3-38 客户信息表

图 3-39 按照主关键字"区域"升序排序的结果

（3）单击任意单元格，在"数据"选项卡的"分级显示"功能区中，单击"分类汇总"按钮，在"分类汇总"对话框中：选择"分类字段"下拉列表中的"区域"选项，选择"汇总方式"下拉列表中的"求和"选项，选择"选定汇总项"下的"全年购货（万元）"字段，如图 3-40 所示。

（4）单击"确定"按钮，部分分类汇总结果及明细如图 3-41 所示。

图 3-40 "分类汇总"对话框

	A	B	C	D	E	F	G
1	客户名称	区域	业务员	全年购货（万元）	电话	邮箱	销售员
2	北京和丰	华北	张秋玲	841	13593677230	zhangql@souhu.com	刘艳辉
3	北京华夏	华北	马东	468	13012340723	680937568@qq.com	刘艳辉
4	天津嘉美	华北	李帅	684	16012340895	lishuai@163.com	范晓丽
5	河北汇丰源	华北	刘鹏	476	18712751239	liupeng@126.com	李娟娟
6	河北万博	华北	欧阳鹏	388.5	13612301237	712437568@qq.com	李娟娟
7		华北 汇总		2857.5			
8	上海新世界	华东	张春华	1344.3	18648347870	zhangch@souhu.com	王花云
9	上海海通	华东	李琳霞	181.2	18722339358	lilxl@sina.com	王花云
10	江苏华东城	华东	王鹏霄	360.5	13588341242	wangpx@sina.com	张丹丹
11	江苏天华	华东	马丽华	681	13012373267	malihua@163.com	张丹丹
12	浙江金沙	华东	张安安	584.8	18110381242	zhangaa@163.com	刘真真
13	浙江红河谷	华东	郭伟建	819.9	13517066257	guow@163.com	李素华
14	浙江丰乐谷	华东	刘建华	275	13610172934	liujh@163.com	李素华
15	福建金石	华东	贺惠	1077.2	13012340895	hehui@souhu.com	李艳
16	福建万维	华东	新基林	457	13570092308	jinjl@163.com	李艳
17	山东新期望	华东	王科	517	18712758339	wangke@souhu.com	黄华香
18		华东 汇总		6297.9			
19	山东力达	华中	肖峰	295	13687305937	467437568@qq.com	黄华香
20	河南星光	华中	申海洋	1254.2	16046830895	shenhy@sina.com	李彩霞
21	湖北蕾蕾	华中	戴洋	1374.7	18610341234	daiyang@163.com	常平
22	广东灿星	华中	贺欣欣	555	16012340895	hexinx@163.com	范顺昌
23	广东华宇	华中	马哲	85	18712751239	mazhe@163.com	范顺昌
24	广东天缘	华中	郝佳晨	1007.7	13612301237	haojc@163.com	李忠
25	海南天赐鸿鸿	华中	岳川	470.5	13548342730	yuechuan@souhu.com	吴献威
26	海南蓝天	华中	钱雯俪	252	18112340579	267437568@qq.com	吴献威
27		华中 汇总		6064.8			

图 3-41 部分分类汇总结果及明细

（5）折叠各级分类汇总信息。单击左上角面板中的"2"，折叠"区域"的各条详细记录，只显示按照"区域"汇总的全年购货总计，如图 3-42 所示。

	A	B	C	D	E	F	G
1	客户名称	区域	业务员	全年购货（万元）	电话	邮箱	销售员
7		华北 汇总		2857.5			
18		华东 汇总		6297.9			
27		华中 汇总		6064.8			
30		西南 汇总		1143.4			
31		总计		16363.6			

图 3-42 折叠各级分类汇总信息

2. 修改当前分类汇总信息

【例 3-7】在【例 3-6】的基础上，查看每个"销售员"的"全年购货"的平均值。

操作步骤

（1）删除当前所有的分类汇总结果。选择所有单元格区域，打开"分类汇总"对话框，单击"分类汇总"对话框左下角的"全部删除"按钮，如图 3-43 所示。

（2）单击"确定"按钮，工作表恢复到分类汇总前的数据状态，如图 3-44 所示。

图 3-43 删除当前所有分类汇总

图 3-44 删除所有分类汇总的数据状态

（3）重新排序并选择分类字段及汇总方式。按照"销售员"进行升序排序，在"分类汇总"对话框中，选择"销售员"作为"分类字段"，选择"平均值"作为"汇总方式"，选择"全年购货（万元）"作为"选定汇总项"。

（4）单击"确定"按钮，分类汇总结果如图 3-45 所示。

1 2 3		A	B	C	D	E	F	G
	1	客户名称	区域	业务员	全年购货（万元）	电话	邮箱	销售员
+	3				1344.3		常平	平均值
+	6				325.85		范顺昌	平均值
+	8				855.7		范晓丽	平均值
+	11				654.5		黄华香	平均值
+	13				584.8		李彩霞	平均值
+	16				600.5		李娟娟	平均值
+	19				676.1		李素华	平均值
+	22				732.35		李艳	平均值
+	24				252		李忠	平均值
+	27				964.85		刘艳辉	平均值
+	29				819.9		刘真真	平均值
+	32				774.6		王花云	平均值
+	35				520.75		吴献威	平均值
+	38				432.25		张丹丹	平均值
+	41				571.7		赵勇	平均值
	42				654.544		总计	平均值
−	43							

图 3-45　分类汇总结果

3.3.4　数据的合并计算

合并计算是对一个或者多个工作表的值进行汇总计算，工作表可以在同一个工作簿中或在不同的工作簿中，但合并计算结果可以在单个输出区域中显示。Excel 合并计算功能包括求和、求平均值、计数、求最大值、求最小值等一系列合并功能。

1. 单表格合并计算

单表格的合并计算，主要适用于在一个工作表中存在重复字段，而这些字段的其他信息需要进行合并求和等的简单合并计算。

【例 3-8】在"销售订单表"中，统计每个销售员在 2017 年 1 月份的销售总量和销售总额。

操作步骤

（1）打开"销售订单表"工作表，截取 1 月份销售记录，并调整列，存放在如图 3-46 所示的工作表中。

（2）选择一个存放统计结果的起始单元格"F1"，在"数据"选项卡的"数据工具"功能区中，单击"合并计算"命令按钮，打开"合并计算"对话框，如图 3-47 所示。

	A	B	C	D	E
1	订单日期	销售员	销量	总金额（万元）	
2	2017/01/02	范顺昌	18	57.6	
3	2017/01/05	赵勇	19	57.6	
4	2017/01/05	吴献威	23	57.6	
5	2017/01/07	李忠	20	57.6	
6	2017/01/10	李彩霞	40	57.6	
7	2017/01/12	黄华香	40	57.6	
8	2017/01/12	李艳	50	57.6	
9	2017/01/14	王花云	21	57.6	
10	2017/01/14	常平	22	57.6	
11	2017/01/16	范晓丽	40	57.6	
12	2017/01/16	刘艳辉	70	57.6	
13	2017/01/18	常平	18	57.6	
14	2017/01/18	刘艳辉	21	57.6	
15	2017/01/20	范顺昌	40	57.6	
16	2017/01/22	黄华香	22	57.6	
17	2017/01/24	李彩霞	20	57.6	
18	2017/01/24	范晓丽	20	57.6	
19	2017/01/29	赵勇	40	57.6	
20	2017/01/31	张丹丹	22	57.6	
21					

图 3-46　1 月份销售记录

图 3-47　"合并计算"对话框

（3）在"合并计算"对话框中，单击"引用位置"下文本框右侧的单元格引用按钮，打开"合并计算 - 引用位置"小窗体。

（4）选择工作表中需要合并计算的区域（选择时一定要把重复字段所在列作为首选列，

如"销售员"），所选区域地址为"$B$1:$D$20"，显示在"合并计算 - 引用位置"的小窗体中，如图 3-48 所示。

（5）单击"合并计算 - 引用位置"小窗体中地址区域右下方的单元格引用按钮，返回到"合并计算"对话框。在"合并计算"对话框中勾选"标签位置"下方的"首行"和"最左列"复选框，如图 3-49 所示。

图 3-48 "合并计算 - 引用位置"选择区域

图 3-49 设置标签位置

（6）单击"确定"按钮，每个销售员 2017 年 1 月份的销售总量和销售总金额如图 3-50 所示。

	A	B	C	D	E	F	G	H
1	订单日期	销售员	销量	总金额（万元）			销量	总金额（万元）
2	2017/01/02	范顺昌	18	57.6		范顺昌	58	115.2
3	2017/01/05	赵勇	19	57.6		赵勇	59	115.2
4	2017/01/05	吴献威	23	57.6		吴献威	23	57.6
5	2017/01/07	李忠	20	57.6		李忠	20	57.6
6	2017/01/10	李彩霞	40	57.6		李彩霞	60	115.2
7	2017/01/12	黄华香	40	57.6		黄华香	62	115.2
8	2017/01/12	李艳	50	57.6		李艳	50	57.6
9	2017/01/14	王花云	21	57.6		王花云	21	57.6
10	2017/01/14	常平	22	57.6		常平	40	115.2
11	2017/01/16	范晓丽	40	57.6		范晓丽	40	115.2
12	2017/01/16	刘艳辉	70	57.6		刘艳辉	91	115.2
13	2017/01/18	常平	18	57.6		张丹丹	22	57.6
14	2017/01/18	刘艳辉	21	57.6				
15	2017/01/20	范顺昌	40	57.6				
16	2017/01/22	黄华香	22	57.6				
17	2017/01/24	李彩霞	20	57.6				
18	2017/01/24	范晓丽	20	57.6				
19	2017/01/29	赵勇	40	57.6				
20	2017/01/31	张丹丹	22	57.6				

图 3-50 单表格合并计算结果

默认情况下，合并计算结果显示的区域左上角字段是空着的，这时只需添上"销售员"字段即可。

2. 多表格合并计算

【例 3-9】目前华东某公司三个子公司 8 月份销售情况存放在两个工作簿的不同工作表中，请使用多表格合并计算汇总 8 月份的销售情况。

操作步骤

（1）打开"华东 1 分公司销售情况表"工作簿，如图 3-51 所示；打开"华东 2、3 分公司销售情况表"工作簿，如图 3-52 所示。

	A	B	C
1	华东1公司8月份销售情况		
2	商品名称	台数	总价格
3	冰箱	20	45800
4	电视	15	67000
5	洗衣机	28	28000
6	消毒柜	10	8500
7	空调	20	85000
8	微波炉	12	8200
9	摄像机	8	38000

Sheet1

图 3-51　华东 1 分公司销售情况表

	A	B	C		A	B	C
1	华东2公司8月份销售情况			华东3公司8月份销售情况		
2	商品名称	台数	总价格	商品名称	台数	总价格
3	冰箱	10	20000	冰箱	7	14000
4	电视	5	15000	电视	12	52000
5	洗衣机	10	18000	洗衣机	8	12000
6	消毒柜	8	6400	消毒柜	5	4000
7	空调	10	40000	空调	20	75000
8	微波炉	5	3500	微波炉	3	2400
9	摄像机	4	20000	摄像机	3	2400

Sheet1　Sheet2　　　　　Sheet1　Sheet2

图 3-52　华东 2、3 分公司销售情况表

（2）新建第 4 个工作表，用于存放汇总后的数据信息。在"华东 1 分公司销售情况表"工作簿中新建一个空白工作表，命名为"华东公司 8 月份销售汇总表"，将鼠标定位到"A2"单元格。

（3）在"数据"选项卡的"数据工具"功能区中，单击"合并计算"按钮，打开"合并计算"对话框。在"合并计算"对话框中进行如下操作。

①在"函数"下拉列表中选择"求和"选项；

②单击"引用位置"下文本框右侧的单元格引用按钮，出现"合并计算 - 引用位置"小窗体，鼠标切换至当前"华东 1 分公司销售情况表"工作簿的"Sheet1"工作表中，选择华东 1 公司 8 月份的所有数据区域"Sheet1!\$A\$2:\$C\$9"，如图 3-53 所示。

③单击"合并计算 - 引用位置"小窗体右下方的单元格引用按钮，返回到"合并计算"对话框。

图 3-53　添加"合并计算 - 引用位置"数据区域

④单击"所有引用位置"右侧的"添加"按钮，将步骤②中的地址区域"Sheet1!\$A\$2:\$C\$9"添加到"所有引用位置"列表下，如图 3-54 所示。

⑤重复步骤②至④，将"华东 2、3 分公司销售情况表"工作簿中华东 2、3 公司的所有数据区域添加到"合并计算"对话框下"所有引用位置"的列表下，勾选"标签位置"下面的"首行"和"最左列"复选框，如图 3-55 所示。

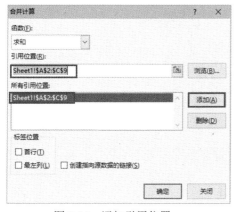

图 3-54　添加引用位置

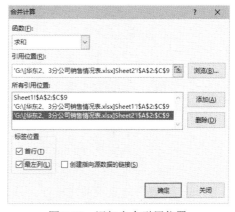

图 3-55　添加多个引用位置

⑥单击"确定"按钮，3 个子公司 8 月份销售情况汇总在工作表"华东公司 8 月份销

售汇总表"中，在汇总区域的左上角添加"商品名称"字段，如图3-56所示。

（4）单击左边面板的"+"，展开查看各个"商品名称"合并计算结果明细的来源，如图3-57所示。

图3-56　合并计算结果

图3-57　查看合并计算结果明细

3.4　实战训练

3.4.1　对"学生成绩"数据进行高级筛选

任务一：筛选出"学生成绩汇总表"中同时满足"微积分>80"和"计算机组成原理>90"的学生成绩信息

操作步骤

（1）打开三班的"学生成绩汇总表"，在空白处输入两个筛选条件，如图3-58所示。

图3-58　学生成绩汇总表

（2）在"数据"选项卡的"排序和筛选"功能区中，单击"高级"命令按钮，弹出"高级筛选"对话框，如图3-59所示。

（3）单击"高级筛选"对话框中"列表区域"文本框右侧的单元格引用按钮，打开"高

级筛选 - 列表区域"小窗体，如图 3-60 所示。

图 3-59 "高级筛选"对话框　　　图 3-60 "高级筛选 - 列表区域"小窗体

（4）选择区域"$A$5:$I$54"，筛选的列表区域显示如图 3-61 所示。

（5）单击"高级筛选 - 列表区域"小窗体右下方的单元格引用按钮，返回到"高级筛选"对话框中。

（6）单击"高级筛选"对话框"条件区域"文本框右侧的单元格引用按钮，打开"高级筛选 - 条件区域"小窗体，如图 3-62 所示。

图 3-61 选择高级筛选的列表区域　　　图 3-62 "高级筛选 - 条件区域"小窗体

（7）选择区域"$K$1:$L$2"，筛选的条件区域显示如图 3-63 所示。

（8）单击"高级筛选 - 条件区域"小窗体右下方的单元格引用按钮，返回到"高级筛选"对话框中。

（9）单击"确定"按钮，显示同时满足"微积分>80"和"计算机组成原理>90"的学生成绩信息，如图 3-64 所示。

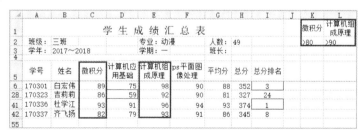

图 3-63 选择高级筛选的条件区域　　　图 3-64 同时满足给定条件的高级筛选结果

任务二：筛选出"学生成绩汇总表"中同时满足"微积分＞80"和"计算机组成原理＞90"，或者满足"总分＞350"的学生成绩信息

操作步骤

（1）在任务一的两个筛选条件右侧输入"总分>350"的筛选条件，其中">350"要下移一行，如图 3-65 所示。

（2）执行任务一中步骤（2）～步骤（6）。

（3）选择区域"$K$1:$M$3"，筛选的条件区域显示如图 3-66 所示。

	A	B	C	D	E	F	G	H	I	J	K	L	M
1			学 生 成 绩 汇 总 表								微积分	计算机组成原理	总分
2	班级：三班			专业：动漫		人数：49					>80	>90	
3	学年：2017～2018			学期：		班长：							>350
4													
5	学号	姓名	微积分	计算机应用基础	计算机组成原理	ps平面图像处理	平均分	总分	总分排名				
6	170301	白宏伟	89	75	98	90	88	352					
7	170302	符坚	65	92	92	90	84	339	13.5				
8	170303	谢如雪	86	71	85	90	83	332	19.5				
9	170304	吴小飞	83	90	86	85	86	344	9				
10	170305	毛三儿	79	83	84	78	81	324	25.5				
11	170306	苏三强	89	77	56	89	77	315	33.5				
12	170307	徐飞	73	94	79	69	78	315	32				
13	170308	张国强	70	81	69	90	77	310	36				
14	170309	曾令铨	90	92	84	82	87	348	6.5				
15	170310	黄蓉	76	75	74	75	77	310	36				
16	170311	侯小文	93	95	88	92	92	368	2				
21	170316	齐小娟	93	80	85	93	87	351	4				
22	170317	孙如红	87	84	78	85	83	334	18				
23	170318	甄士隐	68	84	75	68	73	295	45				

一班　二班　三班

图 3-65　输入第三个筛选条件

图 3-66　选择高级筛选的条件区域

（4）单击"高级筛选 - 条件区域"小窗体右下方的单元格引用按钮，返回到"高级筛选"对话框中。

（5）单击"确定"按钮，显示同时满足"微积分>80"和"计算机组成原理>90"，或者满足"总分>350"的学生成绩信息，如图 3-67 所示。

	A	B	C	D	E	F	G	H	I	J	K	L	M
1			学 生 成 绩 汇 总 表								微积分	计算机组成原理	总分
2	班级：三班			专业：动漫		人数：49					>80	>90	
3	学年：2017～2018			学期：一		班长：							>350
4													
5	学号	姓名	微积分	计算机应用基础	计算机组成原理	ps平面图像处理	平均分	总分	总分排名				
6	170301	白宏伟	89	75	98	90	88	352	3				
16	170311	侯小文	93	95	88	92	92	368	2				
21	170316	齐小娟	93	80	85	93	87	351	4				
28	170323	吉莉莉	86	59	92	90	81	327	24				
41	170336	杜学江	93	91	96	94	93	374	1				
42	170337	齐飞扬	82	79	93	91	86	345	8				
55													

图 3-67　同时满足多个条件的高级筛选结果

3.4.2　对"薪资管理"数据按多个关键字自定义排序

任务：按"部门"自定义排序，再按"实发工资"降序排序

操作步骤

（1）打开"工资表"，如图 3-68 所示。

（2）选中所有数据，在"数据"选项卡的"排序和筛选"功能区中，单击"排序"命令按钮，在弹出的"排序"对话框中，设置"主要关键字"为"部门"，在"次序"下拉列表中选择"自定义序列"选项，如图 3-69 所示。

图 3-68　工资表

图 3-69　在"排序"对话框中设置主要关键字

（3）在弹出的"自定义序列"对话框中，选择输入序列：总经办、人事部、财务部、市场部、项目一部、项目二部、项目三部，然后单击"添加"按钮，如图 3-70 所示。

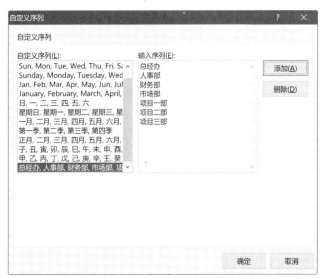

图 3-70　"自定义序列"对话框

（4）单击"确定"按钮，返回"排序"对话框，设置"次要关键字"为"实发工资"，"次序"为"降序"，如图 3-71 所示。

图 3-71　在"排序"对话框中设置次关键字

（5）单击"确定"按钮，排序结果如图 3-72 所示。

	A	B	C	D	E	F	G	H	I	J	K	L	M	N	O
1								工 资 表							
2	员工号	姓名	部门	基本工资	岗位工资	绩效工资	加班工资	福利合计	应发工资合计	应扣病事假	五险一金	应纳税金额	个人所得税	应扣合计	实发工资
3	11001	程小琳	总经办	4400	3400	2700	317	1300	12117		1980	6637	772	2752	9365
4	11002	崔柯	总经办	4400	3200	2600	305	1300	11805		1980	6325	710	2690	9115
5	11005	马涛	总经办	4640	2800	2550	300	1360	11650	450	2088	5612	567	3105	8545
6	11004	杜君娟	总经办	4240	2800	2300	270	1260	10870	135	1908	5327	510	2553	8317
7	11003	刘上奎	总经办	3860	2800	1950	229	1165	10004		1737	4767	398	2135	7869
8	11006	张亚丽	总经办	3620	2600	1700		1105	9025		1629	3896	284	1913	7112
9	11007	朱瑞	总经办	2780	2600	1600		895	7875		1251	3124	207	1458	6417
10	11008	王国祥	总经办	2480	2200	1400		820	6900		1116	2284	123	1239	5661
11	12002	李彩霞	人事部	4140	2400	2500		1235	10275		1863	4912	427	2290	7985
12	12001	焦芳	人事部	4080	2600	1950		1220	9850	114	1836	4400	335	2285	7565
13	12003	徐云阁	人事部	3440	2400	2100		1060	9000		1548	3952	290	1838	7162
14	12004	王爱华	人事部	3250	2400	1850		1012.5	8512.5		1462.5	3550	250	1712.5	6800
15	11009	张聪	人事部	2540	2200	1750		835	7325		1143	2682	163	1306	6019
16	13005	张亚丽	财务部	3920	2400	2250		1180	9750		1764	4486	343	2107	7643
17	13006	殷秀梅	财务部	3680	2400	2250		1120	9450		1656	4294	324	1980	7470
18	13005	王敏凯	财务部	3520	2400	2150		1080	9150		1584	4066	301	1885	7265

福利表　保险公积金扣缴表　工资表　工资基础数据

图 3-72　按多关键字自定义排序的结果

项目4

灵活多变的数据透视功能

4.1 项目展示：GT 公司销售数据透视表

项目 3 创建了"销售管理"工作簿，建立了企业的客户、产品、销售员的相关数据，通过排序、筛选、分类汇总和合并计算等数据处理工具的应用，给企业领导和相关部门及时提供了每个环节的数据信息。数据透视表综合了排序、筛选、分类汇总等数据处理工具的优点，更具有这些工具无法比拟的灵活性。

本项目依据项目 3 GT 公司"销售管理"工作簿的数据，利用数据透视表对销售、客户及产品信息进行了多角度的数据处理，并通过数据透视图一目了然地显示数据的处理结果，效果如图 4-1、图 4-2 和图 4-3 所示。

求和项:总金额（万元）	年	季度	订单日期											
	⊟2017年													总计
	⊟第一季			⊟第二季			⊟第三季			⊟第四季				
客户名称	1月	2月	3月	4月	5月	6月	7月	8月	9月	10月	11月	12月		
北京和丰	¥175.00	¥69.00	¥0.00	¥0.00	¥54.00	¥105.00	¥135.00	¥109.00	¥0.00	¥50.00	¥0.00	¥144.00		¥841.00
北京华夏	¥63.00	¥0.00	¥50.00	¥0.00	¥44.00	¥55.00	¥66.00	¥0.00	¥140.00	¥60.00	¥0.00	¥0.00		¥468.00
福建金石	¥0.00	¥50.00	¥151.20	¥0.00	¥120.00	¥120.00	¥182.00	¥0.00	¥50.00	¥159.00	¥161.00	¥84.00		¥1,077.20
福建万通	¥100.00	¥0.00	¥0.00	¥357.00	¥0.00	¥0.00	¥0.00	¥0.00	¥0.00	¥0.00	¥0.00	¥0.00		¥457.00
广东灿星	¥0.00	¥0.00	¥0.00	¥80.00	¥0.00	¥0.00	¥170.00	¥0.00	¥0.00	¥0.00	¥130.00	¥175.00		¥555.00
广东华宇	¥177.60	¥67.20	¥0.00	¥0.00	¥100.00	¥0.00	¥150.40	¥45.00	¥115.50	¥0.00	¥0.00	¥200.00		¥855.70
广东天华	¥40.00	¥126.50	¥128.00	¥0.00	¥248.00	¥52.00	¥72.00	¥100.00	¥0.00	¥67.20	¥54.00	¥120.00		¥1,007.70
海南蓝天	¥0.00	¥0.00	¥0.00	¥0.00	¥0.00	¥0.00	¥0.00	¥0.00	¥0.00	¥0.00	¥80.00	¥0.00		¥252.00
海南天瀚南湾	¥57.50	¥58.00	¥0.00	¥0.00	¥0.00	¥81.00	¥52.00	¥55.00	¥45.00	¥0.00	¥40.00	¥52.00		¥470.50
河北汇丰	¥0.00	¥0.00	¥144.00	¥0.00	¥0.00	¥0.00	¥144.00	¥0.00	¥0.00	¥0.00	¥0.00	¥0.00		¥476.00
河北万博	¥0.00	¥0.00	¥0.00	¥0.00	¥0.00	¥0.00	¥130.00	¥258.50	¥0.00	¥0.00	¥0.00	¥0.00		¥388.50
河南紫光	¥216.00	¥165.60	¥0.00	¥0.00	¥210.00	¥84.00	¥96.60	¥210.00	¥152.00	¥0.00	¥0.00	¥120.00		¥1,254.20
湖北蓓蕾	¥106.40	¥298.00	¥30.00	¥177.60	¥0.00	¥46.80	¥33.00	¥100.00	¥197.40	¥80.00	¥212.50	¥93.00		¥1,374.70
江苏华东城	¥110.00	¥0.00	¥163.00	¥87.50	¥0.00	¥0.00	¥0.00	¥0.00	¥0.00	¥96.60	¥54.00	¥0.00		¥360.50
江苏天华	¥0.00	¥0.00	¥60.00	¥0.00	¥0.00	¥210.40	¥60.00	¥0.00	¥0.00	¥0.00	¥0.00	¥0.00		¥681.00
山东力达	¥0.00	¥0.00	¥30.00	¥0.00	¥0.00	¥0.00	¥0.00	¥229.00	¥0.00	¥36.00	¥0.00	¥0.00		¥295.00
山东新煦罡	¥201.00	¥0.00	¥0.00	¥80.00	¥0.00	¥0.00	¥0.00	¥0.00	¥0.00	¥36.00	¥0.00	¥200.00		¥517.00
上海海通	¥0.00	¥0.00	¥0.00	¥0.00	¥0.00	¥0.00	¥0.00	¥0.00	¥0.00	¥0.00	¥124.00	¥57.20		¥181.20

销售订单表　客户信息表　产品信息表　客户统计表　产品统计表　销售员统计表

图 4-1 "客户统计表"展示

	销售总金额（万元）	销售额平均值（万元）	销售额最大值（万元）	销售额最小值（万元）
销售员				
常平	¥1,374.70	¥80.86	¥235.00	¥30.00
范顺昌	¥1,410.70	¥108.52	¥200.00	¥45.00
范晓丽	¥684.00	¥76.00	¥120.00	¥36.00
黄华香	¥812.00	¥90.22	¥200.00	¥30.00
李彩霞	¥1,254.20	¥104.52	¥210.00	¥66.00
李娟娟	¥864.50	¥172.90	¥258.50	¥130.00
李素华	¥1,094.90	¥78.21	¥220.00	¥33.00
李艳	¥1,534.20	¥109.59	¥357.00	¥50.00
李忠	¥1,007.70	¥91.61	¥128.00	¥40.00
刘艳辉	¥1,309.00	¥81.81	¥175.00	¥40.00
刘真真	¥584.80	¥116.96	¥210.00	¥79.80
王花云	¥1,525.50	¥101.70	¥260.00	¥34.50
吴献威	¥722.50	¥60.21	¥128.00	¥36.00
张丹丹	¥1,041.50	¥94.68	¥200.00	¥38.00
赵勇	¥1,143.40	¥67.26	¥182.00	¥27.00
总计	¥16,363.60	¥90.91	¥357.00	¥27.00

图 4-2 "销售员统计表"展示

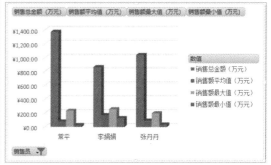

图 4-3 "部分销售员的数据透视图"展示

4.2 项目制作

操作步骤

任务一：应用数据透视表，制作产品、客户和销售人员相关数据统计表

（1）打开"销售订单表"，单击"销售订单表"的任意单元格，切换至"插入"选项卡下的"表格"功能区中，单击"数据透视表"命令按钮，弹出"创建数据透视表"对话框，如图 4-4 所示。

（2）保持默认的数据选择区域，选择在"新工作表"中插入数据透视表，单击"确定"按钮，在"销售订单表"前新插入一个工作表"Sheet1"，重命名为"产品统计表"，如图 4-5 所示。

图 4-4 "创建数据透视表"对话框   图 4-5 新插入的数据透视表

（3）在"数据透视表字段"任务窗格中选择"订单日期"、"产品名称"和"总金额（万元）"字段，添加到报表中，如图 4-6 所示。

图 4-6 为报表添加字段

（4）切换至"数据透视表工具"｜"设计"选项卡下，在"布局"功能区中，单击"报表布局"下的三角按钮，在下拉菜单中选择"以表格形式显示"命令，效果如图 4-7 所示。

（5）右击"求和项：总金额（万元）"单元格，在弹出的快捷菜单中选择"数字格式"命令，设置所有总金额为"货币"格式。

（6）单击"产品统计表"的任意数据单元格，切换至"数据透视表工具" | "分析"选项卡下，在"分组"功能区中，单击"组选择"按钮，弹出"组合"对话框，如图 4-8 所示。选择步长值为"月""季度""年"。

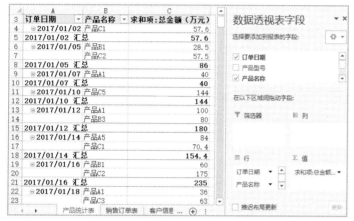

图 4-7　以表格形式显示数据透视表效果　　　　　图 4-8　"组合"对话框

（7）单击"确定"按钮，"产品统计表"显示为如图 4-9 所示的形式。

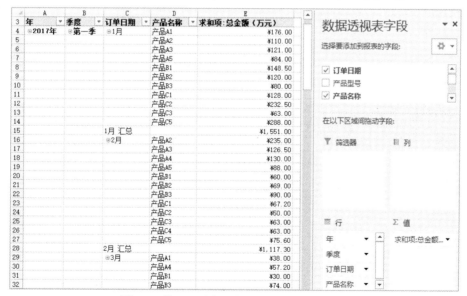

图 4-9　按月、季度、年统计产品的销售总额

（8）在"数据透视表字段"任务窗格中，拖动"行"文本框下的"年"、"季度"和"订单日期"到"列"文本框下，全年的产品统计表如图 4-10 所示。

	B	C	D	E	F	G	H	I	J	K
3	年	季度	订单日期							
4	2017年									
5	第一季			第二季			第三季			第四季
6	1月	2月	3月	4月	5月	6月	7月	8月	9月	10月
7	¥176.00		¥38.00		¥42.00	¥140.00	¥170.00	¥200.00	¥140.00	¥36.00
8	¥110.00	¥235.00		¥110.00	¥205.00	¥105.00		¥200.00	¥105.00	
9	¥121.00	¥126.50						¥357.50	¥335.50	
10		¥130.00	¥57.20			¥98.80	¥364.00			¥104.00
11	¥84.00	¥88.00				¥260.00	¥72.00			
12	¥148.50	¥60.00	¥30.00	¥27.00		¥33.00	¥93.00	¥193.50	¥34.50	¥60.00
13	¥120.00	¥69.00		¥180.00	¥420.00	¥186.00	¥135.00	¥159.00		¥225.00
14	¥80.00	¥90.00	¥74.00	¥204.00	¥44.00	¥116.00	¥160.00	¥130.00	¥80.00	¥158.00
15	¥128.00	¥67.20	¥128.00	¥57.60	¥128.00	¥198.40	¥70.40			¥67.20
16	¥232.50	¥50.00	¥170.00	¥87.50	¥155.00		¥110.00	¥110.00	¥50.00	¥102.50
17	¥63.00	¥63.00			¥240.00	¥45.00	¥60.00	¥66.00	¥231.00	
18		¥63.00	¥210.00	¥525.00		¥163.80	¥96.60	¥92.40	¥92.40	¥264.60
19	¥288.00	¥75.60	¥295.20	¥154.80	¥126.00		¥75.60	¥288.00	¥72.00	¥54.00
20	¥1,551.00	¥1,117.30	¥1,002.40	¥1,345.90	¥1,360.00	¥1,346.00	¥1,406.60	¥1,796.40	¥1,140.40	¥1,071.30

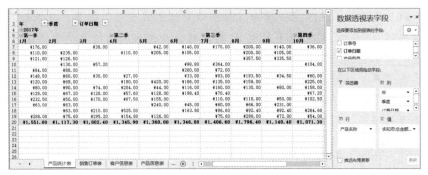

图 4-10　全年产品统计表

（9）右击“数据透视表”，在弹出的快捷菜单中选择“数据透视表选项”命令，打开“数据透视表选项”对话框，单击“布局和格式”标签页，在“格式”下的“对于空单元格，显示”复选框右侧输入“0”，如图 4-11 所示。

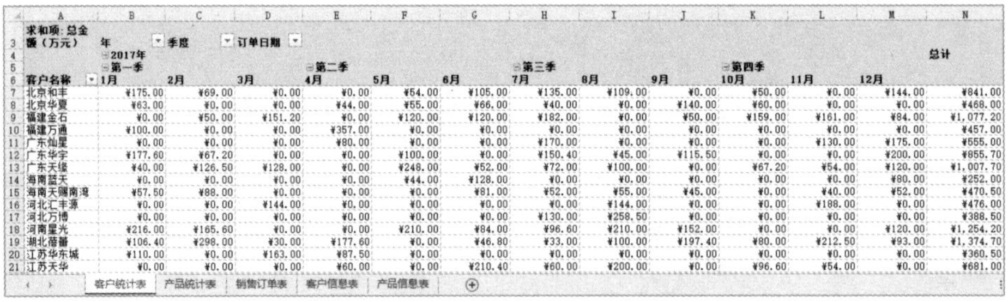

（10）单击“确定”按钮后，报表中所有总金额下的空格都显示为“0”。

（11）同样操作方法，制作出客户统计表和销售员统计表，分别如图 4-12 和图 4-13 所示。

图 4-11　“数据透视表选项”对话框

	A	B	C	D	E	F	G	H	I	J	K	L	M	N
3	求和项:总金额（万元）	年	季度	订单日期										总计
4		2017年												
5		第一季			第二季			第三季			第四季			
6	客户名称	1月	2月	3月	4月	5月	6月	7月	8月	9月	10月	11月	12月	
7	北京和丰	¥175.00	¥69.00	¥0.00	¥0.00	¥54.00	¥105.00	¥135.00	¥109.00	¥0.00	¥50.00	¥0.00	¥144.00	¥841.00
8	北京华夏	¥63.00	¥0.00	¥0.00	¥44.00	¥55.00	¥66.00	¥40.00	¥0.00	¥140.00	¥60.00	¥0.00	¥0.00	¥468.00
9	福建金石	¥0.00	¥50.00	¥151.20	¥0.00	¥120.00	¥120.00	¥182.00	¥0.00	¥50.00	¥159.00	¥161.00	¥84.00	¥1,077.20
10	福建万通	¥100.00	¥0.00	¥0.00	¥357.00	¥0.00	¥0.00	¥0.00	¥0.00	¥0.00	¥0.00	¥0.00	¥0.00	¥457.00
11	广东灿星	¥0.00	¥0.00	¥0.00	¥80.00	¥0.00	¥0.00	¥170.00	¥0.00	¥0.00	¥0.00	¥130.00	¥175.00	¥555.00
12	广东华宇	¥177.60	¥67.20	¥0.00	¥0.00	¥100.00	¥0.00	¥150.40	¥45.00	¥115.50	¥0.00	¥0.00	¥200.00	¥855.70
13	广东天缘	¥40.00	¥126.50	¥128.00	¥0.00	¥248.00	¥52.00	¥72.00	¥100.00	¥0.00	¥67.20	¥54.00	¥120.00	¥1,007.70
14	海南蓝天	¥0.00	¥0.00	¥0.00	¥0.00	¥44.00	¥128.00	¥0.00	¥0.00	¥0.00	¥0.00	¥0.00	¥80.00	¥252.00
15	海南天赐南湾	¥57.50	¥88.00	¥0.00	¥0.00	¥0.00	¥81.00	¥52.00	¥55.00	¥45.00	¥0.00	¥40.00	¥52.00	¥470.50
16	河北汇丰源	¥0.00	¥0.00	¥144.00	¥0.00	¥0.00	¥0.00	¥0.00	¥144.00	¥0.00	¥0.00	¥188.00	¥0.00	¥476.00
17	河北万博	¥0.00	¥0.00	¥0.00	¥0.00	¥0.00	¥0.00	¥130.00	¥258.50	¥0.00	¥0.00	¥0.00	¥0.00	¥388.50
18	河南星光	¥216.00	¥165.60	¥0.00	¥0.00	¥210.00	¥84.00	¥96.60	¥210.00	¥152.00	¥0.00	¥0.00	¥120.00	¥1,254.20
19	湖北蓓蕾	¥106.40	¥298.00	¥30.00	¥177.60	¥0.00	¥46.80	¥33.00	¥100.00	¥197.40	¥80.00	¥212.50	¥93.00	¥1,374.70
20	江苏华东城	¥110.00	¥0.00	¥163.00	¥87.50	¥0.00	¥0.00	¥0.00	¥0.00	¥0.00	¥0.00	¥0.00	¥0.00	¥360.50
21	江苏天华	¥0.00	¥0.00	¥0.00	¥60.00	¥0.00	¥210.40	¥60.00	¥200.00	¥0.00	¥96.60	¥54.00	¥0.00	¥681.00

图 4-12　客户统计表

	A	B	C	D	E	F	G	H	I	J	K	L	M	N
3	求和项:总金额（万元）	年	季度	订单日期										总计
4		2017年												
5		第一季			第二季			第三季			第四季			
6	销售员	1月	2月	3月	4月	5月	6月	7月	8月	9月	10月	11月	12月	
7	常平	¥106.40	¥298.00	¥30.00	¥177.60	¥0.00	¥46.80	¥33.00	¥100.00	¥197.40	¥80.00	¥212.50	¥93.00	¥1,374.70
8	范顺昌	¥177.60	¥67.20	¥0.00	¥80.00	¥100.00	¥0.00	¥320.40	¥45.00	¥115.50	¥0.00	¥130.00	¥375.00	¥1,410.70
9	范晓丽	¥132.00	¥0.00	¥0.00	¥182.00	¥100.00	¥0.00	¥0.00	¥60.00	¥0.00	¥120.00	¥0.00	¥90.00	¥684.00
10	黄华香	¥201.00	¥0.00	¥30.00	¥80.00	¥0.00	¥0.00	¥0.00	¥229.00	¥0.00	¥72.00	¥0.00	¥200.00	¥812.00
11	李彩霞	¥216.00	¥165.60	¥0.00	¥0.00	¥210.00	¥84.00	¥96.60	¥210.00	¥152.00	¥0.00	¥0.00	¥120.00	¥1,254.20
12	李娟娟	¥0.00	¥0.00	¥144.00	¥0.00	¥0.00	¥0.00	¥130.00	¥402.50	¥0.00	¥0.00	¥188.00	¥0.00	¥864.50
13	李素华	¥0.00	¥193.00	¥102.20	¥0.00	¥42.00	¥0.00	¥95.00	¥0.00	¥406.00	¥156.50	¥0.00	¥100.20	¥1,094.90
14	李艳	¥100.00	¥50.00	¥151.20	¥357.00	¥120.00	¥120.00	¥182.00	¥0.00	¥50.00	¥159.00	¥161.00	¥84.00	¥1,534.20
15	李忠	¥40.00	¥126.50	¥128.00	¥0.00	¥248.00	¥52.00	¥72.00	¥100.00	¥0.00	¥67.20	¥54.00	¥120.00	¥1,007.70
16	刘艳辉	¥238.00	¥69.00	¥0.00	¥44.00	¥109.00	¥171.00	¥175.00	¥109.00	¥140.00	¥110.00	¥0.00	¥144.00	¥1,309.00
17	刘真真	¥0.00	¥0.00	¥0.00	¥0.00	¥315.00	¥159.80	¥0.00	¥0.00	¥0.00	¥0.00	¥110.00	¥0.00	¥584.80
18	王花云	¥84.00	¥60.00	¥210.00	¥168.00	¥0.00	¥260.00	¥115.00	¥92.40	¥34.50	¥168.00	¥208.00	¥125.60	¥1,525.50
19	吴献威	¥57.50	¥88.00	¥0.00	¥0.00	¥44.00	¥209.00	¥52.00	¥55.00	¥45.00	¥0.00	¥40.00	¥132.00	¥722.50
20	张丹丹	¥110.00	¥0.00	¥163.00	¥147.50	¥0.00	¥210.40	¥60.00	¥200.00	¥0.00	¥96.60	¥54.00	¥0.00	¥1,041.50
21	赵勇	¥88.50	¥0.00	¥44.00	¥109.80	¥72.00	¥33.00	¥75.60	¥193.50	¥0.00	¥42.00	¥338.00	¥147.00	¥1,143.40

图 4-13　销售员统计表

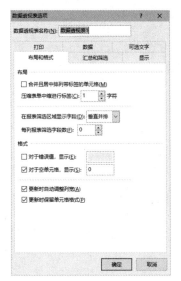

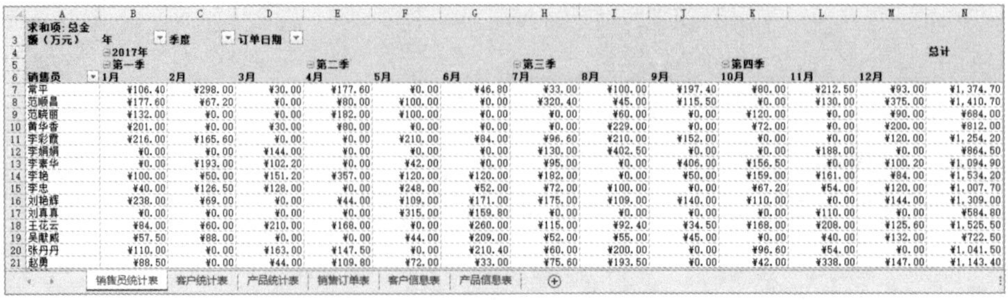

任务二：统计销售员全年销售产品的总金额、最大额、最小额和平均额

操作步骤

（1）打开"销售订单表"，在新工作表中插入数据透视表，添加"销售员"和"总金额"作为数据透视表字段。

（2）单击"行标签"单元格，在编辑栏中将其修改为"销售员"，加上表格边框，将"求和项：总金额（万元）"字段下的数据设置为货币格式，如图 4-14 所示。

（3）为数据透视表添加新的字段。右击"数据透视表字段"任务窗格中"总金额"字段，在弹出的快捷菜单中选择"添加到值"命令，如图 4-15 所示。随后图 4-14 中将新增"求和项：总金额（万元）2"值字段。

图 4-14　为"销售订单表"添加新数据透视表　　　图 4-15　"添加到值"菜单命令

（4）重复两次"添加到值"操作，将新增"求和项：总金额（万元）3"和"求和项：总金额（万元）4"值字段。添加了多个值字段后的报表如图 4-16 所示。

（5）设置计算类型。右击"求和项：总金额（万元）"单元格，在弹出的快捷菜单中选择"值字段设置"命令，弹出"值字段设置"对话框，如图 4-17 所示。

图 4-16　添加多个值字段后的数据透视表　　　图 4-17　"值字段设置"对话框

（6）修改"自定义名称"文本框后的"求和项：总金额（万元）"为"销售总金额（万元）"，在"值字段汇总方式"下，设置"计算类型"为"求和"。

（7）单击"确定"按钮，返回到数据透视表界面。重复步骤（5）和步骤（6）的操作，分别进行如下设置。

自定义"求和项：总金额（万元）2"字段为"销售额平均值（万元）"，"计算类型"为"平均值"；

自定义"求和项：总金额（万元）3"字段为"销售额最大值（万元）"，"计算类型"为"最大值"；

自定义"求和项：总金额（万元）4"字段为"销售额最小值（万元）"，"计算类型"为"最小值"。

（8）各个销售员在一年中销售的总金额、平均值、最大值和最小值等信息统计结果如图 4-18 所示。

	A	销售总金额 （万元）	销售额平均值 （万元）	销售额最大值 （万元）	销售额最小值 （万元）
3	销售员	B	C	D	E
4	常平	¥1,374.70	¥80.86	¥235.00	¥30.00
5	范顺昌	¥1,410.70	¥108.52	¥200.00	¥45.00
6	范晓丽	¥684.00	¥76.00	¥120.00	¥36.00
7	黄华香	¥812.00	¥90.22	¥200.00	¥30.00
8	李彩霞	¥1,254.20	¥104.52	¥210.00	¥66.00
9	李娟娟	¥864.50	¥172.90	¥258.50	¥130.00
10	李素华	¥1,094.90	¥78.21	¥220.00	¥33.00
11	李艳	¥1,534.20	¥109.59	¥357.00	¥50.00
12	李忠	¥1,007.70	¥91.61	¥128.00	¥40.00
13	刘艳辉	¥1,309.00	¥81.81	¥175.00	¥40.00
14	刘真真	¥584.80	¥116.96	¥210.00	¥79.80
15	王花云	¥1,525.50	¥101.70	¥260.00	¥34.50
16	吴献威	¥722.50	¥60.21	¥128.00	¥36.00
17	张丹丹	¥1,041.50	¥94.68	¥200.00	¥38.00
18	赵勇	¥1,143.40	¥67.26	¥182.00	¥27.00
19	总计	¥16,363.60	¥90.91	¥357.00	¥27.00

图 4-18　销售员一年中销售金额各种数据统计结果

（9）插入数据透视图。选中图 4-18 中的所有数据单元格，切换至"插入"选项卡，单击"图表"功能区中的"数据透视图"按钮，插入相应的数据透视图，如图 4-19 所示。

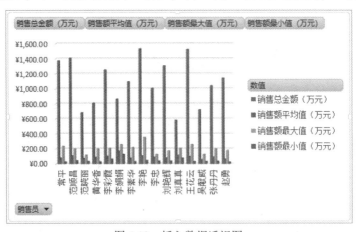

图 4-19　插入数据透视图

（10）单击"销售员"右侧的下三角按钮，在弹出的列表中选中"常平"、"李娟娟"、"张丹丹"销售员，筛选出的销售员全年销售额相关的数据透视图如图 4-20 所示。

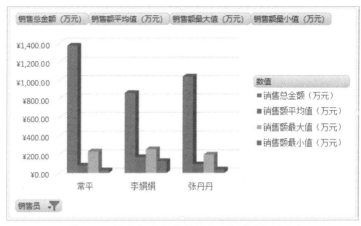

图 4-20　筛选部分销售员销售额的数据透视图

4.3　知识点击

数据透视表综合了排序、筛选和分类汇总等数据处理工具的优点，并具有自身的特点。数据透视表具有良好的交互性，应用十分灵活，可以完成绝大多数日常的数据处理工作。到目前为止，Excel 中还没有任何一个功能可以替代数据透视表。

Excel 为数据透视表提供了配套的数据透视图，可以随时将数据透视表的数据以数据透视图的形式展示。

本项目的知识要点有：

❑　创建数据透视表；

❑　编辑数据透视表；

❑　更新数据透视表；

❑　应用数据透视表；

❑　创建数据透视图。

4.3.1　数据透视表基本知识

1. 了解什么是数据透视表

数据透视表是一种可以快速汇总、分析和处理大量数据的交互式工具。数据透视表可以通过调整不同的字段到行、列、值、筛选区域，然后对数据进行不同角度的处理和分析，查看不同层面的数据结果，从而得到想要的数据信息。它足够灵活，能在非常短的时间内，按要求完成各类报表的编制、分析、整理。

"透视"特性：一般有行有列的一张表格称为二维表。数据透视表通常是根据多个工作表或一个较长的数据列，经过重新组织得到的，所以数据透视表是具有三维查询应用的表格，并且数据透视表可以从不同的角度，方便地调整计算方法和范围，因此称为数据透视表。

"只读"特性：数据透视表具有只读属性，即不可以在数据透视表中直接输入或修改数据，当原工作表中的数据变更时，需要执行更新数据的相关命令，数据透视表中的数据才会更新。

2．了解数据透视表的使用场合

上面提到了数据透视表是一种快速分析、汇总、处理数据的工具，但并不是说该工具适用于任何场合。

1）表格中数据量较大时

假如某企业的表格中有上万条数据，如果对这些数据进行汇总分析，虽然可以使用 Excel 的函数或者筛选、分类汇总、合并计算等功能完成，但其运行速度远远比不上数据透视表，而且对于万条量级以上的数据来说，使用函数进行汇总会降低工作的效率。这时考虑使用 Excel 数据透视表是最明智的选择了。

2）表格中的数据结构不断变化时

在数据分析的过程中，用户的需求并不是一成不变的，而是会随着实际情况不断发生变化的。例如，某公司一个高层要求查看某个分公司一年的销售金额汇总情况，而其他管理者要求查看某个分公司某月的销售金额汇总情况时，如果分别制作两个汇总表格，将会耗费很多时间，而使用数据透视表就能够快速而完美地满足多种不同的要求。

3）要求数据源与分析结果的更新保持一致时

实际工作中，录入者并不能够保证录入的数据时刻完全准确，例如，有可能将销售二部的销售人员录入为了销售一部，或者是将属于北京地区的销售信息录入为沈阳的销售信息。这种情况下，如果修改源数据，然后重新制作汇总表格，会大大降低工作效率，而使用数据透视表的刷新功能，可一步到位得到新的数据源下的数据透视表结果。

4.3.2　创建数据透视表

创建和应用数据透视表的关键是设计数据透视表的布局，要正确选择行、列字段和求值字段，这些问题设计不好，所建立的数据透视表会杂乱无章，没有意义。

【例 4-1】创建客户信息的数据透视表，按照客户"区域"统计全年购货总量。

操作步骤

（1）打开"客户信息表"，如图 4-21 所示。

（2）创建数据透视表。选择所有数据区域，在"插入"选项卡的"表格"功能区中，单击"数据透视表"命令按钮，打开"创建数据透视表"对话框，如图 4-22 所示。

（3）保持默认选项，单击"确定"按钮，在"客户信息表"前新插入工作表"Sheet1"，默认创建一个空白的"数据透视表 1"，并显示"数据透视表字段"任务窗格，如图 4-23 所示。

（4）添加数据透视表字段。在 Excel 窗体右侧的"数据透视表字段"任务窗格中，选择"区域"和"全年购货（万元）"字段，在数据透视表区域出现如图 4-24 所示的汇总信息。

（5）在"数据透视表工具"的"设计"选项卡下，单击"布局"功能区的"报表布局"下拉菜单，选择"以表格形式显示"命令，如图 4-25 所示。

	A	B	C	D	E	F
1	客户名称	区域	业务员	全年购货（万元）	星级	电话
2	北京和丰	华北	张秋玲	841	***	13593677230
3	北京华夏	华北	马东	468	*	13012340723
4	天津嘉美	华北	李帅	684	**	16012340895
5	河北汇丰源	华北	刘鹏	476	*	18712751239
6	河北万博	华北	欧阳鹏	388.5	*	13612301237
7	上海新世界	华东	张春华	1344.3	*****	18648347870
8	上海海通	华东	李琳霞	181.2	*	18722339358
9	江苏华东城	华东	王鹏霄	360.5	*	13588341242
10	江苏天华	华东	马丽华	681	**	13012373267
11	浙江金沙	华东	张安安	584.8	*	18110381242
12	浙江红河谷	华东	郭伟建	819.9	***	13517066257
13	浙江丰乐谷	华东	刘建华	275	*	13610172934
14	福建金石	华东	贺惠	1077.2	****	13012340895
15	福建万通	华东	靳基林	457	*	13057092308
16	山东新期望	华东	王科	517	*	18712758339
17	山东力达	华中	肖峰	295	*	13687305937
18	河南星光	华中	申海洋	1254.2	*****	16046830895
19	湖北蓓蕾	华中	戴洋	1374.7	*****	18610341234
20	广东灿星	华中	贺欣欣	555	*	16012340895
21	广东华宇	华中	马哲	855.7	***	18712751239
22	广东天缘	华中	郝佳晨	1007.7	****	13612301237
23	海南天赐南湾	华中	岳川	470.5	*	13548347230
24	海南蓝天	华中	钱雯俪	252	*	18112340579
25	四川明月	西南	赵安娜	303.6	*	18610341234
26	云南白云山	西南	方圆	839.8	***	16012340895
27						

图 4-21　客户信息表

图 4-22　"创建数据透视表"对话框

图 4-23　创建空白的数据透视表

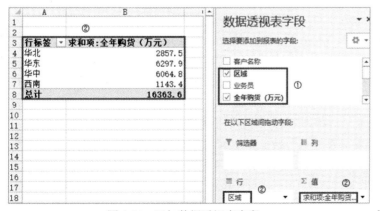

图 4-24　添加数据透视表字段

图 4-25　"报表布局"子菜单

（6）数据透视表左上角"行标签"单元格内容已变为"区域"，如图4-26所示。至此，按照"区域"统计全年购货总量的数据透视表创建完成。

图4-26　按照"区域"统计全年购货总量的数据透视表

4.3.3　重新布局数据透视表

初始创建的数据透视表不一定能满足用户的需求，随时可以通过添加、删除、拖动字段等方式达到需求。

【例4-2】调整"客户信息表"对应的数据透视表字段及样式。

操作步骤

（1）打开【例4-1】中创建的数据透视表，如图4-26所示。

（2）添加字段。在"数据透视表字段"任务窗格中，选中"客户名称"字段，将"客户名称"添加到数据透视表中，如图4-27所示。

如果"数据透视表字段"任务窗格没有出现，请右击数据透视表，在弹出的快捷菜单中选择"显示字段列表"命令，如图4-28所示。之后窗体右侧将显示"数据透视表字段"任务窗格。

（3）拖动字段改变行列区域布局。在"数据透视表字段"任务窗格中，拖动"行"文本框下的"区域"字段到"列"文本框下，数据透视表结构调整为如图4-29所示的状态。

（4）删除字段。不需要在数据透视表中显示的字段，例如"客户名称"字段，在"数据透视表字段"任务窗格中取消"客户名称"字段的选择，数据透视表恢复到如图4-26所示的状态。

（5）设置数据透视表样式。选择图4-29中的所有数据，在"数据透视表工具"的"设计"选项卡下，单击"数据透视表样式"功能区中需要的样式即可，如"数据透视表样式浅色3"，效果如图4-30所示。

（6）为"求和项：全年购货（万元）"一列数据添加货币符号。选择"求和项：全年购货（万元）"一列所有数字区域，右击选中的区域，在弹出快捷菜单中选择"数字格式"命令，在打开的"设置单元格格式"对话框中，选择"数字"为"货币"格式，效果如图4-31所示。

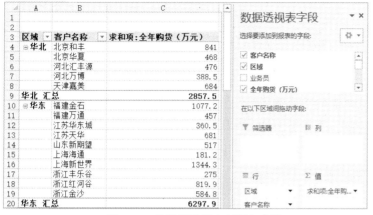

图 4-27　为数据透视表新添加字段　　　　　图 4-28　数据透视表快捷菜单

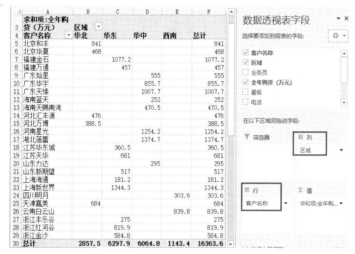

图 4-29　拖动字段后的数据透视表

	A	B
3	区域 ▼	求和项:全年购货（万元）
4	华北	2857.5
5	华东	6297.9
6	华中	6064.8
7	西南	1143.4
8	总计	16363.6

	A	B
3	区域 ▼	求和项:全年购货（万元）
4	华北	¥2,857.50
5	华东	¥6,297.90
6	华中	¥6,064.80
7	西南	¥1,143.40
8	总计	¥16,363.60

图 4-30　设置数据透视表样式效果　　　　图 4-31　为数据添加货币符号的效果

4.3.4　显示数据透视表数据源

1. 获取数据透视表数据源

在实际操作时，有可能会不小心误删含有数据源的工作表，如果没有对该工作表数据进行备份，恢复这些上万条记录是需要费一番功夫的。但如果还有数据透视表的数据存在，那么可以通过"启用显示明细数据"功能让误删的数据源显示在新的工作表中。

【例 4-3】在【例 4-1】和【例 4-2】的基础上，删除"客户信息表"后，如何通过数据透视表获取"客户信息表"的数据源？

操作步骤

（1）备份"客户信息表"所在的整个工作簿。打开"客户信息表"，如图4-32所示。

（2）打开【例4-2】中创建的数据透视表，或者重新创建，如图4-33所示。

（3）删除"客户信息表"工作表。

（4）双击图4-33中数据透视表的单元格"B8"，在"客户信息表-数据透视表"前新插入一个工作表"Sheet2"，"Sheet2"中显示了原"客户信息表"的所有数据信息，如图4-34所示。

	A	B	C	D	E	F
1	客户名称	区域	业务员	全年购货（万元）	星级	电话
2	北京和丰	华北	张秋玲	841	***	13593677230
3	北京华夏	华北	马东	468	*	13012340723
4	天津嘉美	华北	李帅	684	**	16012340895
5	河北汇丰源	华北	刘鹏	476	*	18712751239
6	河北万博	华北	欧阳鹏	388.5	*	13612301237
7	上海新世界	华东	张春华	1344.3	*****	18648347870
8	上海海通	华东	李琳霞	181.2	*	18722339358
9	江苏华东城	华东	王鹏霄	360.5	*	13588341242
10	江苏天华	华东	马丽华	681	**	13012373267
11	浙江金沙	华东	张安安	584.8	*	18110381242
12	浙江红河谷	华东	郭伟建	819.9	***	13517066257
13	浙江丰乐谷	华东	刘建华	275	*	13610172934
14	福建金石	华东	贺惠	1077.2	****	13012340895
15	福建万通	华东	靳基林	457	*	13057092308
16	山东新期望	华中	王科	517	*	18712758339
17	山东力达	华中	肖峰	295	*	13687305937
18	河南星光	华中	申海洋	1254.2	*****	16046830895
19	湖北蓓蕾	华中	戴洋	1374.7	*	18610341234
20	广东灿星	华中	贺欣欣	555	*	16012340895
21	广东华宇	华中	马翟	855.7	***	18712751239
22	广东天缘	华中	郝佳晨	1007.7	****	13612301237
23	海南天赐南湾	华中	岳川	470.5	*	13548347230
24	海南蓝汉	华中	钱雯俪	252	*	18112340579
25	四川明月	西南	赵安娜	303.6	*	18610341234
26	云南白云山	西南	方圆	839.8	***	16012340895

图4-32 客户信息表

图4-33 客户信息表-数据透视表

	A	B	C	D	E	F	G
1	客户名称	区域	业务员	全年购货（万元）	电话	邮箱	销售员
2	天津嘉美	华北	李帅	388.5	16012340895	lishuai@163.com	范晓丽
3	河北汇丰源	华北	刘鹏	841	18712751239	liupeng@126.com	李娟娟
4	河北万博	华北	欧阳鹏	468	13612301237	712437568@qq.com	李娟娟
5	北京和丰	华北	张秋玲	684	13593677230	zhangql@souhu.com	刘艳辉
6	北京华夏	华北	马东	476	13012340723	680937568@qq.com	刘艳辉
7	山东新期望	华东	王科	681	18712758339	wangke@souhu.com	黄华香
8	浙江红河谷	华东	郭伟建	584.8	13517066257	guowj@163.com	李素华
9	浙江丰乐谷	华东	刘建华	1344.3	13610172934	liujh@163.com	李素华
10	福建金石	华东	贺惠	181.2	13012340895	hehui@souhu.com	李艳
11	福建万通	华东	靳基林	360.5	13057092308	jinjl@163.com	李艳
12	浙江金沙	华东	张安安	457	18110381242	zhangaa@163.com	刘真真
13	上海新世界	华东	张春华	517	18648347870	zhangch@souhu.com	王花云

图4-34 新插入"Sheet2"显示"客户信息表"数据源

2. 显示报表项目数据明细

在创建好某个项目的数据透视表后，用户可以在数据源工作表中查看该项目的明细数据。但是由于数据众多，不容易直接找到想要的结果，此时可以通过数据透视表的"显示明细数据"功能进行查看。默认情况下，数据透视表选项的"启用显示明细数据"功能是启用的，可以通过以下步骤查看：

在数据透视表上任何位置右击，在弹出的快捷菜单中选择"数据透视表选项"命令，在打开的"数据透视表选项"对话框中打开"数据"标签，"启用显示明细数据"复选框默认是被选中的，如图 4-35 所示。可以根据需要设置是否启用该功能。

图 4-35　"数据透视表选项"对话框

【例 4-4】查看【例 4-3】"客户信息表-数据透视表"中华东"区域"的"客户名称"明细。

操作步骤

（1）打开【例 4-3】中的"客户信息表-数据透视表"，如图 4-33 所示。

（2）双击"华东"单元格"A5"，弹出"显示明细数据"对话框，如图 4-36 所示。

（3）选择"客户名称"字段，单击"确定"按钮后，从单元格"A6"开始，显示的是所有"华东"的"客户名称"的明细，如图 4-37 所示。

图 4-36　"显示明细数据"对话框

	A	B	C
1			
2			
3	行标签　　　▼	求和项:全年购货（万元）	
4	⊞华北	2857.5	
5	⊟华东	6297.9	
6	福建金石	181.2	
7	福建万通	360.5	
8	江苏华东城	275	
9	江苏天华	1077.2	
10	山东新期望	681	
11	上海海通	819.9	
12	上海新世界	517	
13	浙江丰乐谷	1344.3	
14	浙江红河谷	584.8	
15	浙江金沙	457	
16	⊞华中	6064.8	
17	⊞西南	1143.4	
18	总计	16363.6	

销售订单表　Sheet2　客户信息表-数据透视表

图 4-37　显示"华东"区域的客户名称明细

4.3.5 使用切片器筛选数据透视表

一个创建好的数据透视表，会自动隐藏了一部分不需要显示的字段数据。在某些情况下，用户需要使用筛选功能，只显示一个字段的某部分特定的数据。在数据透视表中进行筛选的方法和工作表常规的筛选方式相似，如通过下拉列表、使用数据工具或者是搜索文本框等进行筛选，这些筛选方法必须在打开一个下拉列表或者筛选功能对话框的情况下才能找到要筛选的详细信息。在这里学习一种新的筛选工具——"切片器"，可以直观而清晰地标记出字段下的详细信息。

切片器包含一组按钮，是一种易于筛选的组件。当报表中的数据量非常大时，使用切片器可以直观地筛选数据，并且能够更快且更容易地筛选普通工作表、数据透视表、数据透视图及多维数据集函数。除了可以快速筛选之外，切片器还会指示出当前的筛选状态，从而便于用户准确地了解已筛选数据透视表中所显示的内容信息。

【例4-5】利用切片器对"客户信息表"的数据进行不同字段的筛选。

操作步骤

（1）打开"客户信息表"并创建如图4-38所示的数据透视表。

（2）打开"插入切片器"对话框。单击数据透视表中任意数据的单元格，在"数据透视表工具"的"分析"选项卡下，单击"筛选器"功能区中的"插入切片器"工具按钮，打开"插入切片器"对话框，如图4-39所示。

（3）选择插入的字段切片器。选择"插入切片器"对话框下的"区域"和"销售员"字段，单击"确定"按钮，返回工作表中，插入的切片器效果图如图4-40所示。

图4-38 数据透视表　　图4-39　"插入切片器"对话框　　　　图4-40　插入切片器效果图

（4）使用切片器筛选多个字段。

① 选择筛选字段"区域"切片器下的"华东"字段，筛选结果如图4-41所示。

② 继续选择"销售员"切片器下的"李艳"和"王花云"字段，筛选结果如图4-42所示。

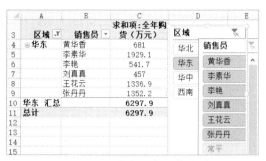
图 4-41 "华东"字段筛选结果

图 4-42 多个字段筛选结果

【例 4-6】在【例 4-5】基础上，隐藏、删除数据透视表中的切片器筛选。

操作步骤

（1）打开【例 4-5】中图 4-42 的数据透视表。

（2）隐藏切片器。

① 单击任意字段的切片器，Excel 菜单栏会出现"切片器工具"菜单，如图 4-43 所示。

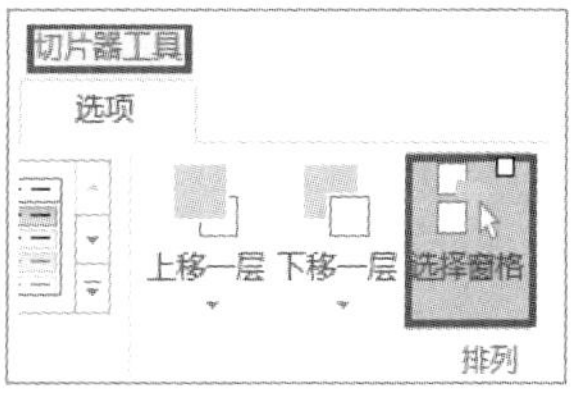

② 单击"选择窗格"按钮，Excel 右侧出现任务窗格，单击"全部显示"或者"全部隐藏"命令按钮显示或隐藏所有切片器，或者单击某个字段右侧的"显示"或"隐藏"小按钮。隐藏"区域"切片器后如图 4-44 所示。

图 4-43 "切片器工具"菜单

（3）删除切片器。若要删除某个字段的切片器，单击该字段切片器右上角的"清除筛选器"按钮即可，如图 4-45 所示。

图 4-44 隐藏"区域"切片器

图 4-45 "清除筛选器"按钮

或者右击某个切片器，如"销售员"切片器，在弹出的快捷菜单上选择"删除'销售员'"命令即可。

如果需要删除多个切片器，按住"Ctrl"键的同时再一一选择各个切片器，然后右击这些切片器，选择快捷菜单下的"删除切片器"命令即可。

4.3.6 插入日程表筛选日期数据

数据透视表中的切片器虽然已经很直观，但在筛选日期格式的字段时有些不方便，而且使用报表中的自动筛选功能操作起来也比较麻烦。

而报表中的日程表为用户提供了一个更为方便的日期字段筛选功能，可以直接对"年"和"季度"等时间段进行筛选，不但快捷，而且容易操作。可以说日程表是一种特殊的切片器。

【例 4-7】使用日程表筛选"销售订单表"中 2017 年 8 月份的销售情况。

操作步骤

（1）打开"销售订单表"，如图 4-46 所示。

	A	B	C	D	E	F	G	H	I	J	K
1	订单号	订单日期	产品型号	产品名称	客户名称	区域	销量	单价(万元)	总金额(万元)	订单处理日期	是否已处理
2	#170112	2017/01/18	XA-71	产品A1	湖北蓓蕾	华中	18	¥ 2	¥ 36.00	2017/01/18	√
3	#170811	2017/08/17	XA-71	产品A1	湖北蓓蕾	华中	50	¥ 2	¥ 100.00	2017/08/17	√
4	#170209	2017/02/18	XA-72	产品A2	湖北蓓蕾	华中	47	¥ 5	¥ 235.00	2017/02/18	√
5	#170909	2017/09/25	XA-72	产品A2	湖北蓓蕾	华中	21	¥ 5	¥ 105.00	2017/09/25	√
6	#170609	2017/06/19	XA-74	产品A4	湖北蓓蕾	华中	18	¥ 3	¥ 46.80	2017/06/19	√
7	#170710	2017/07/16	XB-81	产品B1	湖北蓓蕾	华中	22	¥ 2	¥ 33.00	2017/07/16	√
8	#171103	2017/11/08	XB-81	产品B1	湖北蓓蕾	华中	35	¥ 2	¥ 52.50		
9	#171209	2017/12/08	XB-81	产品B1	湖北蓓蕾	华中	22	¥ 2	¥ 33.00		
10	#170405	2017/04/08	XB-82	产品B2	湖北蓓蕾	华中	40	¥ 3	¥ 120.00	2017/04/08	√
11	#171207	2017/12/03	XB-82	产品B2	湖北蓓蕾	华中	20	¥ 3	¥ 60.00	2017/12/03	√
12	#170303	2017/03/09	XB-83	产品B3	湖北蓓蕾	华中	15	¥ 2	¥ 30.00		
13	#171003	2017/10/06	XB-83	产品B3	湖北蓓蕾	华中	40	¥ 2	¥ 80.00	2017/10/06	√
14	#170109	2017/01/14	XC-91	产品C1	湖北蓓蕾	华中	22	¥ 3	¥ 70.40	2017/01/14	√
15	#170412	2017/04/23	XC-91	产品C1	湖北蓓蕾	华中	19	¥ 3	¥ 57.60	2017/09/25	√
16	#171110	2017/11/18	XC-91	产品C1	湖北蓓蕾	华中	50	¥ 3	¥ 160.00	2017/11/18	√
17	#170202	2017/02/06	XC-94	产品C4	湖北蓓蕾	华中	15	¥ 4	¥ 63.00	2017/02/06	√
18	#170902	2017/09/01	XC-94	产品C4	湖北蓓蕾	华中	22	¥ 4	¥ 92.40		
19	#170715	2017/07/28	XA-71	产品A1	广东灿星	华南	85	¥ 2	¥ 170.00	2017/07/28	√
20	#170506	2017/05/22	XA-72	产品A2	广东华宇	华南	20	¥ 5	¥ 100.00	2017/05/22	√

销售订单表　客户信息表　产品信息表　客户统计表　产品统计表　销售员统计表

图 4-46　销售订单表

（2）新插入一个数据透视表，选择"订单日期"和"总金额（万元）"字段，并设置报表"以表格形式显示"，如图 4-47 所示。

（3）在"数据透视表工具"的"分析"选项卡下，单击"筛选"功能区中的"插入日程表"按钮，打开"插入日程表"对话框，选择"订单日期"字段，如图 4-48 所示。

图 4-47　以表格形式显示的数据透视表　　　图 4-48　"插入日程表"对话框

（4）单击"确定"按钮，返回工作表，即可看到插入的日程表，如图 4-49 所示。

（5）在"订单日期"日程表中，单击"8 月"的按钮，即可看到筛选出的 8 月份的订单金额，如图 4-50 所示。

图 4-49　"订单日期"日程表

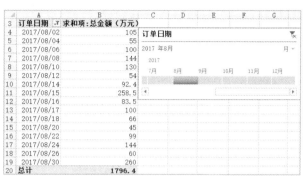

图 4-50　筛选出 8 月份的订单金额

4.3.7　数据透视表的组合

在多数情况下，数据的汇总和计算都可以在数据透视表中完成，但在某些特殊情况下的汇总是不能直接通过数据透视表已有的汇总和计算来完成的。例如，有多个月份、年份的数据，需要按月、季度或者年度进行汇总时，就需要使用组合功能来完成数据透视表的数据组合。本小节介绍如何将不同类型的数据以不同的方式进行组合。

1. 按照"月份"组合日期型数据

在组合数据透视表的日期型数据时，如果日期型数据都在同一年，则可以按照月份或者季度进行组合。

【**例 4-8**】　按照订单处理的月份统计"销售订单表"的销售总额。

　操作步骤

（1）打开"销售订单表"，如图 4-51 所示。

	A	B	C	D	E	F	G	H	I	J	K
1	订单号	订单日期	产品型号	产品名称	客户名称	区域	销量	单价（万元）	总金额（万元）	订单处理日期	是否已处理
2	#170112	2017/01/02	XA-71	产品A1	湖北蓓蕾	华中	18	¥ 2	¥ 36.00	2017/01/18	√
3	#170811	2017/08/17	XA-71	产品A1	湖北蓓蕾	华中	50	¥ 2	¥ 100.00	2017/08/17	√
4	#170209	2017/02/18	XA-72	产品A2	湖北蓓蕾	华中	47	¥ 5	¥ 235.00	2017/02/18	√
5	#170909	2017/09/25	XA-72	产品A2	湖北蓓蕾	华中	21	¥ 5	¥ 105.00	2017/09/25	√
6	#170609	2017/06/19	XA-74	产品A4	湖北蓓蕾	华中	18	¥ 3	¥ 46.80	2017/06/19	√
7	#170710	2017/07/16	XB-81	产品B1	湖北蓓蕾	华中	22	¥ 2	¥ 33.00	2017/07/16	√
8	#171103	2017/11/08	XB-81	产品B1	湖北蓓蕾	华中	35	¥ 2	¥ 52.50		√
9	#171209	2017/12/08	XB-81	产品B1	湖北蓓蕾	华中	22	¥ 2	¥ 33.00		
10	#170405	2017/04/08	XB-82	产品B2	湖北蓓蕾	华中	40	¥ 3	¥ 120.00	2017/04/08	√
11	#171207	2017/12/03	XB-82	产品B2	湖北蓓蕾	华中	20	¥ 3	¥ 60.00	2017/12/03	√
12	#170303	2017/03/09	XB-83	产品B3	湖北蓓蕾	华中	15	¥ 2	¥ 30.00		
13	#171003	2017/10/06	XB-83	产品B3	湖北蓓蕾	华中	40	¥ 2	¥ 80.00	2017/10/06	√
14	#170109	2017/01/14	XC-91	产品C1	湖北蓓蕾	华中	22	¥ 3	¥ 70.40	2017/01/14	√
15	#170412	2017/04/23	XC-91	产品C1	湖北蓓蕾	华中	18	¥ 3	¥ 57.60	2017/04/23	√
16	#171110	2017/11/18	XC-91	产品C1	湖北蓓蕾	华中	50	¥ 3	¥ 160.00	2017/11/18	√
17	#170202	2017/02/06	XC-94	产品C4	湖北蓓蕾	华中	15	¥ 4	¥ 63.00	2017/02/06	√
18	#170902	2017/09/01	XC-94	产品C4	湖北蓓蕾	华中	22	¥ 4	¥ 92.40		
19	#170715	2017/07/28	XA-71	产品A1	广东灿星	华中	85	¥ 2	¥ 170.00	2017/07/28	√
20	#170506	2017/05/22	XA-72	产品A2	广东华宇	华中	20	¥ 5	¥ 100.00	2017/05/22	√

销售订单表　客户信息表　产品信息表　客户统计表　产品统计表　销售员统计表

图 4-51　销售订单表

（2）按照"订单处理日期"升序排列，在新工作表中插入数据透视表，选择"订单处理日期"和"总金额（万元）"字段，在编辑栏中修改数据透视表"行标签"字段为"订单处理日期"，"求和项:总金额（万元）"为"销售总金额（万元）"，设置"销售总金额（万元）"字段下所有数据为货币格式，如图 4-52 所示。

（3）单击"订单处理日期"所在列的任一单元格，切换至"数据透视表工具"的"分析"选项卡下，单击"分组"功能区中的"组选择"按钮，打开"组合"对话框，如图4-53所示。

保持默认的"起始于"和"终止于"的日期，以及步长值"月"。

（4）显示组合效果。单击"确定"按钮，返回到数据透视表，按照"月份"组合后的数据透视表如图4-54所示。

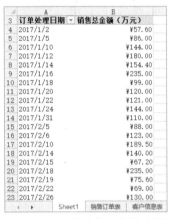
图 4-52　产品销售的数据透视表

图 4-53　"组合"对话框

图 4-54　按照"月份"组合日期型数据

2. 按照"季度"组合日期型数据

【例4-9】按照"季度"统计"订单处理日期"处理的产品销售总额。

操作步骤

（1）通过以下两种方法使数据恢复到【例4-8】中步骤（2）中的数据透视表如图4-52所示的状态。

① 单击快捷撤销按钮，撤销上一步操作。

② 在"数据透视表"的"分析"选项卡下，单击"分组"功能区中的"取消组合"按钮，取消图4-54按照"月份"组合日期型数据。

（2）按照"季度"组合日期型数据步骤与"月份"组合类似，不同操作在于"组合"对话框下的步长值由"月"改为"季度"。

（3）按照"季度"组合后的数据透视表如图4-55所示。

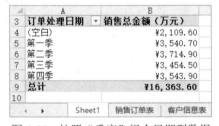
图 4-55　按照"季度"组合日期型数据

3. 按照"周"组合日期型数据

如果要对某个具体日期型数据信息按照"周"进行统计信息，则可以使用数据透视表的"周"组合功能。但首先需要使用 TEXT 函数计算出第一个日期是星期几。

【例4-10】按照"订单处理日期"所在的"周"统计产品销售总额。

操作步骤

（1）在【例 4-9】基础上，将数据恢复到如图 4-56 所示的数据透视表状态。

（2）计算"订单处理日期"下的第一个单元格所对应的星期数。

计算第一个日期的单元格"A4"对应的星期数，需要先找到一个空白单元格并单击，例如在"A1"单元格中输入"=TEXT(A4,"aaaa")"，按【Enter】键后"A1"单元格出现"2017/1/2"对应的"星期一"，如图 4-57 所示。

图 4-56　产品的数据透视表

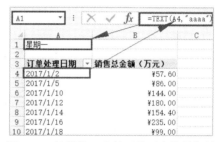

图 4-57　计算第一个单元格对应的星期数

（3）再次打开"组合"对话框，将"步长"改为"日"，"天数"改为"7"，如图 4-58 所示。

（4）单击"确定"按钮，返回数据透视表，原数据透视表中所有信息按照一周周排列显示，如图 4-59 所示。

图 4-58　修改"组合"为"周"的步长及天数

图 4-59　按照"周"组合日期型数据

4.3.8　创建数据透视图

当数据较多时，用户使用数据透视表以不同的角度查看和分析数据，要花费很多时间，且很容易眼花缭乱。创建数据透视图不仅可以实现数据内容的可视化，而且可以更为直观和清晰地了解数据透视表中的数据，从而快速分析表格数据。

【例 4-11】为"客户信息表"的数据透视表创建对应的数据透视图。

1. 利用功能键【F11】创建数据透视图

操作步骤

（1）打开"客户信息表"对应的数据透视表。

（2）选择所有数据区域，按功能键【F11】，在当前的数据透视表前新插入一个"Chart1"，并且已经生成数据透视表对应的数据透视图，如图 4-60 所示。

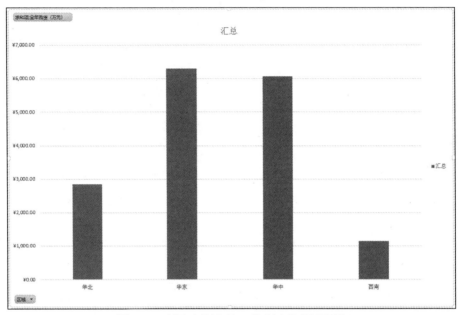

图 4-60　利用功能键【F11】创建数据透视图

2. 通过"插入"选项卡功能创建数据透视图

操作步骤

（1）打开"客户信息表"对应的数据透视表，如图 4-61 所示。

（2）打开"创建数据透视图"对话框。单击数据透视表中任一数据单元格，选择"插入"选项卡，单击"图表"功能区中的"数据透视图"下三角按钮，在展开的列表中选择"数据透视图"选项，打开"插入图表"对话框，如图 4-62 所示。

（3）选择要创建的图表形状。在"插入图表"对话框中，单击左边"饼图"形状的图表类型，在其右侧选择其中一个图形，如图 4-63 所示。

（4）显示创建的数据透视图。单击"确定"按钮，返回工作表，插入的数据透视图效果如图 4-64 所示。

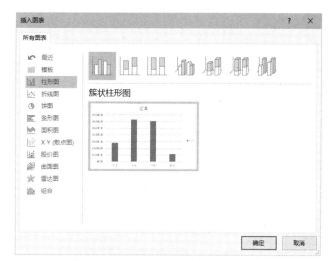

	A	B
3	区域 ▼	求和项:全年购货（万元）
4	华北	¥2,857.50
5	华东	¥6,297.90
6	华中	¥6,064.80
7	西南	¥1,143.40
8	总计	¥16,363.60

图 4-61　数据透视表　　　　　　　　图 4-62　"插入图表"对话框

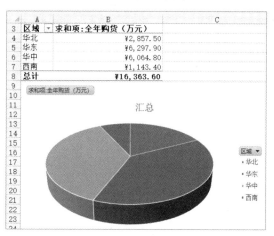

图 4-63　选择"三维饼图"　　　　　　图 4-64　数据透视图效果图

4.4　实战训练

4.4.1　利用数据透视表组合功能分析 GT 公司员工薪资情况

任务一：按照部门筛选不同岗位员工的福利发放情况

操作步骤

（1）打开"福利表"，如图 4-65 所示。

（2）在新工作表中插入空白数据透视表，选择"部门""岗位""住房补贴""采暖补贴""节假日补贴"作为数据透视表字段，如图 4-66 所示。

	A	B	C	D	E	F	G	H
1	员工号	姓名	部门	岗位	住房补贴	采暖补贴	节假日补助	合计
55	21003	谢芸芸	项目一部	项目副总监	440	660	200	1300
56	21004	王一德	项目一部	项目监察	344	516	200	1060
57	21005	李胜利	项目一部	项目监察	440	660	200	1300
58	21006	唐红	项目一部	工程员	336	504	200	1040
59	21007	关天胜	项目一部	工程员	368	552	200	1120
60	21008	李雅洁	项目一部	工程员	256	384	200	840
61	21009	边金双	项目一部	工程员	288	432	200	920
62	21010	邹佳楠	项目一部	工程员	291	436.5	200	927.5
63	21011	刘露露	项目一部	工程员	312	468	200	980
64	21012	刘长辉	项目一部	工程员	328	492	200	1020
65	21013	刘翠苹	项目一部	工程员	320	480	200	1000
66	21014	谢丽丽	项目一部	工程员	336	504	200	1040
67	21015	王崇江	项目一部	工程员	336	504	200	1040
68	21016	吴小小	项目一部	工程员	296	444	200	940
69	21017	李丽	项目一部	工程员	416	624	200	1240
70	22001	钱卓	项目二部	项目总监	320	480	200	1000
71	22002	刘云	项目二部	项目副总监	448	672	200	1320
72	22003	张一哲	项目二部	项目副总监	352	528	200	1080

福利表　保险公积金扣缴表　Sheet1　工资表　工资条　工资基础数据

图 4-65　员工福利表

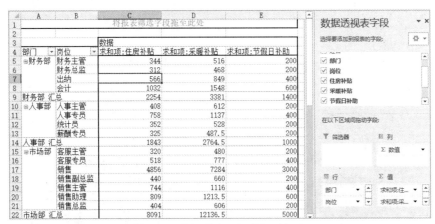

图 4-66　为福利表添加数据透视表

（3）在"数据透视表字段"任务窗格中拖动"行"文本框下的"岗位"到"筛选器"文本框下，数据透视表布局变为如图 4-67 所示的效果。

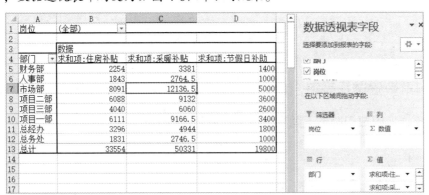

图 4-67　在"筛选器"文本框中添加筛选字段

（4）单击 B2 单元格"（全部）"右侧的筛选按钮，选择"财务总监""董事长""副总经理""项目总监"字段，如图 4-68 所示。

（5）单击"确定"按钮，筛选结果如图 4-69 所示。

图 4-68　选择多项筛选字段

岗位	(多项)		
	数据		
部门	求和项:住房补贴	求和项:采暖补贴	求和项:节假日补助
财务部	312	468	200
项目二部	320	480	200
项目三部	464	696	200
项目一部	536	804	200
总经办	1250	1875	600
总计	2882	4323	1400

图 4-69　按部门对多个字段筛选后的福利汇总表

任务二　用数据透视表组合功能分析人员工资情况

操作步骤

（1）打开"工资表"，如图 4-70 所示。

员工号	姓名	部门	基本工资	岗位工资	绩效工资	加班工资	福利合计	应发工资合计	应扣病事假	五险一金	应纳税金额	个人所得税	应扣合计	实发工资
11001	程小琳	总经办	4400	3400	2700	317	1300	12117	0	1980	6637	772	2752	9365
11002	崔柯	总经办	4400	3200	2600	305	1300	11805	0	1980	6325	710	2690	9115
11003	刘上奎	总经办	3860	2800	1950	229	1260	10004	0	1737	4767	398	2135	7869
11004	杜君娟	总经办	4240	2800	2300	270	1260	10870	135	1908	5327	510	2553	8317
11005	马涛	总经办	4640	2800	2550	300	1360	11650	450	2088	5612	567	3105	8545
11006	张亚丽	总经办	3620	2600	1700	0	1105	9025	0	1629	3896	284	1913	7112
11007	朱瑞	总经办	2780	2600	1600	0	895	7875	0	1251	3124	207	1458	6417
11008	王国祥	总经办	2480	2200	1400	0	820	6900	0	1116	2284	123	1239	5661
11009	张聪	总经办	2540	2200	1750	0	835	7325	0	1143	2682	163	1306	6019
12001	焦芳	人事部	4080	2600	1950	0	1220	9850	114	1836	4400	335	2285	7565
12002	李彩霞	人事部	4140	2400	2500	0	1235	10275	0	1863	4912	427	2290	7985
12003	徐云阁	人事部	3440	2400	2100	0	1060	9000	0	1548	3952	290	1838	7162
12004	王爱华	人事部	3250	2400	1850	0	1013	8513	0	1463	3550	250	1713	6800
12005	王敏凯	人事部	3520	2400	2150	0	1080	9150	0	1584	4066	301	1885	7265
13001	王伟红	财务部	3120	2800	1600	0	980	8500	0	1404	3596	254	1658	6842

… 福利表 保险公积金扣缴表 工资表 工资基础数据 ⊕

图 4-70　工资表

（2）选择"工资表!$A$3:$O$102"所有数据单元格，在新工作表"Sheet1"中插入空白数据透视表，将"数据透视表字段"任务窗格下的字段"实发工资"拖动到"行"文本框，并右击"实发工资"字段，选择"添加到值"命令，如图 4-71 所示。

图 4-71　为数据透视表添加字段

（3）在透视表"实发工资"标签下的任一数据单元格上右击，在弹出的快捷菜单中选择"创建组"命令，弹出"组合"对话框，保持"组合"对话框内的"起始于"和"终止于"的数值，以及步长值，如图 4-72 所示。

（4）单击"确定"按钮，组合后的工资分段如图 4-73 所示。

图 4-72 "组合"对话框

	A	B	C
3		数据	
4	实发工资 ▼	求和项:实发工资	求和项:实发工资2
5	5233-6232	28321	28321
6	6233-7232	312858	312858
7	7233-8232	243503	243503
8	8233-9232	104617	104617
9	9233-10232	28082	28082
10	10233-11232	10332	10332
11	总计	727713	727713

图 4-73 工资分段汇总结果

（5）右击透视表单元格"求和项:实发工资"，在弹出的快捷菜单中选择"值汇总依据"为"计数"；右击"求和项:实发工资2"单元格，在弹出的快捷菜单中选择"值显示方式"为"列汇总的百分比"。

（6）在编辑栏内修改单元格"计数项:实发工资"为"人数"，修改单元格"计数项:实发工资2"为"所占比例"，得到一张各个工资段的人员数量表，如图 4-74 所示。

	A	B	C
3		数据	
4	实发工资 ▼	人数	所占比例
5	5233-6232	5	5.05%
6	6233-7232	46	46.46%
7	7233-8232	32	32.32%
8	8233-9232	12	12.12%
9	9233-10232	3	3.03%
10	10233-11232	1	1.01%
11	总计	99	100.00%

图 4-74 实发工资分段人数及所占比例

（7）重复三次，右击"实发工资"字段，选择"添加到值"，效果如图 4-75 所示。

	A	B	C	D	E	F
3		数据				
4	实发工资 ▼	人数	所占比例	计数项:实发工资	计数项:实发工资2	计数项:实发工资3
5	5233-6232	5	3.89%	5	5	5
6	6233-7232	46	42.99%	46	46	46
7	7233-8232	32	33.46%	32	32	32
8	8233-9232	12	14.38%	12	12	12
9	9233-10232	3	3.86%	3	3	3
10	10233-11232	1	1.42%	1	1	1
11	总计	99	100.00%	99	99	99

图 4-75 添加三个汇总列

（8）右击"计数项:实发工资"，在弹出的快捷菜单中选择"值汇总依据"为"平均值"；右击"计数项:实发工资2"，在弹出的快捷菜单中选择"值汇总依据"为"最大值"；右击"计数项:实发工资3"，在弹出的快捷菜单中选择"值汇总依据"为"最小值"。在编辑栏内修改这三个单元格内容分别为"平均工资""最高工资""最低工资"，如图 4-76 所示。

	A	B	C	D	E	F
3		数据				
4	实发工资 ▼	人数	所占比例	平均工资	最高工资	最低工资
5	5233-6232	5	3.89%	5664	6019	5233
6	6233-7232	46	42.99%	6801	7227	6234
7	7233-8232	32	33.46%	7609	7985	7265
8	8233-9232	12	14.38%	8718	9194	8317
9	9233-10232	3	3.86%	9361	9385	9332
10	10233-11232	1	1.42%	10332	10332	10332
11	总计	99	100.00%	7351	10332	5233

图 4-76 设置"平均工资""最高工资""最低工资"列

（9）在"数据透视表字段"任务窗格中拖动"部门"字段到"行"文本框，调整后如图 4-77 所示。

图 4-77　调整数据透视表字段区域

（10）单击"实发工资"或者"部门"，在"数据"选项卡下，单击"分级显示"功能区中的"隐藏明细数据"命令按钮，数据报表显示的信息如图 4-78 所示，可以看出和步骤（8）中图 4-76 类似。

		数据				
实发工资	部门	人数	所占比例	平均工资	最高工资	最低工资
⊞5233-6232		5	3.89%	5664	6019	5233
⊞6233-7232		46	42.99%	6801	7227	6234
⊞7233-8232		32	33.46%	7609	7985	7265
⊞8233-9232		12	14.38%	8718	9194	8317
⊞9233-10232		3	3.86%	9361	9385	9332
⊞10233-11232		1	1.42%	10332	10332	10332
总计		99	100.00%	7351	10332	5233

图 4-78　隐藏明细数据

4.4.2　多视角编辑 GT 公司员工人事档案数据透视表

任务一　利用合并计算统计员工一季度绩效相关信息

操作步骤

（1）打开员工一、二、三月绩效考核表，如图 4-79 所示。

	A	B	C	D	E	F	G	H	I	J
1	工号	姓名	岗位	司龄	加班（天）	出勤（天）	绩效工资	工作态度	绩效总分	绩效排名
78	22009	王德	工程员	19		17	2250	17	107	62
79	22010	李果	工程员	15		16	2050	16	100	93
80	22011	唐云	工程员	16		17	2100	17	106	66
81	22012	张顺山	工程员	8		17	1700	17	102	82
82	22013	刘辉煌	工程员	8		17	1700	17	102	82
83	22014	李梅梅	工程员	9		17	1750	17	102	82
84	22015	方文	工程员	18		17	2200	17	107	62
85	22016	王林文	工程员	12		17	1900	17	104	71
86	22017	李文林	工程员	23		17	2450	17	109	56
87	22018	张丽	工程员	9		17	1750	16	97	96
88	23001	李雅	项目总监	23	3	17	2550	23	140	3
89	23002	边辉	项目副总监	16	3	17	2200	23	137	8
90	23003	邹佳楠	项目监察	7	3	17	1650	23	131	22
91	23004	刘露露	项目监察	12	3	17	1900	23	134	14
92	23005	刘长双	工程员	7	3	17	1500	23	130	26

一月绩效考核表　二月绩效考核表　三月绩效考核表

图 4-79　员工一、二、三月绩效考核表

（2）先按组合键【Alt+D】，再按【P】键，弹出"数据透视表和数据透视图向导--步骤1"对话框，选择"多重合并计算数据区域"和"数据透视表"单选按钮，如图4-80所示。

（3）单击"下一步"按钮，进入到"数据透视表和数据透视图向导--步骤2a"，选择"自定义页字段"单选按钮，如图4-81所示。

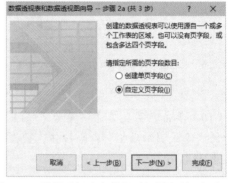

图4-80　数据透视表和数据透视图向导--步骤1　　　图4-81　数据透视表和数据透视图向导--步骤2a

（4）单击"下一步"按钮，进入到"数据透视表和数据透视图向导--第2b步"，在"选定区域"下，依次选择"一月绩效考核表""二月绩效考核表""三月绩效考核表"中所有数据区域，并添加到"所有区域"下。在"选定区域"选择"一月绩效考核表!$A$1:$J$100"，在"请先指定要建立在数据透视表中的页字段数目"下选择"1"，并在"请为每一个页字段选定一个项目标签来标识选定的数据区域"下的"字段1"中输入"一月"，如图4-82所示。

同样的方法为二月、三月绩效考核表的"字段1"中分别输入"二月""三月"。

（5）单击"下一步"按钮，进入到"数据透视表和数据透视图向导--步骤3"，默认数据透视表在"新工作表"中显示，单击"完成"按钮，三张工作表的所有信息合并在新的数据透视表中，如图4-83所示。

（6）在"数据透视表字段"任务窗格中，单击"Σ值"文本框下的"计数项：值"的下三角按钮，选择"值字段设置"，修改"计数项：值"的计算类型为"平均值"，修改数字格式为"数值"，小数位数为0。

图4-82　数据透视表和数据
透视图向导--第2b步

（7）单击"确定"按钮，返回工作表，单击"数据透视表字段"任务窗格"列"字段右侧的下三角按钮，在弹出的菜单中取消勾选"岗位""绩效排名""司龄""姓名"等字段，如图4-84所示。

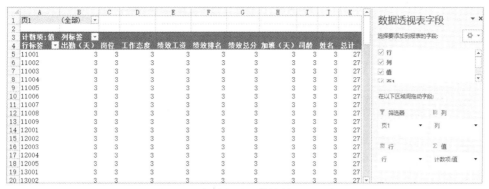

图 4-83　多重合并计算的数据透视表

图 4-84　调整数据透视表字段

（8）单击"确定"按钮，返回工作表，单击数据透视表中任一数据单元格，切换至"数据透视表工具"｜"设计"选项卡下，选择"总计"列表下的"对行和列禁用"命令，"总计"一列消失，筛选后的列字段信息如图 4-85 所示。

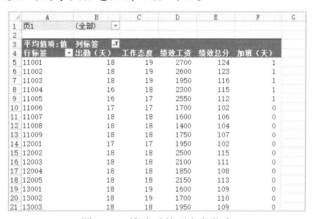

图 4-85　筛选后的列字段信息

（9）取消一次"数据透视表字段"下"页 1"字段的选择，再选择一次"页 1"字段，数据透视表显示为如图 4-86 所示的效果。

行标签	出勤（天）	工作态度	绩效工资	绩效总分	加班（天）
平均值项:值	列标签				
11001	18	19	2700	124	1
一月	17	19	2700	122	1
二月	20	20	2700	127	0
三月	17	19	2700	122	1
11002	18	19	2600	123	1
一月	17	19	2600	121	1
二月	20	20	2600	126	0
三月	17	19	2600	121	1
11003	18	19	1950	116	1
一月	17	19	1950	114	1
二月	20	20	1950	119	0
三月	17	19	1950	114	1
11004	16	18	2300	115	1
一月	15	17	2300	108	1
二月	19	21	2300	128	1
三月	15	17	2300	108	1

图 4-86　员工一季度平均绩效考核表

（10）在"数据透视表字段"任务窗格下方区域，拖动"行"文本框下的"页1"到"列"文本框下，并修改 A5 单元格"行标签"为"工号"，锁定 A 列，可以拖动查看所有员工一至三月份每月的加班天数、绩效总分、绩效工资、工作态度、出勤天数等绩效考核的信息，以及一季度平均汇总信息，如图 4-87 所示。

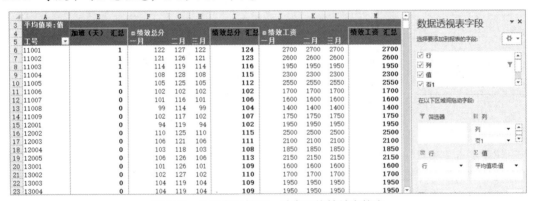

图 4-87　重新布局员工一季度平均绩效考核表

任务二　使用切片器筛选多个数据透视表中的字段

操作步骤

（1）打开"员工基本信息表"，在新工作表"Sheet1"中插入 5 个基本数据透视表，并且报表"以表格形式显示"，如图 4-88 所示。其中：

数据透视表 1 的字段为"学历"和"基本工资"；

数据透视表 2 的字段为"籍贯"和"基本工资"；

数据透视表 3 的字段为"部门"和"基本工资"；

数据透视表 4 的字段为"职称"和"岗位工资"；

数据透视表 5 的字段为"岗位"和"岗位工资"。

（2）单击任意一个数据透视表的数据单元格，在"插入"选项卡下，单击"筛选器"功能区中的"切片器"按钮，打开"插入切片器"对话框，如图 4-89 所示。

学历	求和项:基本工资
博士	33460
研究生	80220
本科	127650
专科	94210

岗位	求和项:岗位工资
财务主管	2600
财务总监	2800
出纳	4800
处长	2800
董事长	3400
董事长助	2800
副处长	2600
副总经理	5600
工程员	88400
会计	7200
客服主管	2600
客服专员	4800

籍贯	求和项:基本工资
安徽省	20880
北京市	127370
河北省	13120
河南省	22450
湖北省	24030
吉林省	10400
山东省	18780
陕西省	3680
上海市	36510
四川省	27660
天津市	24480
重庆省	6180
总计	335540

部门	求和项:基本工资
财务部	22540
人事部	18430
市场部	80910
项目二部	60880
项目三部	40400
项目一部	61110
总经办	32960
总务处	18310
总计	335540

职称	求和项:岗位工资
高级工程师	70400
高级会计师	5400
高级经济师	14000
工程师	121800
会计师	12000
经济师	12000
统计师	2400
助理工程师	11400
助理会计师	2400
助理统计师	2200
总计	254000

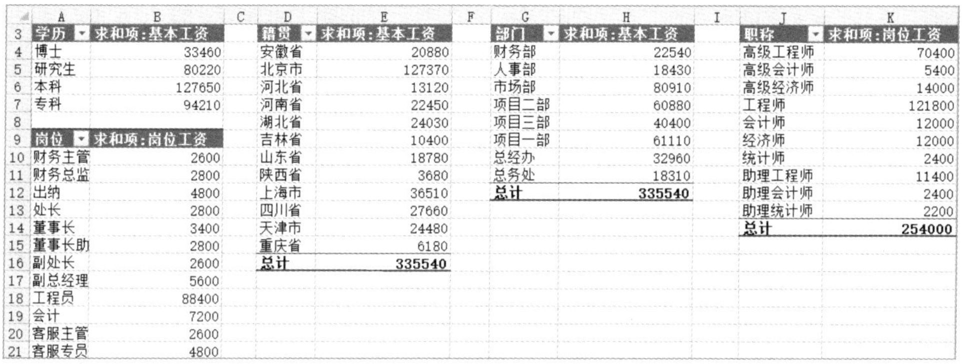

图 4-88　在新工作表中插入 5 个基本数据透视表

（3）选择“岗位”字段，单击“确定”按钮，“岗位切片器”出现在报表中，如图 4-90 所示。

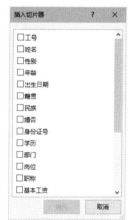

图 4-89　“插入切片器”对话框

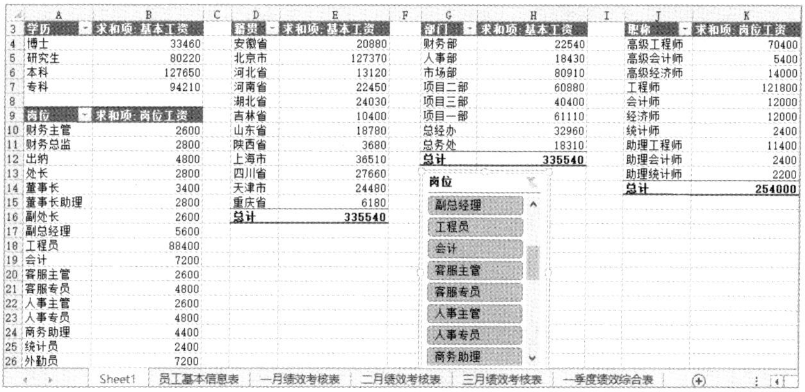

图 4-90　“岗位”切片器

（4）右击“岗位切片器”，在弹出的快捷菜单中选择“大小和属性”命令，打开“格式切片器”任务窗格，在“位置和布局”下，设置框架的“列数”为“4”，如图 4-91 所示。“岗位切片器”显示为如图 4-92 所示效果。

（5）再次右击“岗位切片器”，在弹出的快捷菜单中选择“报表连接”命令（或者单击“岗位切片器”，在“切片器工具”｜“选项”的选项卡下，单击“切片器”功能区中的“报表连接”按钮），打开“数据透视表连接（岗位）”对话框，勾选全部复选框，如图 4-93 所示。

（6）单击“确定”按钮，返回工作表，在切片器上单击要筛选的字段按钮，例如选择“项目副总监”后，5 个数据透视表同时进行了筛选，结果如图 4-94 所示。

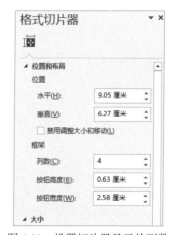

图 4-91　设置切片器显示的列数

图 4-92　更改列数后的岗位切片器

图 4-93　"数据透视表连接（岗位）"对话框

学历	求和项:基本工资		籍贯	求和项:基本工资		部门	求和项:基本工资		职称	求和项:岗位工资
研究生	4380		北京市	9160		项目二部	8000		高级工程师	14000
本科	12400		山东省	4380		项目三部	4380		总计	14000
专科	4680		上海市	7920		项目一部	9080			
			总计	21460		总计	21460			

岗位	求和项:岗位工资
项目副总监	14000
总计	14000

岗位

财务主管	财务总监	出纳	处长
董事长	董事长助理	副处长	副总经理
工程员	会计	客服主管	客服专员
人事主管	人事专员	商务助理	统计员
外勤员	项目副总监	项目监察	项目总监
销售	销售副总监	销售主管	销售助理
销售总监	薪酬专员	总经理	总经理助理

图 4-94　同时筛选 5 个数据透视表结果

项目5
应有尽有的数据分析工具

5.1 项目展示：企业广告费用与销售额关系的回归分析

某企业希望确定其广告费用 x 与销售额 y 之间的关系，以制订本企业下一年的营销计划。本节将通过企业的广告费用与销售额的历史数据，来进行回归分析，如图 5-1 所示。进行一系列操作后，得出的回归分析结果如图 5-2 所示，并由此结果可以得出回归方程 $y=ax+b$，其中 $a=8.068297$，$b=433.9947$，即 $y=8.068297x+433.9947$。这样，由回归方程和广告费用 x 的值，即可预测出销售额 y 的值。

	A	B	C	D
1	年份	广告费（万元）	销售额（万元）	
2	2000	40	750	
3	2001	110	1321	
4	2002	88	1097	
5	2003	51	940	
6	2004	80	949	
7	2005	100	1400	
8	2006	60	958	
9	2007	77	1090	
10	2008	180	1910	
11	2009	70	996	
12	2010	170	1890	
13	2011	66	961	
14	2012	98	1209	
15	2013	77	1109	
16	2014	151	1590	
17	2015	130	1367	
18	2016	179	1903	
19	2017	90	1032	
20				

图 5-1 企业 18 年来的广告费用与销售额历史数据

D	E	F	G	H	I	J	K	L	M
SUMMARY OUTPUT									
回归统计									
Multiple R	0.976824								
R Square	0.954186								
Adjusted R Square	0.951323								
标准误差	79.6658								
观测值	18								
方差分析									
	df	SS	MS	F	Significance F				
回归分析	1	2114946	2114946	333.2387	3.89145E-12				
残差	16	101546.2	6346.64						
总计	17	2216492							
	Coefficien	标准误差	t Stat	P-value	Lower 95%	Upper 95%	下限 95.0%	上限 95.0%	
Intercept	433.9947	48.406	8.965721	1.23E-07	331.3785717	536.6109	331.3786	536.6109	
广告费（万元）	8.068297	0.441982	18.25483	3.89E-12	7.13133775	9.005256	7.131338	9.005256	

图 5-2 回归分析结果表

5.2 项目制作

任务一：用散点图判断变量关系（简单线性）

操作步骤

（1）在企业历史数据表中，选中 B2:C19 数据区域。

（2）在"插入"选项卡的"图表"功能区中，单击"散点图"的第一个图标类型，即可绘制表示广告费用与销售额这两者之间关系的散点图，如图 5-3 所示。

从散点图中可以看出，自变量和因变量之间基本上呈线性相关关系。

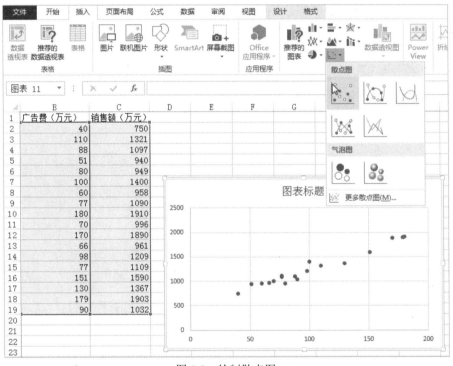

图 5-3 绘制散点图

（3）在散点图中选中数据系列，右击，在弹出的快捷菜单中选择"添加趋势线"命令，如图 5-4 所示。

（4）在弹出的"设置趋势线格式"对话框中，选择"趋势线选项"列表中的"线性"单选按钮，此处为默认选项。拉滚动条至最下方，勾选"显示公式"和"显示 R 平方值"复选框，如图 5-5 所示。

（5）单击"设置趋势线格式"对话框右上角的"关闭"按钮，完成添加趋势线，效果如图 5-6 所示。

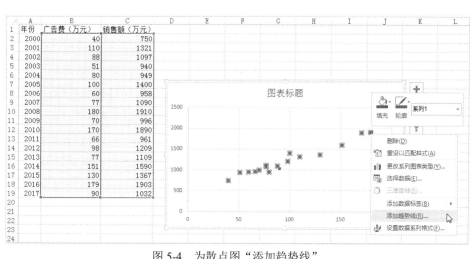

图 5-4　为散点图"添加趋势线"

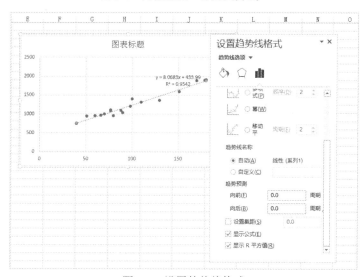

图 5-5　设置趋势线格式

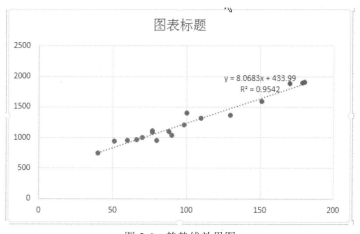

图 5-6　趋势线效果图

任务二：求回归系数，建立回归方程

从上述趋势图中可以看出，拟合的线性回归方程为 $y=8.0683x+433.99$，即 $a=8.0683$，$b=433.99$。R^2 为 0.9542，非常接近于 1，说明拟合的效果很好。

这只是建立回归模型的简单方法，最终确认的模型还需要经过参数检验，所以进行完整的建模还是需要借助"数据分析"工具中的"回归"分析来完成的。

任务三：回归方程的分析检验

操作步骤

（1）在"数据"选项卡的"分析"功能区中，单击"数据分析"命令按钮，弹出"数据分析"对话框，在对话框中选择"回归"选项，单击"确定"按钮，弹出"回归"对话框。

对"回归"对话框中的各参数设置说明如下：

"Y 值输入区域"：选择因变量数据所在的区域，可以包含标志，本例中选择 C1:C19。

"X 值输入区域"：选择自变量取值数据所在的区域。如果选择数据时包含了标志则勾选"标志"复选框，本例中选择 B1:B19。如果强制拟合线通过坐标系原点则勾选"常数为零"复选框，本例中不要求回归模型常数项为零，不勾选。

"置信度"：分析置信度，一般设置为 95%。

"输出选项"：根据需要选择分析结果输出的位置，本例中选择 D2 单元格作为输出区域。

"残差"选项：根据需要可选择分析结果中包含残差、标准残差、残差图及线性拟合图。

如果希望输出"正态概率图"，则勾选相应的复选框。

图 5-7　"回归"对话框

（2）按照如上所说进行设置，如图 5-7 所示。

（3）单击"确定"按钮，得到分析结果，如图 5-8 所示。

D	E	F	G	H	I	J	K	L	M
SUMMARY OUTPUT									
回归统计									
Multiple R	0.976824								
R Square	0.954186								
Adjusted R Square	0.951323								
标准误差	79.6658								
观测值	18								
方差分析									
	df	SS	MS	F	Significance F				
回归分析	1	2114946	2114946	333.2387	3.89145E-12				
残差	16	101546.2	6346.64						
总计	17	2216492							
	Coefficien	标准误差	t Stat	P-value	Lower 95%	Upper 95%	下限 95.0%	上限 95.0%	
Intercept	433.9947	48.406	8.965721	1.23E-07	331.3785717	536.6109	331.3786	536.6109	
广告费（万元）	8.068297	0.441982	18.25483	3.89E-12	7.13133775	9.005256	7.131338	9.005256	

图 5-8　回归统计结果

从"回归统计"中可以看出，自变量和因变量的相关系数绝对值大于 0.97，说明广告费用和销售额呈高度正相关。拟合度 R^2 的值大于 0.95，非常接近于 1，说明模型的拟合效果很好。

从"方差分析"中可以看出，F 统计量的值为 333.2387，对应的 Significance F 的值远小于 0.01，说明模型具有非常显著的统计学意义。从回归模型区域可以看出回归系数的 P 值小于 0.05，说明模型通过了显著性检验，最终得到的回归方程为：$y=8.068x+433.99$。

任务四：预测

应用此回归模型进行预测：如果该企业在 2018 年投入广告费用为 200 万元，则 2018 年的销售额将达到 2047.59 万元。

5.3 知识点击

Excel 提供了一组非常强大又实用的数据分析工具。当需要进行复杂的财务分析、统计分析、工程分析、规划求解、方案管理时，利用 Excel 提供的相应的分析工具，可以有效地解决这些问题。

本项目的知识要点：

❑ 模拟运算表；
❑ 单变量求解；
❑ 方案分析；
❑ 规划求解；
❑ 数据分析工具库。

5.3.1 模拟运算表

Excel 中的模拟运算表是一种适合用于进行假设分析的工具。在一个工作表中，对一个单元格区域的数据进行模拟运算，测试在使用公式时涉及的一个或两个变量的取值变化对公式运算结果的影响。在 Excel 中可以构造两种类型的模拟运算表，即单变量模拟运算表和双变量模拟运算表。

1. 单变量模拟运算表

单变量模拟运算表是测试一个输入变量的变化对一个或多个公式的影响的工具。

例如，在申请购房贷款时，需要考虑贷款的总额、贷款期限、利率的变化、对月还款额的承受能力和利息总额等。由于国家的利率时有变动，在贷款时需要全面考量利率变动对偿还能力的影响。利用 Excel 的 PMT 函数可以直接计算出每月的偿还额度，利用单变量模拟运算表能够直观、便捷地以表格形式将不同利率下相对应的月偿还额做对比，方便购房家庭参考。

【例 5-1】某个家庭想向银行贷款 60 万元用于购房，还款期限为 15 年，目前的年利率是 4.35%，使用"模拟运算表"模拟计算不同的利率对月还款额的影响。

操作步骤

（1）在工作表中输入贷款参数，选定单元格 B4，如图 5-9 所示。

（2）在"公式"选项卡的"函数库"功能区中，单击"插入函数"命令按钮，在弹出的"插入函数"对话框中，选择函数的类别为"财务"，在此类别中选择"PMT"函数，如图 5-10 所示，单击"确定"按钮。

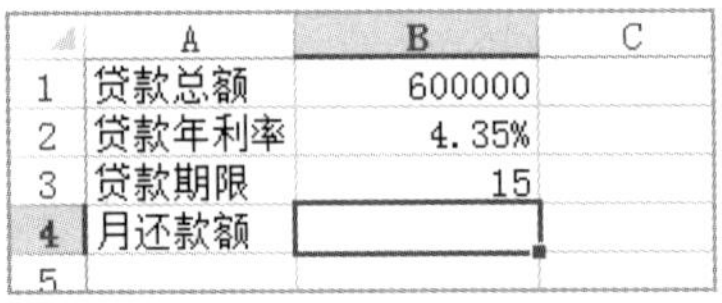

图 5-9　输入贷款参数　　　　　　　图 5-10　"插入函数"对话框

（3）在弹出的"函数参数"对话框中输入参数，如图 5-11 所示，单击"确定"按钮。计算结果如图 5-12 所示，表示该家庭在贷款总额为 60 万元、年利率为 4.35%、贷款期限为 15 年的情况下，需要每月还款 4544.10 元。

图 5-11　PMT 函数参数设置

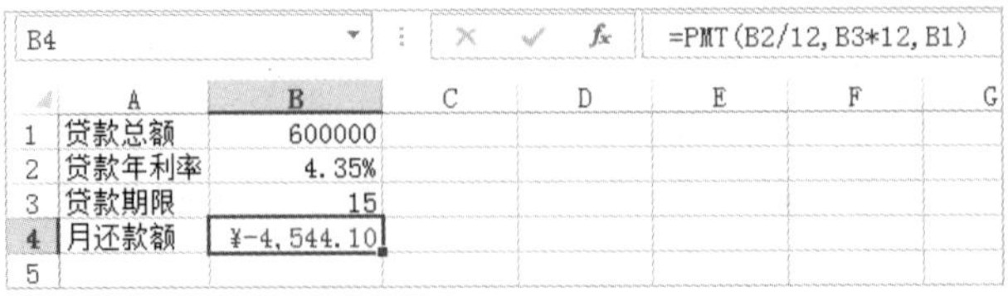

图 5-12　月还款额计算结果

（4）设计模拟运算表的存放区域，输入模拟数据和计算公式。选择存放区域为 A8:B15，

在单元格区域 A9:A15 中输入不同的利率；在单元格 B8 中输入计算月还款额的函数
"=PMT(B2/12,B3*12,B1)"；然后选定整个模拟运算表区域 A8:B15，如图 5-13 所示。

（5）在"数据"选项卡的"数据工具"功能区中，单击"模拟分析"命令按钮，选择
"模拟运算表"命令，如图 5-14 所示，在弹出的"模拟运算表"对话框中输入"$B$2"（本
例引用的是列数据：贷款年利率），如图 5-15 所示。

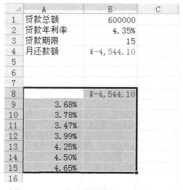

图 5-13   选定的模拟运算表区域

图 5-14   模拟运算表命令

（6）单击"确定"按钮。单变量"贷款年利率"的模拟运算表的计算结果如图 5-16
所示。

图 5-15   单变量模拟运算表

图 5-16   模拟运算表的计算结果

2. 双变量模拟运算表

双变量模拟运算表测试两个输入变量的变化对一个或多个公式的影响。它与单变量模
拟运算表的不同在于双变量模拟运算表使用两个输入单元格，两组输入数值使用的是同一
个公式，这个公式必须引用两个不同的输入单元格。

如上例中，购房家庭要考虑年利率的变化和不同的贷款年限对月还款额的影响两个因
素。在这种情况下，就要使用双变量模拟运算表来进行计算对比。

【例 5-2】某个家庭想向银行贷款 60 万元用于购房，年利率在 3.68%～5.65%变化，在
各种年利率下，当还款期限在 5～30 年变化时，计算每月等额的还款金额。

操作步骤

（1）选定单元格区域 A8:G15 作为模拟运算表的存放区域。

（2）在单元格区域 A9:A15 中输入不同的年利率数据，在单元格区域 B8:G8 中输入不同的贷款年限数据。

（3）在单元格 A8 内输入函数"=PMT(B2/12,B3*12,B1)"，然后选定整个模拟运算表区域 A8:G15，如图 5-17 所示。

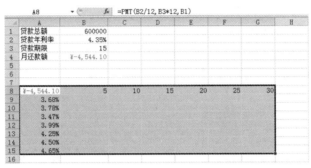

图 5-17　选定整个双变量模拟运算表区域

（4）在"数据"选项卡的"数据工具"功能区中，单击"模拟分析"命令按钮，选择"模拟运算表"命令，在弹出的"模拟运算表"对话框中输入参数（本例中引用的行数据是贷款期限，引用的列数据是贷款年利率），如图 5-18 所示。

（5）单击"确定"按钮，显示双变量"贷款期限"和"贷款年利率"的模拟运算表的计算结果，如图 5-19 所示。

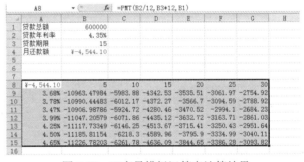

图 5-18　双变量模拟运算表　　　　　　　图 5-19　双变量模拟运算表计算结果

3. 修改模拟运算表

当创建了单变量或双变量模拟运算表后，还可以根据需要对模拟运算表做各种修改。

1）修改模拟运算表计算公式

当计算公式发生变化时，模拟运算表将重新计算，并在相应的单元格中显示出新的计算结果。

2）修改用于模拟运算的数值序列

当这些数值序列的内容被修改后，模拟运算表将会重新计算，并在相应的单元格中显示出新的计算结果。

3）修改输入单元格

选定整个模拟运算表，在"数据"选项卡的"数据工具"功能区中，单击"模拟分析"命令菜单中的"模拟运算表"命令，在弹出的"模拟运算表"对话框中指定新的输入单元格。

4）模拟运算表的清除

不能直接清除部分模拟运算表的计算结果，如果用户想要仅删除模拟运算表的部分计算结果，就会出现如图 5-20 所示的消息框，提示用户不能进行这样的操作。由于模拟运算表中的计算结果是存放在数组中的，所以当需要清除模拟运算表的部分计算结果时，必须清除所有的计算结果才可以。

选定整个运算结果区域，然后按【Delete】键；或在"开始"选项卡的"编辑"功能区中，选择"清除"命令菜单中"全部清除"命令，即可删除模拟运算表的运算结果。

图 5-20 出错消息提示框

5.3.2 单变量求解

利用 Excel 的单变量求解功能可以在给定公式的前提下，通过调整可变单元格中的数值来谋求目标单元格中的目标值。Excel 的单变量求解功能相当于公式的逆运算。公式是输入数值，通过公式计算得到结果；单变量求解是输入结果，通过该功能求出某个变量。下面这个例子是典型的单变量求解问题。

【例 5-3】某商场营业利润的计算方法是：营业额×28%=营业利润，同时营业利润中的 15%用于发放员工工资，营业纯利润=营业利润-员工工资。假如该商场希望在 2020 年赚取 100000 元，要求计算这一年的最低营业额。

操作步骤

（1）在工作表中输入营业额参数，在 B2 单元格中输入公式"=B1*0.28*0.15"，在 B3 单元格中输入公式"=B1*0.28-B2"，如图 5-21 所示。

（2）选定工作表中的目标单元格 B3，在"数据"选项卡的"数据工具"功能区中，选择"模拟分析"命令菜单中的"单变量求解"命令，弹出"单变量求解"对话框。

（3）在"单变量求解"对话框中，在"目标单元格"编辑框中已经自动引用了所选定的目标单元格"$B$3"，在"目标值"文本框中输入目标营业纯利润值"100000"，然后在"可变单元格"文本框输入单元格 B1 的引用"$B$1"，如图 5-22 所示。

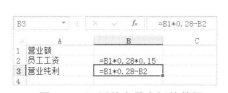

图 5-21 运用单变量求解的数据

图 5-22 "单变量求解"对话框

（4）单击"确定"按钮，弹出"单变量求解状态"对话框，如图 5-23 所示，执行后，求解的答案显示在"可变单元格"对话框指定的 B3 单元格内。

图 5-23　单变量求解的结果

　　根据运算结果,如果该商场想要在 2020 年赚取 100000 元的纯利润,则需要至少有 420168元的营业额。

5.3.3　方案分析

　　在企业的生产销售过程中，由于人力成本、运输成本、市场价格等因素的不断变化，企业的利润会受到影响。企业需要估计并分析这些因素对其生产销售的影响。Excel 提供了称为“方案管理器”的工具来解决上述问题。利用方案管理器，可以方便地对多个变化因素形成对应的多种方案来进行模拟分析。

　　【例 5-4】某个摩托车生产企业，生产摩托车的原料成本=2000 元，固定费用=200 元，利润=销售单价-原料成本-固定费用×（1+推销费率）-人力成本-运输成本，总利润=利润×销售数量。现以 2019 年的生产销售情况为数据基础，使用方案管理器，对 2020 年的利润进行评估分析。

　　1. 建立方案

　　操作步骤

　　（1）在工作表中输入有关利润的各项参数，在单元格区域 B6:B10 中输入要进行模拟的5 个变量，分别是销售单价、销售数量、推销费率、人力成本、运输成本。在 B3 单元格中输入公式“=B6-B1-B2*(1+B8)-B9-B10”，在 B4 单元格中输入公式“=B3*B7”，如图 5-24所示。

	A	B	C
1	原料成本	2000.00	
2	固定费用	200.00	
3	利润	=B6-B1-B2*(1+B8)-B9-B10	
4	总利润	=B3*B7	
5			
6	销售单价	3120.00	
7	销售数量	500.00	
8	推销费率	0.04	
9	人力成本	320.00	
10	运输成本	120.00	
11			

图 5-24　建立模型计算商品利润

（2）在"数据"选项卡的"数据工具"功能区中，单击"模拟分析"命令按钮，选择"方案管理器"命令，弹出"方案管理器"对话框，如图5-25所示。

（3）单击"添加"按钮，弹出"编辑方案"对话框，在"方案名"文本框中输入当前方案名称，在"可变单元格"文本框中输入可变单元格地址，这里以销售单价、销售数量、推销费率、人力成本和运输成本值作为预测时的可变值，如图5-26所示。

图5-25　"方案管理器"对话框

图5-26　"编辑方案"对话框

（4）单击"确定"按钮，弹出"方案变量值"对话框。输入每个可变单元格的值，在输入过程中要使用【Tab】键在各输入框之间进行切换，如图5-27所示。

（5）输入完毕，单击"确定"按钮，将方案添加到序列中。如果需要再建立其他方案，可以单击"添加"按钮，重新进入图5-26所示的"编辑方案"对话框，进行另一个方案的编辑。当输入完所有方案后，单击"确定"按钮，就会看到已设置了多种方案的对话框，如图5-28所示。

图5-27　"方案变量值"对话框　　图5-28　已添加多种方案的"方案管理器"对话框

（6）单击"关闭"按钮，完成该项工作。

2. 显示方案

在"方案管理器"中的"方案"列表框中，选择某个方案选项，单击"显示"按钮即可显示该方案的结果。本例在工作表中将显示当前方案的 5 个变量的值，并显示在该方案下，企业所能获得的利润及总利润值如图 5-29 所示。

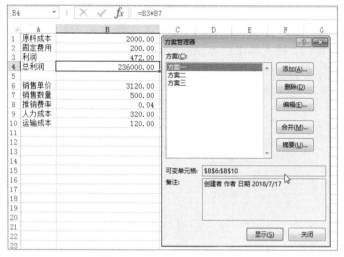

图 5-29　显示方案运算结果

3. 修改、删除方案

修改已经做好的方案，需要在如图 5-28 所示的"方案管理器"对话框中选择该方案，单击"编辑"按钮，在弹出的"编辑方案"对话框中进行相应的修改。

若要删除某一方案，则在"方案管理器"对话框中单击"删除"按钮即可。

4. 建立方案摘要

（1）在"方案管理器"对话框中单击"摘要"按钮，打开"方案摘要"对话框，选择创建摘要报表的类型，如这里选择默认的"方案摘要"单选按钮，在"结果单元格"编辑框中输入要显示的结果单元格 B3 和 B4（用半角逗号隔开），如图 5-30 所示。

（2）完成设置后单击"确定"按钮，关闭 "方案摘要"对话框。此时工作簿中将创建一个名为"方案摘要"的工作表，如图 5-31 所示。

图 5-30　"方案摘要"对话框　　　　　　图 5-31　"方案摘要"工作表

5.3.4 规划求解

在实际经济管理工作中，我们常常会遇到很多的优化问题，例如，在企业的生产经营中，管理者常常会思考：如何能够合理地利用有限的人力、物力、财力等资源，达到最大利润、最小成本、资源消耗最少等目标？

这些在运筹学上称为最优化原则问题，通常会涉及众多的关联因素，前面介绍的模拟运算表、单变量求解、方案分析等方法都具有一定的局限性，Excel 的"规划求解"工具可以很好地解决由众多因素交织的复杂问题。

利用"规划求解"工具，可以避开难懂的理论和计算细节，方便快捷地计算出各种规划问题的最佳解。"规划求解"是对与目标单元格中公式相关联的一组单元格中的数值进行调整，最终在目标单元格中计算出期望的结果。在 Excel 中，一个规划求解问题由以下 3 个部分组成：可变单元格、目标函数、约束条件。

❑ 可变单元格：是实际问题中有待解决的未知因素，一个规划问题中可能有一个变量，也可能有多个变量。在 Excel 的规划求解中，可以有一个可变单元格，也可能有一组可变单元格。可变单元格也称为决策变量，一组决策变量代表一个规划求解方案。

❑ 目标函数：表示规划求解要达到的最终目标。一般来说，目标函数是规划模型中可变量的函数。目标函数是规划求解的关键，可以是线性函数，也可以是非线性函数。

❑ 约束条件：是实现目标的限制条件，与规划求解的结果有着密切的关系，对可变单元格中的值起着直接的限制作用，可以是等式，也可以是不等式。

在 Excel 2013 中，当加载了分析工具后，"数据"选项卡中会显示"分析"功能组，如图 5-32 所示。

图 5-32 加载分析工具后的功能区

在进行规划求解时，首先需要将实际问题数学化、模型化，即将实际问题转化为一组决策变量、一组用等式或不等式表示的约束条件，进而建立数学模型，构成目标函数表示出来，然后应用 Excel 的规划求解工具求解。

【例 5-5】现有某企业生产 A、B、C 三种产品，每生产一个产品 A、B、C 分别可以赚 50 元、70 元和 85 元。生产一个产品 A 需要 2 小时机时，耗费原料 3 千克；生产一个产品 B 需要 3.5 小时机时，耗费原料 2.5 千克；生产一个产品 C 需要 4 小时机时，耗费原料 2 千克。现在每个月能得到的原料为 600 千克，每个月能分配的机时为 650 小时。该公司每个月应该如何分配这三种产品的生产，才能赚取最大的利润？

这个问题是一个典型的非线性规划求解问题。先将其模型化，即根据实际问题确定决策变量，设置约束条件，构造目标函数。

1. 建立规划模型

（1）决策变量。本例中的决策变量为三种产品的生产量，设 A、B、C 三种产品每个月的生产量分别为 x_1、x_2、x_3。

（2）约束条件。

生产工时的约束条件：$2\times x_1+3.5\times x_2+4\times x_3\leqslant 650$。

生产原料的约束条件：$3\times x_1+2.5\times x_2+2\times x_3\leqslant 600$。

（3）确定目标函数。该问题的目标是三种产品的利润加在一起最大化，设利润为 y，则 $y=50\times x_1+70\times x_2+85\times x_3$，即求 y 的最大值问题。

2. 输入规划模型

建立好规划模型后，接着就是把规划模型的有关数据输入到工作表中。

操作步骤

（1）在 Excel 表格中输入与利润有关的参数，如图 5-33 所示。

	A	B	C	D	E
1		利润最大化的规划求解			
2		利润（元）/件	机时/件	原料消费（千克）/件	生产量（件）
3	产品A	50	2	3	
4	产品B	70	3.5	2.5	
5	产品C	85	4	2	
6					

图 5-33　利润的有关参数

（2）建立有关计算公式。在单元格 B9、B10、B11 中分别输入对应的公式，B9 中输入“=C3*E3+C4*E4+C5*E5”，B10 中输入“=D3*E3+D4*E4+D5*E5”，B11 中输入“=B3*E3+B4*E4+B5*E5”，如图 5-34 所示。

	A	B	C	D	E
1		利润最大化的规划求解			
2		利润（元）/件	机时/件	原料消费（千克）/件	生产量（件）
3	产品A	50	2	3	
4	产品B	70	3.5	2.5	
5	产品C	85	4	2	
6					
7	机时限额（时）	650			
8	原料限额（公斤）	600			
9	实际使用机时数	=C3*E3+C4*E4+C5*E5			
10	实际使用原料	=D3*E3+D4*E4+D5*E5			
11	总利润	=B3*E3+B4*E4+B5*E5			
12					

图 5-34　规划求解模型

3. 规划求解

创建好规划求解模型后，接下来正式开始求解，操作步骤如下。

（1）在“数据”选项卡的“分析”功能区中，单击“规划求解”按钮，弹出“规划求解参数”对话框。

（2）设置目标函数。在“设置目标”文本框中输入“$B$11”，并选择“最大值”单选按钮。

（3）设置决策变量。指定“通过更改可变单元格”为决策变量所在的单元格区域，输入“$E$3:$E$5”，如图 5-35 所示。

（4）添加生产约束条件。即对生产机时数和消耗原料数的限制。单击"添加"按钮，分别将 E3、E4、E5 设置为整数，如图 5-36 所示；再分别设置"$B$9<=$B$7""$B$10<=$B$8"，如图 5-37 所示。

图 5-36　添加约束条件为整数

图 5-37　添加约束条件范围

图 5-35　"规划求解参数"对话框

（5）单击"确定"按钮后，如图 5-38 所示。

（6）约束条件设置完成后，单击"求解"按钮，弹出"规划求解结果"对话框，如图 5-39 所示。

图 5-38　添加约束条件后的"规划求解参数"对话框

图 5-39　"规划求解结果"对话框

（7）在"规划求解结果"对话框中，单击"确定"按钮，即可计算出最优解，如图 5-40 所示。

	A	B	C	D	E
1	利润最大化的规划求解				
2		利润(元)/件	机时/件	原料消费(千克)/件	生产量(件)
3	产品A	50	2	3	137
4	产品B	70	3.5	2.5	0
5	产品C	85	4	2	94
6					
7	机时限额(时)	650			
8	原料限额(公斤)	600			
9	实际使用机时数	650			
10	实际使用原料	599			
11	总利润	14840			
12					

图 5-40　计算出的规划求解结果

4. 生成规划求解的结果报告

规划求解不但可以在原工作表中保存求解结果，还可以将求解的结果制作成报告，使结果更加直观。

如果在“规划求解结果”对话框中，先单击“运算结果报告”选项，然后再单击“确定”按钮，系统会自动在当前工作簿中插入一个“运算结果报告 1”工作表，在该工作表中显示运算结果报告。在该报告中可以看到目标单元格的最优值，可变单元格的取值及约束条件情况，如图 5-41 所示。至此，一个完整的规划求解过程就完成了。

K16

	A	B	C	D	E	F	G
1	Microsoft Excel 15.0 运算结果报告						
2	工作表：[项目4工作簿.xlsx]规划求解1						
3	报告的建立：2018/7/23 22:10:17						
4	结果：规划求解找到一解，可满足所有的约束及最优状况。						
5	规划求解引擎						
6		引擎：非线性 GRG					
7		求解时间：.047 秒。					
8		迭代次数：3 子问题：2					
9	规划求解选项						
10		最大时间 无限制，　迭代 无限制，Precision 0.000001					
11		收敛 0.0001，总体大小 100，随机种子 0，中心派生					
12		最大子问题数目 无限制，最大整数解数目 无限制，整数允许误差 1%，假设为非负数					
13							
14	目标单元格（最大值）						
15		单元格	名称	初值	终值		
16		$B$11	总利润 利润(元)/件	14840	14840		
17							
18							
19	可变单元格						
20		单元格	名称	初值	终值	整数	
21		$E$3	产品A 生产量（件）	137	137	整数	
22		$E$4	产品B 生产量（件）	0	0	整数	
23		$E$5	产品C 生产量（件）	94	94	整数	
24							
25							
26	约束						
27		单元格	名称	单元格值	公式	状态	型数值
28		$B$10	实际使用原料 利润(元)/件	599	$B$10<=$B$8	未到限制值	1
29		$B$9	实际使用机时数 利润(元)/件	650	$B$9<=$B$7	到达限制值	0
30		$E$3=整数					
31		$E$4=整数					
32		$E$5=整数					
33							

… 单变量求解 | 方案分析 | 运算结果报告 1 | ∮ …

图 5-41　运算结果报告

5.3.5 数据分析工具库

"分析工具库"是一个外部宏（程序）模块，它专门为用户提供一些高级统计函数和实用的数据分析工具。利用数据分析工具库，能够构造反映数据分布的直方图；能够从数据集合中随机抽样，获得样本的统计测度；能够进行时间数列分析和回归分析；能够对数据进行傅里叶变换和其他变换等。分析工具库内置了 19 个模块，可以分为以下几大类，如表 5-1 所示。

表 5-1　分析工具库功能列表

分　类	工　具　模　块
抽样设计	随机数发生器
	抽样
数据整理	直方图
参数估计	描述统计
	排位与百分比排位
假设检验	z-检验：双样本平均差检验
	t-检验：平均值的成对二样本分析
	t-检验：双样本等方差假设
	t-检验：双样本异方差假设
	F-检验：双样本方差
方差分析	方差分析：单因素方差分析
	方差分析：无重复双因素方差分析
	方差分析：可重复双因素方差分析
相关与回归分析	相关系数
	协方差
	回归
时间序列预测	移动平均
	指数平滑
	傅里叶分析

1. 加载"分析工具库"

（1）在"文件"菜单中选择"选项"命令，在弹出的"Excel 选项"对话框中，单击"加载项"选项。

（2）在"加载项"列表框中，选择"分析工具库"选项，如图 5-42 所示。

（3）单击"转到"按钮，出现"加载宏"对话框，如图 5-43 所示。

（4）在"可用加载宏"列表框中，勾选"分析工具库"复选框，单击"确定"按钮，完成"加载数据分析"功能。

注意：若要包括 Visual Basic 的应用程序（VBA）函数，用于分析工具库，可以在"分析工具库 - VBA"加载项加载，与加载"分析工具库"的方式相同，在"可用加载宏"列表框中，勾选"分析工具库-VBA"复选框即可。

图 5-42 "Excel 选项"对话框

图 5-43 "加载宏"对话框

下面介绍几种常用的分析工具。

1. 方差分析工具

"方差分析"是一种统计检验,用以判断两个或者更多的样品是否是从同样的总体中抽取的。使用分析工具库中的方差分析工具,可以执行以下三种类型的方差分析。

(1)单因素:单向方差分析,每组数据只有一个样品。

(2)可重复双因素:双向方差分析,每组数据有多个样品。

(3)无重复双因素:双向方差分析,每组数据有一个样品。

下面举例说明单因素方差分析工具的使用。

【例 5-6】设有三个车间,以不同的工艺生产同一种产品。为考察不同工艺对产品的产量是否有显著的影响,今对每个车间各记录 5 天的日产量。分析不同的工艺对各车间的产量有无显著性差异。

操作步骤

(1)打开一个 Excel 工作表,将样本观测值输入到单元格 A1:C5 中,如图 5-44 所示。

	A	B	C	D
1	68	60	47	
2	74	59	51	
3	66	62	55	
4	69	55	41	
5	61	64	49	

图 5-44 三种工艺的样本观测值

(2)在"数据"选项卡的"分析"功能区中,单击"数据分析"命令按钮,在弹出的"数据分析"对话框的"分析工具"列表中选择"方差分析:单因素方差分析",如图 5-45 所示。

（3）单击"确定"按钮，弹出"方差分析：单因素方差分析"对话框。其中，在"输入区域"文本框内输入"$A$1:$C$5"；勾选"标志位于第一行"复选框；α代表检验的统计置信水平，在"α(A)"文本框内输入临界值"0.05"；勾选"输出区域"单选按钮，在其右侧文本框中输入"$A$10"，表示输出结果将放置于 A10 右下方的单元格中，如图 5-46 所示。

图 5-45 "数据分析"对话框   图 5-46 "方差分析：单因素方差分析"对话框

（4）单击"确定"按钮，得到方差分析结果，如图 5-47 所示。

图 5-47 单因素方差分析计算结果

方差分析的结果包括：每个样品的平均数和方差、F 值、F 的临界值和 F 的有效值（P 值）。结果分析如下：

①临界值法。F=13.04184，远大于 F 的临界值 F crit=4.256495，所以在显著性水平 0.05 下拒绝原假设，认为这三种工艺对产品的产量有显著影响。

②P 值法。α=0.05，远大于此检验问题的 P 值 0.002193，故拒绝原假设，且差异是非常显著的，即在实际工作中，认为三车间由于工艺的不同，产量有显著性差别。

2. 直方图工具

直方图工具对制作数据分布和直方图表非常有用，它能够快速地统计出如某学校某次考试的分数在各个区间的人数等。

【**例 5-7**】某公司有员工 99 人，利用直方图快速地统计出该公司员工工资在各个区间的人数。

操作步骤

（1）创建员工工资数据表，在 A2:E100 单元格区域中输入相应信息，如图 5-48 所示。

（2）在 G2:G7 单元格区域中输入分段点数值。在"数据"选项卡的"分析"功能区中，单击"数据分析"命令按钮，弹出"数据分析"对话框，在"分析工具"列表中，选择"直方图"选项，如图 5-45 所示。

（3）单击"确定"按钮，弹出"直方图"对话框。在"输入区域"文本框中输入"$E$2:$E$100"，在"接收区域"文本框中输入"$G$2:$G$7"，依次勾选"新工作表组"单选按钮和"图表输出"复选框，如图 5-49 所示。

图 5-48　员工工资数据表部分数据　　　　图 5-49　"直方图"对话框

（4）单击"确定"按钮，创建的员工工资直方图出现在新的工作表中，如图 5-50 所示。

（5）修饰直方图，修改坐标轴标题。选中直方图中的"频率"文本，将其删除后输入"员工人数"；选中"接收"文本，将其删除后输入"工资区间（单位：元）"。

（6）选择直方图中的纵坐标，右击，在弹出的快捷菜单中选择"设置坐标轴格式"命令，在打开的对话框中设置参数如图 5-51 所示。

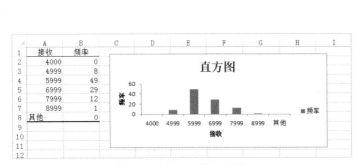

图 5-50　员工工资直方图　　　　图 5-51　设置坐标轴格式

（7）设置图表网格线、图例和显示数字等。切换到"图表工具"选项卡，在"图表布局"功能区中，单击"添加图表元素"命令按钮，选择"网格线"下面的"主轴主要垂直网格线"。选择"数据标签"下的"数据标签外"选项，"图例"选择"无"。直方图美化效果如图 5-52 所示。

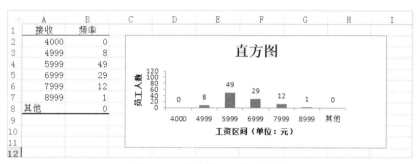

图 5-52　美化员工工资直方图

3. 抽样工具

现需要统计出一个规模很大的公司的员工性别比例或年龄构成，由于人员众多，把每一位员工的相关信息都纳入统计，操作烦琐且没有必要。一般都是通过抽取一部分员工作为样本来进行统计工作的。

【例 5-8】在一个拥有 99 名员工的公司中随机抽取 10 名员工进行抽样调查统计，以得到整个公司员工的性别构成。

操作步骤

（1）创建员工基本信息数据表，在 A2:C100 单元格区域中输入相关信息。为了便于统计，将性别"男"和"女"分别用数字 1 和 2 进行指代。

（2）在 D1 单元格中输入"性别指代数字"，在单元格 D2 中输入函数"=IF(C2="男",1,2)"，在 E1 单元格输入文本"抽样"，如图 5-53 所示。

	A	B	C	D	E
1	工号	姓名	性别	性别指代数字	抽样
2	11001	程小琳	女	=IF(C2="男",1,2)	
3	11002	崔柯	女		
4	11003	刘上奎	女		
5	11004	杜君娟	男		
6	11005	马涛	男		
7	11006	张亚丽	女		
8	11007	朱瑞	女		
9	11008	王国祥	女		
10	11009	张聪	女		
11	12001	焦芳	男		
12	12002	李彩霞	男		

图 5-53　员工基本信息数据表

（3）将光标放在 D2 单元格右下角并按住鼠标左键向下拖曳至最后一个员工的单元格位置时释放，将所有员工的性别进行指代。选中 E2:E11 单元格区域，在"数据"选项卡的"分析"功能区中，单击"数据分析"命令按钮，弹出"数据分析"对话框，在"分析工具"列表中，选择"抽样"选项，单击"确定"按钮，弹出"抽样"对话框。

（4）在"抽样"对话框的"输入区域"文本框中输入"$D$2:$D$100"，抽样方法选择

"随机"，在"样本数"文本框中输入"10"，在"输出区域"文本框中输入"$E$2:$E$11"，如图 5-54 所示。

（5）单击"确定"按钮，抽样结果如图 5-55 所示。可以重复多次抽样，综合多次抽样结果，可以了解公司员工的性别构成。从本次抽样结果来看，男女比例基本平衡。

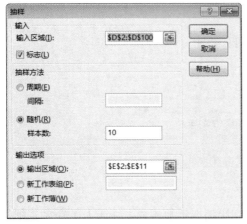

图 5-54 "抽样"对话框

	A	B	C	D	E	F
1	工号	姓名	性别	性别指代数字	抽样	
2	11001	程小琳	女	2	2	
3	11002	崔柯	女	2	1	
4	11003	刘上奎	女	2	2	
5	11004	杜君娟	男	1	1	
6	11005	马涛	男	1	2	
7	11006	张亚丽	女	2	1	
8	11007	朱瑞	女	2	1	
9	11008	王国祥	女	2	1	
10	11009	张聪	女	2	2	
11	12001	焦芳	男	1	1	
12	12002	李彩霞	男	1		
13	12003	徐云阁	男	1		

图 5-55 抽样结果

4．回归分析工具

在现实生活中，很多现象之间是有联系的，例如，在市场经济环境下，商品的销售量与商品的价格、质量、广告投入、消费者的收入水平等因素有关；在生产活动中，粮食的产量与施肥量、气候环境、降雨量等有关。回归分析是对具有因果关系的影响因素（自变量）和预测对象（因变量）所进行的数理统计分析处理，是在掌握大量观察数据的基础上，建立一个或多个变量（自变量）与另一个变量（因变量）的定量关系式，称作回归方程。

只有当自变量与因变量确实存在某种关系时，建立的回归方程才有意义。因此，作为自变量的因素与作为因变量的预测对象是否有关，相关程度如何，以及判断这种相关程度的把握性多大，就成为进行回归分析必须要解决的问题。

常用的回归方程根据自变量的多少分为一元回归和多元回归，根据模型中变量之间的变动关系可以分为线性回归和非线性回归，通常线性回归分析法是最基本的分析方法。遇到非线性回归问题，可以借助于数学手段转化为线性回归问题处理。回归方程一般表示为：$Y=a+b_1x_1+b_2x_2+\cdots+b_nx_n$，其中 Y 是因变量，x_1、x_2、$\cdots$是自变量。当 $n=1$ 时称为一元回归分析，$n>1$ 时称为多元回归分析。在 Excel 中，运用回归工具即可以快捷地完成回归分析预测的运算。

【例 5-9】近年来移动互联网市场发展迅速，对移动互联网市场交易规模的预测比较常见。移动互联交易依赖于移动互联终端，所以移动互联网的交易规模必然和移动终端的销售量有很大关系。现有某移动终端销售公司在 2008～2017 年的移动终端销售量和移动互联网交易规模的历史记录，要求预测 2018 年的移动互联网交易规模。

本例可用一元回归分析来求解。

设定变量：y=移动互联网交易规模，x=移动终端销售量。方程为 y=ax+b。通过线性回归分析确定 a 和 b 的值，从而确定方程。

操作步骤

（1）建立数据模型。将统计数据输入 Excel 数据表中，如图 5-56 所示。

（2）在"数据"选项卡的"分析"功能区中，单击"数据分析"命令按钮，弹出"数据分析"对话框，在对话框的"分析工具"列表中选择"回归"选项，单击"确定"按钮，弹出"回归"对话框。

（3）在"回归"对话框中按如图 5-57 所示进行参数设置。

	A	B	C	D
1	年份	移动终端销售量（万台）	移动互联网交易规模（亿元）	
2	2008	1516	51.3	
3	2009	1578	57.1	
4	2010	1682	66.1	
5	2011	2236	78.5	
6	2012	2697	99.3	
7	2013	3127	116.7	
8	2014	3226	142.1	
9	2015	3798	168.1	
10	2016	4632	187.6	
11	2017	5694	204.2	

图 5-56　输入统计数据　　　　　　　图 5-57　"回归"对话框中各参数设置

（4）单击"确定"按钮，分析的结果如图 5-58 和图 5-59 所示。

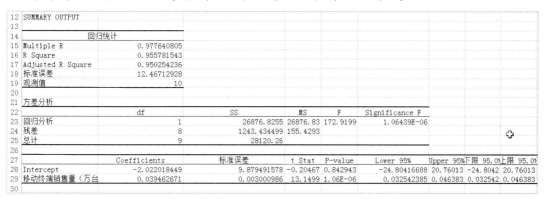

12	SUMMARY OUTPUT					
13						
14		回归统计				
15	Multiple R	0.977640805				
16	R Square	0.955781543				
17	Adjusted R Square	0.950254236				
18	标准误差	12.46712928				
19	观测值	10				
20						
21	方差分析					
22		df	SS	MS	F	Significance F
23	回归分析	1	26876.8255	26876.83	172.9199	1.06439E-06
24	残差	8	1243.434499	155.4293		
25	总计	9	28120.26			
26						
27		Coefficients	标准误差	t Stat	P-value	Lower 95% Upper 95%下限 95.0%上限 95.0%
28	Intercept	-2.022018449	9.879491578	-0.20467	0.842943	-24.80416688 20.76013 -24.8042 20.76013
29	移动终端销售量（万台	0.039462671	0.003000986	13.1499	1.06E-06	0.032542385 0.046383 0.032542 0.046383
30						

图 5-58　回归分析结果

图 5-59　回归分析图形结果

由回归分析结果可见，在回归方程 $y=ax+b$ 中，$a=0.039462671$，$b=-2.022018449$，即回归方程为 $y=0.039462671-2.022018499$。

在本例中，判定系数为 0.955781543（单元格 A16 的值），表明移动终端的销售量与移动互联网的交易规模间存在很大的相关性。

假设 2018 年的移动终端销售量是 6278 万台，则根据回归方程，可预测到 2018 年的移动互联网交易规模为 $y=0.039462671×6278-2.022018449$，即 245.725 亿元。

5. 移动平均工具

移动平均法是根据时间序列资料逐项推移，依次计算包含一定项数的平均值，对时间序列数据做简单平滑处理，从而预测现象的长期趋势。

移动平均法包含简单移动平均和加权移动平均。在简单移动平均法中，计算移动平均数时每个观测值都用相同的权数。而在加权移动平均法中，需要对每个数值选择不同的权数，然后计算最近 n 个时期数值的加权平均数作为预测值。在大多数情况下，最近时间的观测值更重要，应取得最大的权数，较远时间的权数应依次递减。在进行加权平均预测时，通常先对数据进行加权处理，然后再调用分析工具进行计算。

简单移动平均的计算公式如下。

假设有一个时间序列 x_1、x_2、$\cdots$、x_i，按数据点的顺序逐点推移求出 N 个数的平均数，即可得到移动平均数：

$$M_i = \frac{y_i + y_{i-1} + ... + y_{i-(N-1)}}{N} = M_{i-1} + \frac{y_i - y_{i-N}}{N}, i \geqslant N$$

式中，M_i 为第 i 个周期的移动平均数，y_i 为第 i 个周期的观测值，N 为移动平均的项数，即求每一个移动平均数使用的观察值的个数。该公式表明，当 i 向前移动一个周期，就增加一个近期数据，去掉一个远期数据，得到一个新的平均数。由于它逐期向前移动，所以称为移动平均法。由于移动平均可以平滑数据，消除周期变动和不规则变动的影响，使得长期趋势能够显示出来，因而可以用于预测。其预测公式为：

$$y_{i+1} = M_i$$

即以第 i 周期的移动平均数作为第 $i+1$ 周期的预测值。

移动平均分析工具及其公式可以基于特定的过去某段时期中变量的均值，对未来值进行预测。

【例 5-10】某品牌内衣公司从 2015 年开始在线上销售，现需要根据近 40 个月的历史销售数据来预测 2018 年 5 月的销售额。

🐟 **操作步骤**

（1）建立数据模型。将统计数据输入 Excel 数据表中，如图 5-60 所示。

（2）在"数据"选项卡的"分析"功能区中，单击"数据分析"命令按钮，打开"数据分析"对话框。

（3）在"分析工具"列表中选择"移动平均"选项，单击"确定"按钮，弹出"移动平均"对话框，如图 5-61 所示。

	A	B	C
1	销售月份	销售额（万元）	
2	201501	11.3	
3	201502	20.4	
4	201503	12.1	
5	201504	17.4	
6	201505	10.8	
7	201506	16.6	
8	201507	15.6	
9	201508	11.1	
10	201509	13.8	
11	201510	18.5	
12	201511	14.7	
13	201512	40.9	
14	201601	31.6	
15	201602	21.7	

图 5-60　某品牌内衣近 40 个月的销售数据

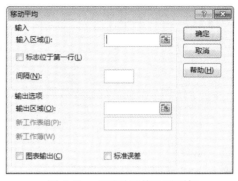

图 5-61　"移动平均"对话框

（4）设置相关参数。

"输入区域"：输入 "\$B\$1:\$B\$41"。

"标志位于第一行"复选框：数据源中包含了单元格 B1 的文本内容，本例勾选此项。

"间隔"：移动平均的项数，本例中设置为 "3"。

"输出区域"：输入 "\$C\$2"。

"图表输出"复选框：勾选此项，将会自动绘制"折线图"，本例勾选此项。

"标准误差"复选框：若勾选此项，将计算并保留标准误差数据，可以在此基础上进一步进行分析。本例勾选此项。设置完成后，如图 5-62 所示。

（5）单击"确定"按钮，生成结果如图 5-63 所示。

图 5-62　"移动平均"参数设置

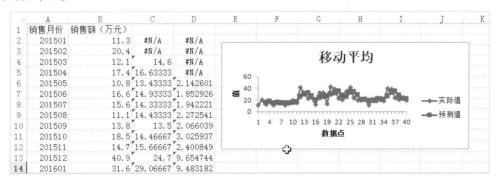

图 5-63　移动平均的输出结果

C 列显示的是移动平均值，D 列显示的是标准误差。因为其移动平均的项数为 3，计算公式中没有可用的数据，所以 C2:C3 和 D2:D5 单元格显示的是 "#N/A"。

（6）由于 i+1 期的预测值就等于 i 期的移动平均值，2018 年 5 月份的销售额即为 2018

年 4 月份的移动平均值。从输出的结果可以预测出 2018 年 5 月份的销售额约为 20.633 万元，如图 5-64 所示。

	A	B	C	D	E
34	201709	19.8	21.33333	3.244654	
35	201710	17.6	20.03333	3.002776	
36	201711	39.7	25.7	8.251711	
37	201712	38.5	31.93333	9.03774	
38	201801	23.4	33.86667	10.78073	
39	201802	19.8	27.23333	8.325196	
40	201803	23.2	22.13333	7.437368	
41	201804	18.9	20.63333	4.449594	
42					

图 5-64　预测结果

6. z-检验工具

在 Excel 中，假设检验工具主要有以下几个。

F-检验：双样本方差检验，检验两个正态随机变量的总体方差是否相等的假设检验。

t-检验：平均值的成对二样本分析，是指在总体方差已知的条件下两个样本均值之差的检验。

t-检验：双样本等方差假设，是指总体方差未知，但假定其在相等的条件下进行的检验。

t-检验：双样本异方差假设，是指总体方差未知，但假定其在不等的条件下进行的检验。

z-检验：双样本平均差检验，是指配对样本的 t-检验。

用 Excel 假设检验工具进行假设检验的方法类似，下面介绍 z-检验。

【例 5-11】 某生产企业现有两种产品工艺可供选择，拟对这两种工艺生产产品所需时间（分钟）进行测试，随机抽取 10 个工人，让他们分别采用两种工艺生产同一种产品，统计采用工艺 A 所需时间和采用工艺 B 所需时间。假设生产产品的时间服从正态分布，以 $\alpha=0.05$ 的显著性水平比较两种工艺的差别是否大。

操作步骤

（1）建立数据模型，把相应的数据输入到数据表，如图 5-65 所示。

（2）在"数据"选项卡的"分析"功能区中，单击"数据分析"按钮，打开"数据分析"对话框。

（3）在"分析工具"列表中，选择"z-检验：双样本平均差检验"选项，单击"确定"按钮，弹出"z-检验：双样本平均差检验"对话框，按如图 5-66 所示输入参数。

	A	B	C
1	工艺A（分钟）	工艺B（分钟）	
2	73	70.9	
3	70	69.5	
4	73	74	
5	71.5	69.5	
6	70.3	71.2	
7	69.4	69	
8	71.2	72	
9	70	69	
10	72	70	
11	71.9	73	
12			

图 5-65　两种工艺生产同种产品所需时间的数据

（4）单击"确定"按钮，得到输出结果，如图 5-67 所示。

在输出结果中，可以根据 P 值进行判断，也可以根据统计量和临界值比较进行判断。在本例中采用单尾检验，其单尾 P 值为 0.319329604，大于给定的显著性水平 0.05，所以应该接受原假设，即工艺 A 和工艺 B 无显著差别；用临界值判断，其 z 的值为 0.469574275，

小于 z 的单尾临界值 1.644853627，根据右尾检验，也可接受原假设，即两种工艺无显著差别。

C	D	E	F
z-检验：双样本均值分析			
	工艺A（分钟）	工艺B（分钟）	
平均	71.23	70.81	
已知协方差	4	4	
观测值	10	10	
假设平均差	0		
z	0.469574275		
P(Z<=z) 单尾	0.319329604		
z 单尾临界	1.644853627		
P(Z<=z) 双尾	0.638659207		
z 双尾临界	1.959963985		

图 5-66 "z-检验：双样本平均差检验"对话框及参数设置　　图 5-67　双样本平均差检验分析结果

5.4 实战训练

5.4.1 GT 公司职工培训费用与效益的相关性分析

GT 公司比较注重职工的职业素养，每月都开展职业培训，以提高员工的整体素质和工作效率。有人提出质疑，真的就是投入培训的花费越高，公司的效益就越高吗？针对此疑问，该公司委托统计部门进行这两者之间的相关性分析。

	A	B	C	D
1	月份	培训费用（万元）	公司效益（万元）	
2	1	¥15	¥350	
3	2	¥18	¥380	
4	3	¥12	¥330	
5	4	¥14	¥345	
6	5	¥13	¥340	
7	6	¥16	¥360	
8	7	¥17	¥365	
9	8	¥15	¥360	
10	9	¥13	¥330	
11	10	¥12	¥340	
12	11	¥15	¥350	
13	12	¥14	¥350	
14				

任务一：计算职工培训费用与效益两者之间的相关系数

如图 5-68 所示，本表中显示了该公司的各月用于培训的费用和公司对应月份的运营效益。由统计学知识可知，系数越接近于 1，说明这两者之间存在着良好的正相关性。

图 5-68　各月培训花费和公司效益数据表

操作步骤

（1）在"数据"选项卡的"分析"功能区中，单击"数据分析"命令按钮，打开"数据分析"对话框。

（2）在"分析工具"列表中选择"相关系数"选项，单击"确定"按钮，弹出"相关系数"对话框，如图 5-69 所示。

（3）设置对话框里的参数。在"输入区域"文本框中，指定单元格区域 B1:C13。"分组方式"选择"逐列"，并勾选"标志位于第一行"复选框。在"输出选项"里，选择"输出区域"单选按钮，并指定输入单元格 E3。单击"确定"按钮，运算结果如图 5-70 所示。

图 5-69 "相关系数"对话框

图 5-70 相关系数运算结果

任务二：分析相关性

上面运算求得的相关系数 $r=0.941409606$，接近 1，由此可以得出结论，花费在职工培训上的费用越高，公司收回的运营效益也会越高。

5.4.2 不同性别学生成绩的双样本分析

一般认为男女生学习成绩存在着差异。为了验证这一观点，现从同一个年级学习相同科目的三个班，分别随机抽取 3 名男生和 3 名女生的成绩，首先按照性别排序，将相同性别的学生成绩排列在一起，如图 5-71 所示。该问题应当使用 t-检验双样本分析处理。

	A	B	C	D	E
1	班级	姓名	性别	成绩	
2	一班	关天胜	男	90	
3	一班	刘长辉	男	82	
4	一班	张哲宇	男	81	
5	二班	方文成	男	88	
6	二班	陈祥通	男	85	
7	二班	郝晨阳	男	67	
8	三班	苏三强	男	91	
9	三班	张雄杰	男	83	
10	三班	钱飞虎	男	45	
11	一班	刘露露	女	62	
12	一班	李雅洁	女	89	
13	一班	邹佳楠	女	77	
14	二班	钱多多	女	86	
15	二班	欧阳兰	女	78	
16	二班	谢丽秋	女	65	
17	三班	杜如兰	女	64	
18	三班	齐小娟	女	68	
19	三班	杜丽丽	女	90	
20					

图 5-71 男女生成绩数据

任务一：进行"F-检验 双样本方差"检验

因为不知道不同性别学生成绩的方差是否相等，所以在进行 t-检验之前要先进行"F-检验 双样本方差"检验。

🔖 操作步骤

（1）在"数据"选项卡的"分析"功能区中，单击"数据分析"命令按钮，打开"数据分析"对话框。

（2）在"分析工具"列表中选择"F-检验 双样本方差"选项，单击"确定"按钮，弹出"F-检验 双样本方差"对话框，如图 5-72 所示。

（3）指定输入数据的有关参数。

变量 1 的区域：指定性别为男的学生成绩所在的单元格区域 D2:D10。

变量 2 的区域：指定性别为女的学生成绩所在的单元格区域 D11:D19。

"标志"复选框：本例指定的数据区域未包含标志行，所以不勾选该复选框。

"α(A)"值：根据需要指定显著性水平。为了使用双边检验，本例中 α 的值设置为"0.025"。

（4）指定输出的有关选项。

输出区域：本例设置为将结果输出到"输出区域"，并指定输出区域的左上角单元格地址 E1。

（5）设置完毕后，单击"确定"按钮，"F-检验 双样本方差"分析的结果如图 5-73 所示。

	A	B	C	D	E	F	G	H
1	班级	姓名	性别	成绩	F-检验 双样本方差分析			
2	一班	关天胜	男	90				
3	一班	刘长辉	男	82		变量 1	变量 2	
4	一班	张哲宇	男	81	平均	79.11111	75.44444	
5	二班	方文成	男	88	方差	213.8611	124.0278	
6	二班	陈祥通	男	85	观测值	9	9	
7	二班	郝晨阳	男	67	df	8	8	
8	三班	苏三强	男	91	F	1.7243		
9	三班	张雄杰	男	83	P(F<=f) 单尾	0.228906		
10	三班	钱飞虎	男	45	F 单尾临界	4.43326		
11	一班	刘霏霏	女	62				
12	一班	李雅洁	女	89				
13	一班	邹佳楠	女	77				
14	二班	钱多多	女	86				
15	二班	欧阳兰	女	78				
16	二班	谢丽秋	女	65				
17	三班	杜如兰	女	64				
18	三班	齐小娟	女	68				
19	三班	杜丽丽	女	90				
20								

图 5-72 "F-检验 双样本方差"对话框　　　　图 5-73 F-检验结果

任务二：对 F-检验结果的分析

从图 5-73 可以看出，概率 $P(F<=f)$ 单尾的值为 0.228906，大于 0.05，也就是说不能拒绝原假设，即认为男女学生成绩的方差没有显著的差异，所以应使用"t-检验 双样本等方差假设"工具分析男女学生成绩的均值是否存在着差异。

任务三：利用"t-检验 双样本等方差假设"工具，分析男女学生成绩的均值是否存在差异

操作步骤

（1）在"数据"选项卡的"分析"功能区中，单击"数据分析"命令按钮，打开"数据分析"对话框。

（2）在"分析工具"列表中选择"t-检验 双样本等方差假设"选项，单击"确定"按钮，弹出"t-检验：双样本等方差假设"对话框，如图 5-74 所示。

（3）指定输入数据数据的有关参数。

变量 1 的区域：指定性别为男的学生成绩所在的单元格区域 D2:D10。

变量 2 的区域：指定性别为女的学生成绩所在的单元格区域 D2:D19。

假设平均差：设置为"0"。

"标志"复选框：本例指定的数据区域未包含标志行，所以不勾选该复选框。

"$\alpha(A)$"值：根据需要指定显著性水平。本例中 α 的值设置为"0.05"。

（4）指定输出的有关选项。

输出区域：本例设置为将结果输出到"输出区域"，并指定输出区域的左上角单元格地址 J1。

（5）单击"确定"按钮，出现如图 5-75 所示的结果。

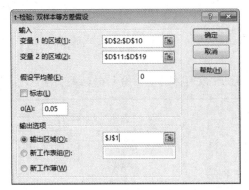

t-检验: 双样本等方差假设			
	变量 1	变量 2	
平均	79.11111	75.44444	
方差	213.8611	124.0278	
观测值	9	9	
合并方差	168.9444		
假设平均差	0		
df	16		
t Stat	0.598419		
P(T<=t) 单尾	0.278969		
t 单尾临界	1.745884		
P(T<=t) 双尾	0.557937		
t 双尾临界	2.119905		

图 5-74 "t-检验: 双样本等方差假设"对话框   图 5-75 t-检验: 双样本等方差假设结果

任务四：对"t-检验 双样本等方差假设"结果的分析

从图 5-75 的检验结果可以看出，概率 $P(T<=t)$双尾的值为 0.557937，大于 0.05。也就是说不能拒绝原假设，即根据这次抽取的 18 名学生的成绩不能证明男女生的学习成绩有显著的差异。

项目6

灵活高效的宏与VBA

6.1 项目展示：学生成绩管理系统主界面

学生成绩管理系统主界面是学生成绩管理系统的重要组成部分，它是学生成绩管理系统各功能的入口。本界面的设计包括学生基本信息管理、学生成绩管理、学生成绩查询、学生考勤管理、试卷分析报告和退出系统六大功能，本项目着重介绍其中四项功能的实现。在设计过程中充分利用 Excel 提供的宏、VBA、表单等，完成对"学生成绩管理系统主界面"的功能实现，为用户提供便捷的操作，大大提高工作效率。"学生成绩管理系统主界面"设计效果如图 6-1 所示。

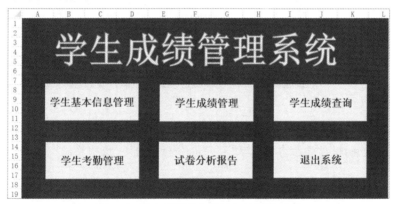

图 6-1 学生成绩管理系统主界面效果图

6.2 项目制作

任务一：制作"学生成绩管理系统主界面"

操作步骤

（1）新建工作簿，并命名为"学生成绩管理系统主界面"。

（2）插入背景图。在"页面布局"选项卡的"页面设置"功能区中，单击"背景"命令按钮，在弹出的"插入图片"对话框中，单击"从文件"选项，选择"背景图.jpg"，然后单击"插入"按钮。在"视图"选项卡的"显示"功能区中，取消勾选"网格线"复选框。

（3）主界面标题设计。在"插入"选项卡的"文本"功能区中，单击"艺术字"命令按钮，弹出文字编辑框，如图 6-2 所示。

请在此放置您的文字

图 6-2 文字编辑框

（4）在文字编辑框中输入文字"学生成绩管理系统"，适当调整文本的大小、位置等。

（5）主界面"学生基本信息管理"按钮设计。在"开发工具"选项卡的"控件"功能区中，单击"插入"命令按钮，在弹出的"表单控件"列表中单击"按钮（窗体控件）"按钮，如图 6-3 所示，在表格里绘制命令按钮。

（6）右击该命令按钮，在弹出的快捷菜单中选择"编辑文字"命令，并输入文字"学生基本信息管理"，适当调整文字的格式和按钮的位置，效果如图 6-4 所示。

图 6-3 表单控件 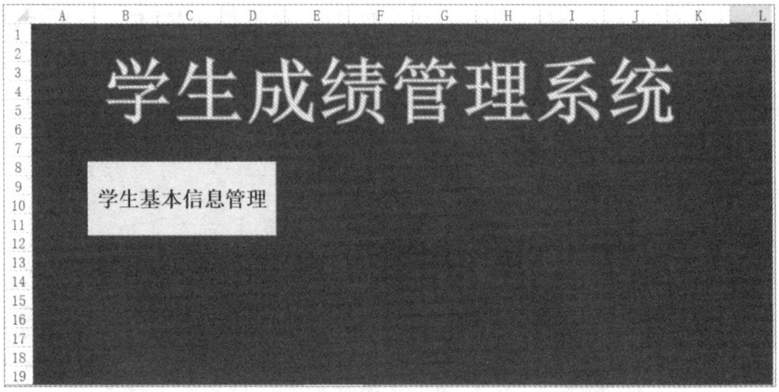　　　　　　　　　图 6-4 主界面"学生基本信息管理"按钮

（7）主界面所有按钮设计。按照第（5）、第（6）步的操作方法，分别设计"学生成绩管理""学生成绩查询""学生考勤管理""试卷分析报告""退出系统"按钮，效果如图 6-5 所示。

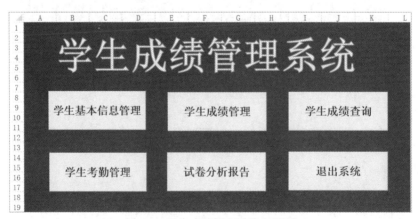

图 6-5 学生成绩管理系统主界面

任务二：录制宏和运行宏

操作步骤

（1）录制宏。在"开发工具"选项卡的"代码"功能区中，单击"录制宏"命令按钮，在弹出的"录制宏"对话框中，输入宏名"宏_学生基本信息管理"，单击"确定"按钮，如图6-6所示。接下来打开"学生基本信息表.xlsx"，这一操作将被记录下来，然后单击"停止录制"按钮，完成"宏_学生基本信息管理"宏的录制。

（2）指定宏。右击"学生基本信息管理"按钮，在弹出的快捷菜单中，选择"指定宏"命令，打开"指定宏"对话框，如图6-7所示。在该对话框中选择"宏_学生基本信息管理"选项，单击"确定"按钮。

图6-6 "录制宏"对话框

图6-7 "指定宏"对话框

（3）运行宏。单击"学生基本信息管理"按钮，开始执行"宏_学生基本信息管理"宏，自动打开"学生基本信息表.xlsx"，效果如图6-8所示。

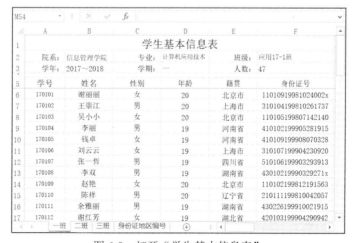

图6-8 打开"学生基本信息表"

任务三：创建和设计窗体

操作步骤

（1）创建"选择班级和课程"窗体。在"开发工具"选项卡的"代码"功能区中，单击"Visual Basic"命令按钮，打开 Visual Basic 编辑器。在 Visual Basic 编辑器中，单击 图标，在弹出的快捷菜单中，选择"用户窗体"命令，弹出的界面如图 6-9 所示。

（2）在"选择班级和课程"窗体里添加控件。在工具箱里分别选择 **A** 标签控件， 复选框控件和 按钮控件，在用户窗体里分别创建 Label1、Label2、ComboBox1、ComboBox2、CommandButton1、CommandButton2 控件，如图 6-10 所示。

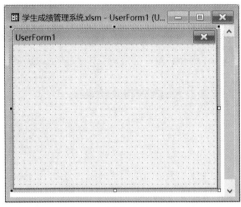

图 6-9　创建窗体界面

图 6-10　添加控件界面

（3）设置窗体和控件属性。选中"选择班级和课程"窗体，在"属性"窗口的"Caption"属性中输入"选择班级和课程"，如图 6-11 所示。

然后设置 Label1、Label2、CommandButton1、CommandButton2 的"Caption"属性分别为"班级："课程:""确定""取消"，效果如图 6-12 所示。

图 6-11　"属性"窗口

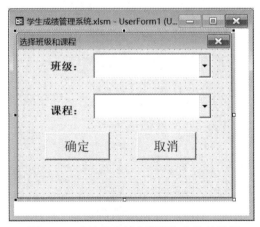

图 6-12　"选择班级和课程"窗体效果图

（4）编写 VBA 代码。双击窗体中的"确定"按钮，打开代码窗口，输入 VBA 代码，如图 6-13 所示。

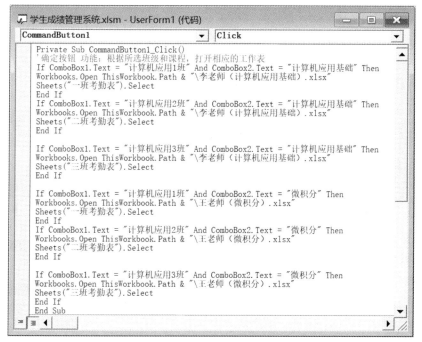

图 6-13 "确定"按钮的 VBA 代码

在代码窗口的 Initialize 事件中，输入如图 6-14 所示的代码，实现班级和课程选项的初始化。

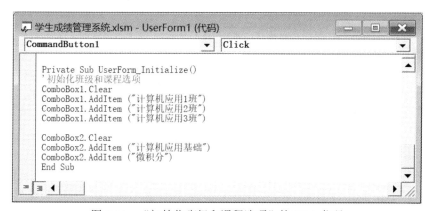

图 6-14 "初始化班级和课程选项"的 VBA 代码

（5）创建宏。在"开发工具"选项卡的"代码"功能区中，单击"宏"命令按钮，在弹出的"宏"对话框中，输入宏名"宏_学生成绩管理"，如图 6-15 所示，然后单击"创建"按钮。

在打开的代码窗口中输入如图 6-16 所示的代码。

图 6-15　"宏"对话框

图 6-16　"宏_学生成绩管理"的代码

（6）指定并运行宏。右击"学生成绩管理"按钮，在弹出的快捷菜单中选择"指定宏"命令，打开"指定宏"对话框，在该对话框里选择"宏_学生成绩管理"选项，然后单击"确定"按钮。单击"学生成绩管理"按钮，开始运行宏，弹出"选择班级和课程"窗体，如图 6-17 所示。

在弹出的"选择班级和课程"窗体中，选定班级和课程后，单击"确定"按钮，打开相应的"成绩管理表"，如图 6-18 所示。

图 6-17　"选择班级和课程"窗体的运行效果

		学年		学期			班上课人数座次表及平时成绩登记																	
院系：			专业：				班级：			人数：47		课程：			上课次数：16									
							出勤情况记录（周次）																	
学号	姓名	1	2	3	4	5	6	7	8	9	10	11	12	13	14	15	16						出勤成绩	
170101	谢丽丽																						100	
170102	王崇江						○	○				○	△										91	
170103	吴小小				○																		98	
170104	李丽																						100	
170105	钱卓																						100	
170106	刘云云						○	○						△	△	△							87	
170107	张一哲																						100	
170108	李双																						100	
170109	赵艳							○							△								95	
170110	陈祥																						100	

一班考勤表　二班考勤表　三班考勤表　一班成绩表　二班成绩表　三班…

图 6-18　打开"成绩管理表"

任务四：输入 VBA 代码

操作步骤

（1）创建"宏_学生成绩查询"宏。在"开发工具"选项卡的"代码"功能区中，单击"宏"命令按钮，在弹出的"宏"对话框中，输入宏名"宏_学生成绩查询"，然后单击"创建"按钮。在打开的代码窗口中输入如图 6-19 所示的代码。

图 6-19　"宏_学生成绩查询"宏的 VBA 代码

（2）指定并运行宏。右击"学生成绩查询"按钮，在弹出的快捷菜单中选择"指定宏"命令，打开"指定宏"对话框，在该对话框里选择"宏_学生成绩查询"选项，然后单击"确定"按钮。单击"学生成绩查询"按钮，开始运行宏，运行效果如图 6-20 和图 6-21 所示。

图 6-20　输入学号对话框

图 6-21　学生成绩查询结果

（3）创建"宏_退出"宏。在"开发工具"选项卡的"代码"功能区中，单击"宏"命令按钮，在弹出的"宏"对话框里，输入宏名"宏_退出"，然后单击"创建"按钮。在打开的代码窗口中输入如图 6-22 所示的代码。

图 6-22　"宏_退出"宏的 VBA 代码

（4）指定并运行宏。右击"退出系统"按钮，在弹出的快捷菜单中选择"指定宏"命令，打开"指定宏"对话框，在该对话框里选择"宏_退出"选项，然后单击"确定"按钮。

单击"退出系统"按钮，开始运行宏，关闭工作表并退出 Excel。

（5）"学生考勤管理"和"试卷分析报告"按钮的功能实现同"学生成绩管理"，不再一一赘述。

6.3 知识点击

Excel 除了可以方便、高效地完成各种复杂的数据计算、实现有效的数据管理和分析以外，还可以通过宏自动完成重复的、特定的操作。利用宏与 VBA 可以快速地对数据进行统计和分析，减少手动统计的麻烦。

本项目知识要点有：

❑ 应用宏；

❑ 编写 VBA 程序；

❑ 控件的应用；

❑ 创建与编辑窗体。

6.3.1 应用宏

宏是 Excel 能够执行的一系列 VBA 语句，它是一个指令集合，可以使 Excel 自动完成用户指定的各项动作组合，而且宏的录制和使用方法相对也比较简单。录制宏命令时，Excel 会自动记录并存储用户所执行的一系列菜单命令信息；运行宏命令时，Excel 会自动将已录制的命令组合重复执行一次或者回放，从而实现重复操作的自动化。也就是说，宏命令本身就是一种 VBA 应用程序，它是存储在 VBA 模块中的一系列命令和函数的集合。当执行宏命令所对应的任务组合时，Excel 会自动启动该 VBA 程序模块中的运行程序。

1. 录制宏

录制宏，就是通过录制的方法把在 Excel 中的操作过程以代码的方式记录并保存下来，即宏的代码可以用录制的方法自动产生。

例如：在"销售管理"工作簿"产品信息表"工作表中，通过录制宏计算员工的提成，要求宏名为"宏_计算提成"，快捷键为【Ctrl + Shift+S】。

✎ **操作步骤**

（1）打开"销售管理.xlsx"文件，选择"产品信息表"工作表。在"开发工具"选项卡的"代码"功能区中，单击"录制宏"命令按钮，如图 6-23 所示。

图 6-23　录制宏

（2）在弹出的"录制宏"对话框中，输入宏名"宏_计算提成"，如图 6-24 所示；单击"确定"按钮，开始进行录制操作，之后在 Excel 中所进行的操作都将被记录，直至单击"停止录制"按钮。

（3）在 E2 单元格中输入公式"=C2*10000*D2"，并将公式填充 E3:E14，如图 6-25 所示。

图 6-24　"录制宏"对话框

	A	B	C	D	E
1	产品型号	产品名称	单价（万）	提成比例	提成金额（元）
2	XA-71	产品A1	2	5.00%	1000
3	XA-72	产品A2	5	5.20%	2600
4	XA-73	产品A3	5.5	5.20%	2860
5	XA-74	产品A4	2.6	5.00%	1300
6	XA-75	产品A5	4	5.20%	2080
7	XB-81	产品B1	1.5	5.00%	750
8	XB-82	产品B2	3	5.10%	1530
9	XB-83	产品B3	2	5.00%	1000
10	XC-91	产品C1	3.2	5.10%	1632
11	XC-92	产品C2	2.5	5.00%	1250
12	XC-93	产品C3	3	5.10%	1530
13	XC-94	产品C4	4.2	5.20%	2184
14	XC-95	产品C5	3.6	5.10%	1836

图 6-25　"宏_计算提成"宏的录制效果

（4）在"开发工具"选项卡的"代码"功能区中，单击"停止录制"命令按钮，结束宏的录制，并自动保存宏。

2. 查看宏代码

在"开发工具"选项卡的"代码"功能区中，单击"宏"命令按钮，如图 6-26 所示，弹出"宏"对话框，如图 6-27 所示。

图 6-27　"宏"对话框

图 6-26　查看宏

在"宏"对话框中单击"编辑"按钮，即可显示宏代码编辑窗口，在此可以查看该宏的代码，如图 6-28 所示。

图 6-28   "宏_计算提成"宏代码

3. 运行宏

方法一：通过"执行"按钮运行宏。

打开"销售管理.xlsx"文件，选中"产品信息表"工作表中的 E2 单元格，在"开发工具"选项卡的"代码"功能区中，单击"宏"命令按钮，打开"宏"对话框，如图 6-29 所示。

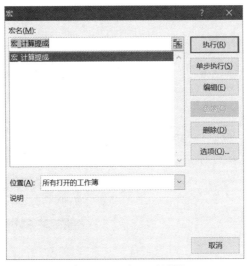

图 6-29   "宏"对话框

在"宏"对话框中，选择"宏_计算提成"宏，然后单击右侧的"执行"按钮，"宏_计算提成"宏即可自动执行，宏执行前和执行后的效果分别如图 6-30 和图 6-31 所示。

	A	B	C	D	E
1	产品型号	产品名称	单价（万）	提成比例	提成金额（元）
2	XA-71	产品A1	2	5.00%	
3	XA-72	产品A2	5	5.20%	
4	XA-73	产品A3	5.5	5.20%	
5	XA-74	产品A4	2.6	5.00%	
6	XA-75	产品A5	4	5.20%	
7	XB-81	产品B1	1.5	5.00%	
8	XB-82	产品B2	3	5.10%	
9	XB-83	产品B3	2	5.00%	
10	XC-91	产品C1	3.2	5.10%	
11	XC-92	产品C2	2.5	5.00%	
12	XC-93	产品C3	3	5.10%	
13	XC-94	产品C4	4.2	5.20%	
14	XC-95	产品C5	3.6	5.10%	

图 6-30   "宏_计算提成"宏执行前的效果

	A	B	C	D	E
1	产品型号	产品名称	单价（万）	提成比例	提成金额（元）
2	XA-71	产品A1	2	5.00%	1000
3	XA-72	产品A2	5	5.20%	2600
4	XA-73	产品A3	5.5	5.20%	2860
5	XA-74	产品A4	2.6	5.00%	1300
6	XA-75	产品A5	4	5.20%	2080
7	XB-81	产品B1	1.5	5.00%	750
8	XB-82	产品B2	3	5.10%	1530
9	XB-83	产品B3	2	5.00%	1000
10	XC-91	产品C1	3.2	5.10%	1632
11	XC-92	产品C2	2.5	5.00%	1250
12	XC-93	产品C3	3	5.10%	1530
13	XC-94	产品C4	4.2	5.20%	2184
14	XC-95	产品C5	3.6	5.10%	1836

图 6-31   "宏_计算提成"宏执行后的效果

方法二：通过快捷键运行宏。

也可以利用此前设置的宏快捷键【Ctrl + Shift+S】，在键盘上按对应快捷键，宏将自动执行，执行效果如图 6-31 所示。

方法三：通过表单控件运行宏。

操作步骤

（1）创建表单控件。在"开发工具"选项卡的"控件"功能区中，单击"插入"命令按钮，在弹出的"控件列表"界面中，选择"表单控件"分类中的"命令按钮"控件，如图 6-32 所示。

（2）在表格里绘制命令按钮；右击该命令按钮，在弹出的快捷菜单中选择"编辑文字"命令并输入文字"计算提成"；适当调整文字的格式和命令按钮的位置，效果如图 6-33 所示。

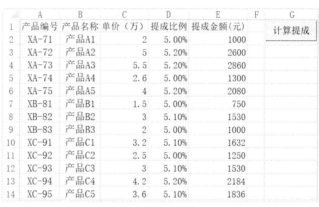

图 6-32　表单控件　　　　　　　　　　图 6-33　创建表单按钮控件

（3）指定宏。右击"计算提成"命令按钮，在弹出的快捷菜单中选择"指定宏"命令，打开"指定宏"对话框，如图 6-34 所示。在该对话框里选择"宏_计算提成"宏，然后单击"确定"按钮。

（4）运行宏。单击"计算提成"命令按钮，运行效果如图 6-33 所示。

图 6-34　"指定宏"对话框

6.3.2　编写 VBA 程序

VBA 是 Visual Basic for Applications 的缩写，是一种应用程序自动化语言。所谓应用程序自动化，是指通过程序或者脚本让应用程序自动完成一些工作，例如在 Excel 里自动设置单元格的格式、给单元格填充某些内容、自动计算等。VBA 是一种宏语言，是微软开发出来在其桌面应用程序中执行通用的自动化（OLE）任务的编程语言。它主要用来扩展

Windows 的应用程序功能，特别是 Microsoft Office 软件，也可说是一种应用程式视觉化的 Basic 脚本。

> **VBA 的由来：**
>
> 在 20 世纪 90 年代早期，使应用程序自动化还是个充满挑战性的领域。对每个需要自动化的应用程序，人们不得不学习一种不同的自动化语言。例如，可以使用 Excel 的宏语言使 Excel 自动化等。因此，Microsoft 决定开发一种应用程序共享的通用自动化语言 VBA，这就是 Visual Basic for Applications（VBA）的由来。

1. VBA 开发环境

VBA 具有 VB 语言的大多数特征和易用性，它最大的特点就是将 Excel 作为开发平台来开发应用程序，可以应用 Excel 的所有已有功能，如数据处理、图表绘制、数据库连接、内置函数等。VBA 集成开发环境（IDE，Integrated Development Environment）是进行 VBA 程序设计和代码编写的地方，VBA 代码和 Excel 文件是保存在一起的，可以通过在"开发工具"选项卡的"代码"功能区中，单击"Visual Basic"命令按钮，打开 VBA 的 IDE 环境，进行程序设计和代码编写。也可以通过快捷键【Alt+F11】打开 VBA 的 IDE 环境，如图 6-35 所示。

图 6-35　VBA 的 IDE 环境

对于所有使用同一版本 VBA 的应用程序，都共享相同的 IDE 环境。对于同一程序，如 Excel，不管打开几个 Excel 文件，但启动的 VBA 的 IDE 环境只有一个。默认情况下，VBA 的 IDE 环境上方为菜单和工具条，左侧上方窗口为工程资源管理器窗口，工程资源管理器窗口之下为属性窗口，右侧最大的窗口为代码窗口。

1）工程资源管理器窗口

在工程资源管理器窗口可以看到所有已打开和加载的 Excel 文件及其加载宏。每一个 Excel 文件，在 VBA 里称为一个工程，如果同时打开多个 Excel 文件，则在 VBA 的 IDE 环境下可以看到有多个工程存在。

每个 Excel 文件对应的 VBA 工程都有 4 类对象，包括 Microsoft Excel 对象、窗体、模块、类模块。在工程资源管理器窗口中可看到这 4 类对象，如图 6-36 所示。

- ❑ Microsoft Excel 对象：代表了 Excel 文件及其包括的工作簿和工作表等几个对象，包括所有的 Sheet 和一个 Workbook，分别表示文件（工作簿）中所有的工作表（包括图表）。例如，默认情况下，Excel 文件包括 3 个 Sheet，在工程资源管理器窗口中就包括 3 个 Sheet，名称分别是各个 Sheet 的名称。ThisWorkbook 代表当前 Excel 文件。双击这些对象会打开代码窗口（图 6-35 右侧窗口），在此窗口中可输入相关的代码，响应工作簿或者文件的一些事件，例如，文件的打开、关闭，工作簿的激活，内容的修改、选择等。
- ❑ 窗体：代表了自定义对话框或界面，例如，编写一个 VBA 计算个人所得税的小程序，需要输入税率、收入等参数，那么就可以使用一个窗体设计对话框，来获取用户输入。
- ❑ 模块：是自定义代码，保存包括录制的宏等 VBA 代码的地方。
- ❑ 类模块：是保存以类或对象的方式编写的代码的地方。

2）属性窗口

属性窗口主要用于对象属性的交互式设计和定义，例如选中图中的 VBAProject，在属性窗口即可更改其名称等。属性窗口除了更改工程、各对象、模块的基本属性，主要用途是用户窗体（自定义对话框）的交互式设计。如图 6-37 所示的就是一个打开的窗体（UserForm）的属性窗口。

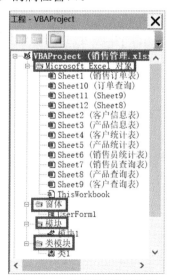

图 6-36　工程资源管理器窗口

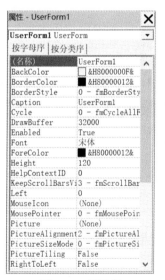

图 6-37　属性窗口

3）代码窗口

在 IDE 窗口的右侧为代码窗口。在工程资源管理器窗口中的每一个对象会对应一个代码窗口（其中用户窗体包括一个设计窗口和一个代码窗口）。可以通过在对象上双击、在右键快捷菜单或资源管理器工具栏上选择查看代码（或对象）打开代码窗口，如图 6-38 所示。

图 6-38　代码窗口

2. 编写 VBA 程序

打开 Excel 文件，在"开发工具"选项卡的"代码"功能区中，单击"Visual Basic"命令按钮，打开 VBA 的 IDE 环境，也可以通过快捷键【Alt+F11】打开 VBA 的 IDE 环境，如图 6-35 所示。右击"VBAProject"，在弹出的快捷菜单中选择"插入"｜"模块"命令。这样系统将打开了一个代码窗口，在该窗口中输入代码如图 6-39 所示。

图 6-39　VBA 代码窗口

将鼠标光标放置在代码之内，执行"运行"｜"运行子过程/用户窗体"菜单命令，或者在工具栏上单击 ▶ 按钮，则可运行这段代码。运行结果会显示一个对话框，输入一些内容后，会显示相应的问候语，如图 6-40 和图 6-41 所示。

图 6-40　弹出输入框

图 6-41　弹出消息框

> **VBA 程序的保存：**
> 　当关闭 VBA IDE 的时候，不会提示保存用户所做的修改，当我们退出 Excel 保存其文件时，VBA 程序代码也随之保存，因为 VBA 代码是寄生于 Excel 或其他文档的，保存文档即保存了 VBA 代码。

代码说明：

第 1 行代码表示这是一个新的工程，名称为"MyFirstVBAProgram"；第 2、第 3 行定义了两个变量，其类型为字符串类型；第 4 行调用 InputBox 这个内置函数，并将返回值赋给变量 strName；第 5 行将几个字符串组合成一个新的字符串；第 6 行调用 MsgBox 函数，显示一个对话框;第 7 行表示过程结束。VBA 程序由不同的模块组成,在模块内部可以定义不同的变量、过程和函数,由此组成一个完整的程序。VBA 程序是事件驱动的,没有 main 函数之类的入口的概念。如果在 IDE 环境下,鼠标光标不在任何过程内,单击工具栏或菜单的运行命令,会显示一个对话框,然后选择需要运行的过程即可。

1)模块、过程和函数

VBA 代码必须存放在某个位置,这个地方就是模块。模块是作为一个单元保存在一起的 VBA 定义和过程的集合。VBA 中有两种基本类型的模块:标准模块和类模块。模块可以包括两类子程序:过程或者函数。

过程被定义为 VBA 代码的一个单元,过程中包括一系列用于执行某个任务或是进行某种计算的 VBA 语句。一个工作簿的每个过程都有唯一的名字加以区分。过程只执行一个或多个操作,而不返回数值。当录制完宏查看代码时,所看到的就是过程。

【**例 6-1**】如图 6-42 所示,计算所有产品的"总金额=销量×单价"的过程,过程代码如图 6-43 所示。

	D	E	F	G	H	I	J	K
1	产品名称	客户名称	区域	销量	单价(万元)	总金额(万元)	订单处理日期	是否已处理
2	产品C1	广东华宇	华南	18	¥ 3		2017-01-02	√
3	产品B1	云南白云山	西南	19	¥ 2		2017-01-05	√
4	产品C2	海南天赐南湾	华中	23	¥ 3		2017-01-05	√
5	产品A1	广东天缘	华中	20	¥ 2			
6	产品C5	河南星光	华中	40	¥ 4		2017-01-10	√
7	产品B3	山东新期望	华东	40	¥ 4		2017-01-12	√
8	产品A1	福建万通	华东	50	¥ 5		2017-01-12	√
9	产品A5	上海新世界	华东	21	¥ 4		2017-01-14	√
10	产品C1	湖北蓓蕾	华中	22	¥ 3		2017-01-14	√
11	产品B1	天津嘉美	华北	40	¥ 4		2017-01-16	√
12	产品C2	北京和丰	华北	70	¥ 3		2017-01-16	√
13	产品A1	湖北蓓蕾	华中	18	¥ 2		2017-01-18	√
14	产品C3	北京华夏	华北	21	¥ 3		2017-01-18	√

图 6-42　产品销售表

图 6-43　计算总金额的过程代码

函数过程在通常情况下称为函数,会返回一个值。函数和过程的差别是两者定义方式不同,函数使用 VBA 的关键字 Function 定义,而过程使用关键字 Sub 定义。函数返回的值称为返回值,这个数值通常是计算的结果或是测试的结果。

【**例 6-2**】假设产品价格的 10%为运费,计算运费的函数代码如图 6-44 所示。

图 6-44 中的函数使用一个参数(Price),过程和函数都可以使用参数,Price 可以是数字和单元格引用。函数计算后,计算结果在函数中通过赋给函数名"Shipping"来返回给调用者。这个函数可以被其他过程或函数调用,也可以使用在电子表格中,如图 6-45 所示。

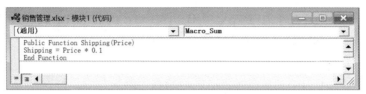

图 6-44 计算运费的函数代码

图 6-45 计算运费函数的调用

2）创建过程和函数

创建第一个过程需要两个基本步骤：首先，需要向工作簿中添加一个模块；接着需要向模块中添加不同的过程和函数。对于一个应用程序，可以使用一个模块，也可以使用多个模块。如果程序比较复杂，使用多个模块可以更好地组织代码。

【例 6-3】 创建显示消息框的过程。

操作步骤

（1）打开 Excel 文件，在"开发工具"选项卡的"代码"功能区中，单击"Visual Basic"命令按钮，打开 VBA 的 IDE 环境，也可以通过快捷键【Alt+F11】打开 VBA 的 IDE 环境，进入 Visual Basic 编辑器，如图 6-46 所示。

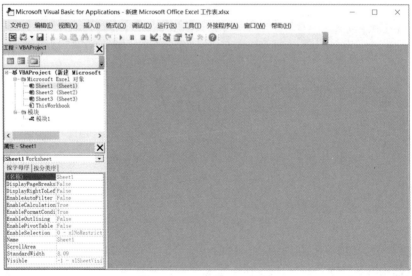

图 6-46 VBA 的 IDE 环境

（2）在 VBA IDE 左侧的工程资源管理器窗口中的环境"VBAProject"上右击，在弹出的快捷菜单中选择"插入" | "模块"命令，这样就在应用程序中添加了一个模块，如图 6-47 所示。

（3）单击代码窗口的空白处，执行"插入" | "过程"菜单命令，显示"添加过程"对话框，如图 6-48 所示。

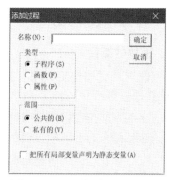

图 6-47　模块代码窗口　　　　　图 6-48　"添加过程"对话框

（4）在"名称"文本框中输入"HelloMsg"作为过程名称，在"类型"分组框中，选择"子程序"单选项，单击"确定"按钮。这样就在模块中添加了一个新的过程，代码如图 6-49 所示。

图 6-49　添加过程的代码窗口

（5）在过程中输入以下语句：

MsgBox"这是我的第一个过程"

在输入 MsgBox 后，会自动弹出一个有关这条命令的信息，称之为即时代码提示或自动列表技术。输入后的过程如图 6-50 所示。

（6）运行过程。

方法一：将光标放置在这段代码之内，执行"运行"｜"运行子过程/用户窗体"菜单命令，则可运行过程代码。

方法二：在工具栏上单击"运行"按钮，也可运行过程代码。

运行后，此过程显示一个消息框，如图 6-51 所示，单击消息框中的"确定"按钮，关闭该消息框，程序运行结束。

图 6-50　过程代码　　　　　　　图 6-51　过程运行结果

> **VBA 对子程序和函数的命名规则：**
> 名字中可以包含字母、数字和下画线；
> 名字中不能包含空格、句号和感叹号，也不能包含字符@、&、$、#；
> 名字最多可以包含 255 个字符。

6.3.3 在工作表中插入控件

1. 控件的概述

"控件"是"控件工具箱"提供的一系列对象，拥有自己的名称，存储于文档中。"控件"具有"属性"、"方法"和"事件"。

- "属性"是描述其所属控件的某个可量化特征的变量，在 VBA 程序中，"属性"是使用点标记引用的：首先写下控件名称，输入小数点，将列出"属性名"和"方法名"清单，然后可以选择或输入"属性"名称，如 TextBox1.Text。

- "方法"是控件"知道"如何执行的某种操作，在 VBA 程序中，"方法"也是使用点标记引用的：首先写下"控件"名称，输入小数点，将列出"属性名"和"方法名"清单，然后可以选择或输入方法"名称"，如 TextBox1.Activate。

- "事件"是一种被对象"意识到"已经发生的操作，用户一般通过"事件"来完成一系列的程序运行。用户在 Office 中开发 VBA 应用，主要工作就是编制各种"控件"的各种"事件"对应的 VBA 程序（如单击"命令按钮"控件对应事件的 VBA 程序代码）。

2. 认识不同的控件

控件分为两种类型，一种是表单控件，另一种是 ActiveX 控件。表单控件只能在工作表中添加和使用，并且只能通过设置控件格式或者指定宏来使用它；而 ActiveX 控件不仅可以在工作表中使用，还可以在用户窗体中使用，并且具备了众多的属性和事件，提供了更多的使用方式。

以上两种控件的大部分功能是相同的，比如都可以指定宏，一个主要区别就是表单控件可以和单元格关联，操作表单控件可以修改单元格的值，所以用于工作表；而 ActiveX 控件虽然属性强大，可控性强，但不能和单元格关联，所以用于表单 Form。可放到工作表内的控件如图 6-52 所示。

图 6-52 可放到工作表内的控件

（1）标签：用于显示文本信息，本身不具有可输入功能。标签的默认属性是 Caption 属性，标签的默认事件是 Click 事件。

标签的基本属性包括名称；Caption：标签文本内容；BackColor：背景色；ForColor：前景色；WordWrap：词绕转；Width：宽度；Height：高度；Font：字体等。

（2）文本框：用于交互输入与显示文本信息，本身具有交互性。文本框的默认属性是 Value 属性，文本框的默认事件是 Change 事件。

文本框的基本属性包括名称；Text：文本；Value：数据；ScrollBars：滚动条；BackColor：背景色；ForColor：前景色；WordWrap：词绕转；MultiLine：多行；MaxLength：最大长度；Width：宽度；Height：高度；Font：字体等。

（3）分组框：用于将其他控件进行组合。

（4）按钮：用于执行宏命令。在命令按钮上可以显示文本或图片，或者二者同时显示。命令按钮的默认属性是 AutoSize 属性，命令按钮的默认事件是 Click 事件。

命令按钮的基本属性包括名称；Picture：显示的图像；Caption：显示的文本；BackColor：背景色；ForColor：前景色；Width：宽度；Height：高度；Font：字体等。

（5）复选框：是一个选择控件，通过单击可以选择和取消选择，可以多项选择。复选框的默认属性是 Value 属性，复选框的默认事件是 Click 事件。

复选框的基本属性包括名称；Caption：显示选项文本信息；Value：选中否；BackColor：背景色；ForColor：前景色；GroupName：组名；Width：宽度；Height：高度；Font：字体等。

（6）选项按钮：通常几个选项按钮组合在一起使用，在一组中只能选择一个选项按钮。选项按钮默认属性是 Value 属性，选项按钮默认事件是 Click 事件。

（7）列表框：用于显示若干个值的列表，用户可以从中选择一个或多个值。列表框的默认属性是 Value 属性，列表框的默认事件是 Click 事件。

列表框的基本属性包括名称：ListBox；Text：文本；Value：数据；TopIndex：顶部选项索引值；BackColor：背景色；ForColor：前景色；MultiSelect：多选；Width：宽度；Height：高度；Font：字体等。

列表框的赋值方法：

①用 AddItem 方法加载单列数据到 ListBox1，并取值到文本框与标签。

②用 AddItem 方法、List 属性加载双列数据到 ListBox1，并取值到标签。

③用数组、List 属性或 Column 属性赋值 ListBox1。

（8）组合框：主要用于列出多项供选择（单项选择）的文本信息。组合框将列表框和文本框的特性结合在一起，用户可以像在文本框中那样输入新值，也可以像在列表框中那样选择已有的值。组合框的默认属性是 Value 属性，组合框的默认事件是 Change 事件。

组合框的基本属性包括名称：ComboBox；Text：文本；Value：数据；TopIndex：顶部选项索引值；BackColor：背景色；ForColor：前景色；Width：宽度；Height：高度；Font：字体等。

组合框的赋值方法：

①用 AddItem 方法对组合框赋值。

②用数组和 List 属性对组合框赋值。

（9）滚动条：包括水平滚动条和垂直滚动条，不是常见的给很长的窗体添加滚动能力的控件，而是一种选择机制，例如调节过渡色的滚动条控件。滚动条的默认属性是 Value 属性，滚动条的默认事件是 Change 事件。

滚动条的基本属性包括名称：ScrollBar；Max：2767；Min：0；SmallChange：1；BackColor：背景色；ForColor：前景色；Value：值；Width：宽度；Height：高度；Font：字体等。

（10）微调控件：是一种数值选择机制，主要用于增加及减少数值，通过单击控件的箭头来选择数值。例如改变 Windows 日期或时间就会使用到微调控件。数值调节钮的默认属性是 Value 属性，默认事件是 Change 事件。

数值调节钮的基本属性包括名称：SpinButton1；Delay：50；Max：100；Min：0；SmallChange：1；BackColor：背景色；ForColor：前景色；Value：值；Width：宽度；Height：高度；Font：字体等。

3. 在工作表中插入控件

表单控件只能在工作表中添加和使用，并且只能通过设置控件格式或者指定宏来使用它，将控件添加到工作表上的具体步骤如下。

操作步骤

（1）创建或打开一个 Excel 文件，选中一个单元格，在"开发工具"选项卡的"控件"
功能区中，单击"插入"命令按钮，如图 6-53 所示。

（2）选择表单控件中的"按钮"控件，将鼠标定位到 B2 单元格，此时鼠标变成小十
字，按住左键，在 Excel 表格中绘制出该控件，可拖动控件四周节点控制大小，也可移动
位置，如图 6-54 所示。

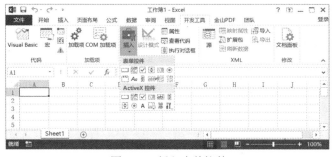

图 6-53　插入表单控件

图 6-54　添加按钮控件

（3）在"按钮 1"上右击，在弹出的快捷菜单中选择"编辑文字"命令，如图 6-55 所示，
可以输入文字，如输入"计算提成"，完成后，单击任意单元格退出文字编辑，如图 6-56 所示。

图 6-55　按钮控件的快捷菜单

图 6-56　编辑按钮控件文字

（4）通过以上步骤可以添加其他控件到工作
表中，不再赘述。

6.3.4　设置控件格式

在工作表中插入控件后，控件上显示的文字
格式，控件的大小、颜色等可以通过设置控件格
式来改变，具体操作步骤如下。

操作步骤

（1）选中创建的按钮控件，右击该控件，在
弹出的快捷菜单中选择"设置控件格式"命令，
弹出"设置控件格式"对话框，如图 6-57 所示。

图 6-57　"设置控件格式"对话框

（2）通过"设置控件格式"对话框，可以设置控件中的文字格式、控件对齐方式、控件大小等。

6.3.5 为控件指定宏

在 Excel 工作表中创建宏后，启动宏的方式有很多。而命令按钮在程序开发中是一种用得非常多的控件，使用命令按钮可以很便捷的为工作表添加交互功能。按钮既可见，用户又熟悉，并且不要求用户知道要执行的宏的名字。把 Excel 中的宏指定给命令按钮控件的操作步骤如下。

操作步骤

右击"计算提成"命令按钮，在弹出的快捷菜单中选择"指定宏"命令，打开"指定宏"对话框，在该对话框里选择"宏_计算提成"宏，然后单击"确定"按钮即可。

6.3.6 创建与编辑窗体

窗体为用户提供了可视化的操作界面，通过在窗体上添加控件，可以方便用户输入或操作数据的对象。创建与编辑窗体的具体步骤如下。

操作步骤

（1）创建或打开一个 Excel 文件。在"开发工具"选项卡的"代码"功能区中，单击"Visual Basic"命令按钮，打开 Visual Basic 编辑器。

（2）在 Visual Basic 编辑器里，右击"VBAProject"，在弹出的快捷菜单中选择"插入"|"用户窗体"命令，如图 6-58 所示。

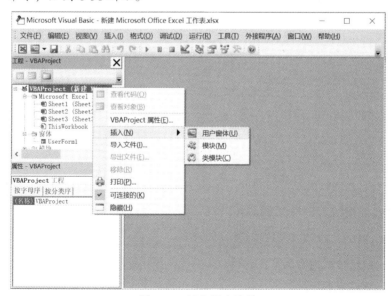

图 6-58　插入用户窗体

（3）这样就创建了一个用户窗体，如图 6-59 所示。

（4）在创建"用户窗体"时，同时出现了"控件工具箱"，可以在"用户窗体"上创建相应的控件，如在窗体上绘制登录界面，从"工具箱"对话框中分别选择"文本框"控件、"标签"控件和"命令按钮"控件，在窗体中绘制这些控件，如图 6-60 所示。

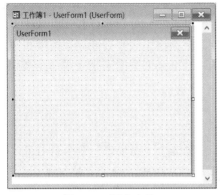

图 6-59　用户窗体

图 6-60　绘制登录界面

（6）在"属性"窗口中将两个"标签"控件的"Caption"属性分别设置为"用户名:"和"密码:"；将"命令按钮"控件的"Caption"属性分别设置为"确定"和"取消"；在窗体中选择第二个"文本框"控件，在"属性"窗口中将"PasswordChar"属性设置为字符"*"，这样，在该文本框中输入的字符将被"*"替代，如图 6-61 所示。

（7）按【F5】键运行，"登录界面"的运行效果如图 6-62 所示。

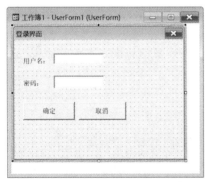

图 6-61　设置控件属性

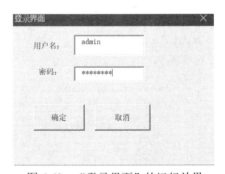

图 6-62　"登录界面"的运行效果

6.4 实战训练

6.4.1　制作 Excel 使用情况调查表

应用 Excel 制作问卷调查表，并对数据进行统计分析，是一个非常不错的选择。本例制作的"Excel 使用情况调查表"工作簿，其中包括问卷调查表，用于录入数据；数据记录表，用于记录、存储问卷调查表中录入的数据；数据统计表，用于对数据记录表中的数据进行统计。效果分别如图 6-63、图 6-64 和图 6-65 所示。

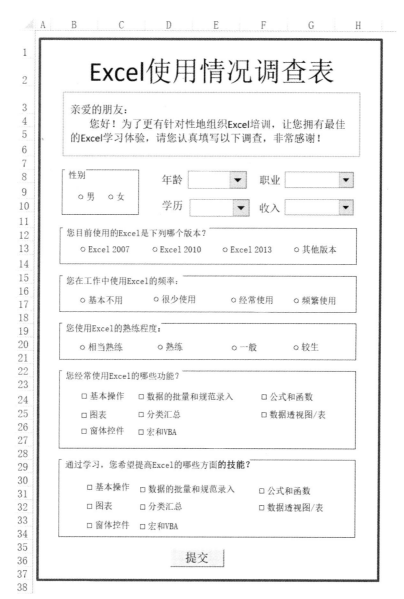

图 6-63　问卷调查表

数　据　记　录　表

编号	个人资料					使用的Excel版本	使用频率	熟练程度	使用的Excel功能								希望提高Excel的方面							
	性别	年龄	职业	学历	收入				基本操作	数据的批量和规范录入	公式和函数	图表	分类汇总	数据透视图/表	窗体控件	宏和VBA	基本操作	数据的批量和规范录入	公式和函数	图表	分类汇总	数据透视图/表	窗体控件	宏和VBA
1	1	2	3	2	2	4	2	4	TRUE												TRUE			
2	1	6	9	2	2	2	3	2		TRUE			TRUE		TRUE						TRUE		TRUE	
3	2	3	5	4	4	2	3	3			TRUE			TRUE				TRUE				TRUE		
4	1	1	2	1	1	3	2	3			TRUE								TRUE			TRUE		
5	2	4	6	3	3	2	3	2		TRUE		TRUE								TRUE			TRUE	
6	1	5	4	5	5	5	3	1	TRUE						TRUE						TRUE			TRUE

图 6-64　数据记录表

问卷调查表　备选数据　数据记录表　数据统计表

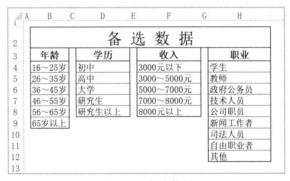

（表格内容）

项目编号	个人资料					使用的Excel版本	使用频率	熟练程度	使用的Excel功能	希望提高Excel的方面
	性别	年龄	职业	学历	收入					
1	109	21	15	26	16	20	37	30	59	44
2	97	30	32	41	48	66	55	67	43	42
3		48	16	69	67	76	94	87	42	54
4		46	24	37	47	44	20	22	34	34
5		41	38	33	28				47	32
6		20	22						41	32
7			19						38	47
8			18						31	37
9			22							
合计	206	206	206	206	206	206	206	206	335	322

工作表标签：问卷调查表　备选数据　数据记录表　数据统计表

图 6-65　数据统计表

任务一：建立"备选数据"工作表

问卷调查表中的"列表框"项，列表框中的"数据源区域"来自于备选数据。

操作步骤

（1）新建工作簿，并保存为"问卷调查"，依次双击工作表标签 sheet1、sheet2，分别重命名为"问卷调查表""备选数据"。

（2）在工作表"备选数据"中输入备选数据，如图 6-66 所示。

（备选数据表格）

年龄	学历	收入	职业
16～25岁	初中	3000元以下	学生
26～35岁	高中	3000～5000元	教师
36～45岁	大学	5000～7000元	政府公务员
46～55岁	研究生	7000～8000元	技术人员
56～65岁	研究生以上	8000元以上	公司职员
65岁以上			新闻工作者
			司法人员
			自由职业者
			其他

图 6-66　备选数据

任务二：制作数据统计表

问卷调查表只能收集数据而不能存储数据，因此创建"数据记录表"用于记录、存储问卷调查表中的数据。

问卷调查表的设计从工作表的第二行开始；工作表的第一行留作空白，用于与问卷调查表链接，临时存储问卷调查表中的数据。

操作步骤

（1）创建"数据记录表"工作表。在"问卷调查"工作簿中，创建工作表"数据记录表"，如图 6-67 所示。

（2）编辑批注。在各个单选项的字段名所在单元格中插入批注，用于标明各个序号所对应的选项，如图 6-67 所示。

图 6-67　数据记录表

任务三：制作问卷调查表

操作步骤

（1）设置标题和开头语。在工作表"问卷调查表"中，在"插入"选项卡的"文本"功能区中，单击"艺术字"命令按钮，在弹出的"文字编辑框"中输入文字"Excel 使用情况调查表"，并调整大小和位置，效果如图 6-68 所示。

（2）在"插入"选项卡的"文本"功能区中，单击"文本框"命令按钮组中的"横排文本框"按钮，在弹出的"文字编辑框"中输入文字"亲爱的朋友：您好！为了更有针对性地组织 Excel 培训,让您拥有最佳的 Excel 学习体验,请您认真填写以下调查,非常感谢!"，如图 6-68 所示。

图 6-68　标题和开头语

（3）插入"性别"分组框。在"开发工具"选项卡的"控件"功能区中，单击"插入"命令按钮组中的"分组框"控件，如图 6-69 所示。

（4）绘制并输入分组框文字。在表格里绘制分组框，再右击"分组框"控件，在弹出的快捷菜单中选择"编辑文字"命令，输入文字"性别"。

（5）插入"性别"单选按钮。在"开发工具"选项卡的"控件"功能区中，单击"插入"命令按钮中的"选项按钮"控件，在"性别"分组框中绘制单选按钮，右击该单选按钮，在弹出的快捷菜单中选择"编辑文字"命令，并输入文字"男"，如图 6-70 所示。

图 6-69 插入"分组框"控件

图 6-70 插入"性别"分组框和单选按钮

（6）设置控件的单元格链接。右击"男"单选按钮，在弹出的快捷菜单中选择"设置控件格式"命令，如图 6-71 所示。

（7）在弹出的"设置控件格式"对话框中，选择"控制"选项卡，设置其值和单元格链接，如图 6-72 所示。

图 6-71 控件右键快捷菜单

图 6-72 设置"单选按钮"控件格式

（8）用同样的方法插入和设置单选按钮"女"，效果如图 6-63 所示。

（9）插入"年龄"组合框。在"开发工具"选项卡的"控件"功能区中，单击"插入"命令按钮中的"组合框"控件，如图 6-73 所示；在表格里绘制"组合框"，如图 6-74 所示。

（10）在"插入"选项卡的"文本"功能区中，单击"文本框"命令按钮，在组合框控件前绘制文本框并输入文字"年龄"，如图 6-74 所示。

（11）右击"年龄"组合框控件，在弹出的快捷菜单中选择"设置控件格式"命令，再在弹出的"设置控件格式"对话框中选择"控制"选项卡，设置其数据源区域和单元格链接，如图 6-75 所示。"年龄"组合框控件数据源区域链接效果如图 6-76 所示。

图 6-73　插入"组合框"控件　　　　　　　图 6-74　编辑"组合框"文本

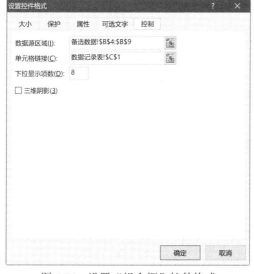

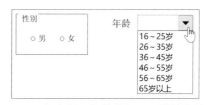

图 6-75　设置"组合框"控件格式　　　　图 6-76　"组合框"控件数据源区域链接效果

（12）用同样的方法插入"学历"、"职业"和"收入"组合框控件。其设置方法同"年龄"组合框控件，其单元格链接分别设置为数据统计表!$D$1、数据统计表!$E$1、数据统计表!$F$1，效果如图 6-77 所示。

（13）插入其他单选按钮分组框。用与插入"性别"分组框同样的方法，插入"您目前使用的 Excel 是下列哪个版本？"、"您在工作中使用 Excel 的频率："和"您使用 Excel 的熟练程度："分组框，效果如图 6-77 所示。

（14）分组框"您目前使用的 Excel 是下列哪个版本？"中单选按钮的文本分别设置为Excel 2007、Excel 2010、Excel 2013、其他版本；单元格链接设置为数据统计表!$G$1，效果如图 6-77 所示。

（15）分组框"您在工作中使用 Excel 的频率："中单选按钮的文本分别设置为基本不用、很少使用、经常使用、频繁使用；其单元格链接设置为数据统计表!$H$1，效果如图 6-77 所示。

（16）分组框"您使用 Excel 的熟练程度："中单选按钮的文本分别设置为相当熟练、熟练、一般、较生；其单元格链接设置为数据统计表!$I$1，效果如图 6-77 所示。

图 6-77　单选按钮设计效果

（17）插入"您经常使用 Excel 的哪些功能？"分组框及复选框。插入"分组框"控件；在"开发工具"选项卡的"控件"功能区中，单击"插入"命令按钮中的"复选框"控件，如图 6-78 所示。

（18）插入"复选框"控件，其文本分别设置为基本操作、数据的批量和规范录入、公式和函数、图表、分类汇总、数据透视图/表、窗体控件、宏和 VBA，效果如图 6-79 所示。

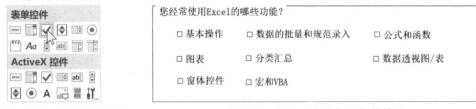

图 6-78　插入"复选框"控件　　　　　　图 6-79　插入"复选框"控件效果

（19）右击"基本操作"复选框控件，在弹出快捷菜单中选择"设置控件格式"命令，再在弹出的"设置控件格式"对话框中选择"控制"选项卡，设置其数据源区域和单元格链接，如图 6-80 所示。

图 6-80　设置"复选框"控件格式

（20）其他"复选框"控件的单元格链接依次设置为数据统计表!$J$1～数据统计表!$Q$1。

（21）分组框"您希望提高 Excel 的哪些方面的技能？"中的文本分别设置为基本操作、数据的批量和规范录入、公式和函数、图表、分类汇总、数据透视图/表、窗体控件、宏和 VBA，效果如图 6-81 所示。

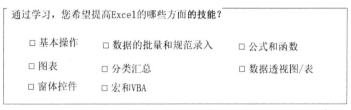

图 6-81　插入"复选框"控件效果

（22）分组框"您希望提高 Excel 的哪些方面的技能？"中"复选框"控件的单元格链接依次设置为数据统计表!$R$1～数据统计表!$Y$1。

任务四：建立问卷调查表与数据记录表之间的联系

问卷调查表是不能记录或存储数据的，一张问卷填写好后，需要提交数据，将数据记录在"数据记录表"中才能保存。

在问卷调查表中，需要插入一个"提交"按钮，应用"宏"建立问卷调查表与数据记录表之间的链接，即可将"问卷调查表"中填写的数据记录在"数据记录表"中。

操作步骤

（1）在"开发工具"选项卡的"代码"功能区中，单击"宏"命令按钮，在弹出的"宏"对话框中，输入宏名"提交"，单击"创建"按钮，如图 6-82 所示。在代码窗口中输入宏代码，如图 6-83 所示。

程序代码释义：

```
Dim i As Integer                    '定义变量i为行号
Dim j As Integer                    '定义变量j为列号
Sub 提交()
i = i + 1                           '行号自动加1
For j = 2 To 25                     '列号从2～25循环
Sheets("数据记录表").Select          '选择"数据记录表"工作表
Cells(1, j).Select                  '选择单元格1j，每次循环后j+1
Selection.Copy Destination:=Cells(i + 4, j) '将1j单元格的内容复制到单元格(i+4) j中
Cells(1, j) = ""                    '删除第1行单元格的内容
Next j                              'j+1后转入下一个单元格，直到j=26
Sheets("问卷调查表").Select          '循环结束，返回工作表"问卷调查表"
End Sub
```

（2）添加"提交"命令按钮。在"开发工具"选项卡的"控件"功能区中，单击"插入"命令按钮中的"按钮"控件，如图 6-84 所示。

（3）绘制按钮，并编辑文字为"提交"，如图 6-85 所示。

图 6-82　创建"提交"宏

图 6-83　"提交"宏代码

图 6-84　插入"按钮"控件

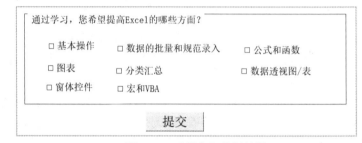

图 6-85　"提交"按钮效果

（4）右击"提交"按钮，在弹出的快捷菜单中选择"指定宏"命令，在弹出的"指定宏"对话框中选择"提交"宏，如图 6-86 所示。

图 6-86　给"提交"按钮指定宏

（5）运行宏。在"问卷调查表"中选择各项数据后，单击"提交"按钮，其调查结果即可输入到数据统计表中，如图 6-87 所示。

图 6-87　运行宏结果

任务五：创建数据统计表

通过问卷调查，将数据录入到记录表中，再应用 Excel 的统计函数 CUONT() 对各项数据进行统计。

🍃　操作步骤

（1）创建"数据统计表"工作表。在"问卷调查"工作簿中，创建工作表"数据统计表"，并编辑各项的批注，如图 6-88 所示。

（2）统计"性别""年龄""职业""学历""收入"等各项数据。在单元格 B4 中输入公式"=COUNTIF(数据记录表!B\$5:B\$210,\$A4)"。

（3）复制单元格 B4 的公式至单元格 C4～I4 中；修改数据统计区域"数据记录表!B\$5:B\$210"，分别将列标依次修改为 C～I 即可。

（4）向下自动填充 B 列～I 列的数据。

图 6-88　创建"数据统计表"

（5）统计"使用的 Excel 功能""希望提高 Excel 的方面"等各项数据。在单元格 J4 中输入公式"=COUNTIF(数据记录表!J\$5:J\$210,TRUE)"。

（6）复制单元格 J4 的公式至单元格 J5～J11 中；修改数据统计区域"数据记录表!J\$5:J\$210"，分别将列标依次修改为 K～Q 即可。

（7）分别复制单元格 J4～J11 的公式至单元格 K4～K11 中，各项数据统计结果如图 6-89 所示。

项目编号	个人资料					使用的Excel版本	使用频率	熟练程度	使用的Excel功能	希望提高Excel的方面
	性别	年龄	职业	学历	收入					
1	109	21	15	26	16	20	37	30	59	44
2	97	30	32	41	48	66	55	67	43	42
3		48	16	69	67	76	94	87	42	54
4		46	24	37	47	44	20	22	34	34
5		41	38	33	28				47	32
6		20	22						41	32
7			19						38	47
8			18						31	37
9			22							
合计	206	206	206	206	206	206	206	206	335	322

数据统计表标题为：**数 据 统 计 表**

工作表标签：问卷调查表 备选数据 数据记录表 数据统计表

图 6-89　数据统计效果

6.4.2　制作销售管理卡

通过销售管理卡，查询销售数据更方便、快捷、清晰。在"销售管理卡"的设计中添加了"滚动条控件"和翻页按钮"首张""上一张""下一张""末张"，实现对销售情况表中数据的动态查询功能，效果如图 6-90 和图 6-91 所示。

日期	产品代号	产品品牌	订货单位	业务员	单价	数量	销售额
2015-01-02	JD70B5	金达牌	天缘商场	李丽	¥ 185	18	¥ 3,330
2015-01-05	JN70B5	佳能牌	白云出版社	杨韬	¥ 185	19	¥ 3,515
2015-01-05	SG70A3	三工牌	蓝图公司	王霞	¥ 230	23	¥ 5,290
2015-01-07	JD70B5	金达牌	天缘商场	邓云洁	¥ 185	20	¥ 3,700
2015-01-10	SY80B5	三一牌	星光出版社	王霞	¥ 210	40	¥ 8,400
2015-01-12	JD70A4	金达牌	期望公司	杨韬	¥ 225	40	¥ 9,000
2015-01-12	XL70A3	雪莲牌	海天公司	刘恒飞	¥ 230	50	¥ 11,500
2015-01-14	JD70B4	金达牌	白云出版社	杨韬	¥ 195	21	¥ 4,095
2015-01-14	XL70B5	雪莲牌	蓓蕾商场	邓云洁	¥ 189	22	¥ 4,158
2015-01-16	JD70A3	金达牌	开心商场	杨东方	¥ 220	40	¥ 8,800
2015-01-16	JN80A3	佳能牌	天缘商场	杨东方	¥ 245	70	¥ 17,150
2015-01-18	JD70B5	金达牌	蓓蕾商场	杨韬	¥ 185	18	¥ 3,330
2015-01-18	JD70B4	金达牌	星光出版社	杨韬	¥ 190	21	¥ 3,990
2015-01-20	SY80B5	三一牌	方一心		¥ 220	40	¥ 8,800
2015-01-22	XL70B5	雪莲牌	期望公司	张建生	¥ 185	22	¥ 4,070
2015-01-24	SY70B4	三一牌	星光出版社	赵飞	¥ 190	20	¥ 3,800
2015-01-24	JD70B5	金达牌	白云出版社	张建生	¥ 175	20	¥ 3,500
2015-01-29	XL80B4	雪莲牌	明月商场	杜宏涛	¥ 183	40	¥ 7,320

工作表标签：销售情况表 销售管理卡

图 6-90　销售情况表

图 6-91　销售管理卡

任务一：添加表单控件

操作步骤

（1）打开"销售管理卡"工作簿，创建新工作表，并命名为"销售管理卡"。

（2）设置"销售管理卡"的标题和管理卡表格，效果如图 6-92 所示。

图 6-92　销售管理卡的表格设计

（3）设置"销售管理卡"的工作表和取值范围。

在 K3 单元格中，输入公式"=COUNTA(销售情况表!A:A)"。

在 K4 单元格中，输入公式"="销售情况表!A2:I"&K3"。

在 K5 单元格中，输入数字"2"。

（4）设置"销售管理卡"中序号、产品代号、产品品牌、单价、数量、销售额、业务员、日期的计算公式。

在单元格 D3 中，输入公式"=IF(K5>=K3,K3-1,K5)"。

在单元格 H3 中，输入公式"=VLOOKUP($D$3,INDIRECT($K$4),3,FALSE)"。

在单元格 D4 中，输入公式"=VLOOKUP($D$3,销售情况表!$A$2:$I$181,4,FALSE)"。

在单元格 D5 中，输入公式"=VLOOKUP($D$3,INDIRECT($K$4),7,FALSE)"。

在单元格 F5 中，输入公式"=VLOOKUP($D$3,INDIRECT($K$4),8,FALSE)"。

在单元格 H5 中，输入公式"=VLOOKUP($D$3,INDIRECT($K$4),9,FALSE)"。

在单元格 D6 中，输入公式"=VLOOKUP($D$3,INDIRECT($K$4),6,FALSE)"。

在单元格 H6 中，输入公式"=VLOOKUP($D$3,INDIRECT($K$4),2,FALSE)"。

（5）添加滚动条控件。执行"开发工具"｜"插入"菜单命令，在弹出的"控件列表"界面中，选择"表单控件"分类中的"滚动条"控件，在销售管理卡的右侧放置"滚动条"控件，效果如图 6-93 所示。

图 6-93　销售管理卡的"滚动条"控件

（6）设置"滚动条"控件格式。右击"滚动条"控件，在弹出的快捷菜单中选择"设置控件格式"命令，弹出"设置控件格式"对话框，选择"控制"选项卡，设置其最小值、最大值、步长和单元格链接，如图 6-94 所示。

图 6-94　设置"滚动条"的控件格式

（7）添加按钮控件。其方法同添加"滚动条"控件，添加 4 个"按钮"控件，文本分别设置为"首张""上一张""下一张""末张"，如图 6-95 所示。

图 6-95　销售管理卡的"按钮"控件

任务二：为按钮指定宏

操作步骤

（1）创建宏。在"开发工具"选项卡的"代码"功能区中，单击"宏"命令按钮，在弹出的"宏"对话框中，设置宏名为"首张"。单击"创建"按钮，如图 6-96 所示；在代码窗口中输入宏代码，如图 6-97 所示。

（2）用同样的方法创建其他 3 个按钮的宏"上一张""下一张""末张"，如图 6-98 所示；宏代码如图 6-97 所示。

图 6-96 创建"首张"宏

图 6-97 宏代码

（3）指定宏。右击"首张"按钮，在弹出的快捷菜单中选择"指定宏"命令，在弹出的"指定宏"对话框中，选择"首张"宏，如图 6-99 所示。

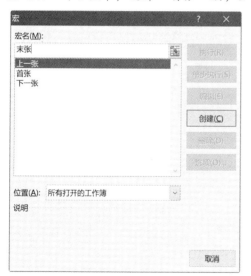

图 6-98 分别创建宏

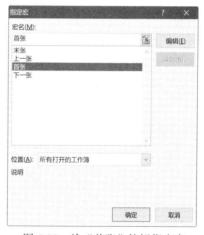

图 6-99 给"首张"按钮指定宏

（4）用同样的方法为"上一张"按钮指定宏"上一张"；"下一张"按钮指定宏"下一张"；"末张"按钮指定宏"末张"。

（5）运行宏。分别单击"首张"按钮和"末张"按钮，运行宏的效果如图 6-100 和图 6-101 所示。

图 6-100 "首张"宏的运行效果

图 6-101 "末张"宏的运行效果

项目7

生动直观的图表显示

7.1　项目展示：销售管理数据的产品季度销售动态图表

所谓图表，即以图形的方式来显示工作表中的数据。图表具有更好的视觉效果，可以更方便、直观地查看数据间的关系、差异，更容易对数据变化进行趋势预测。但在实际工作中，经常在数据分析中需要对同一组数据中的不同数列对应生成不同的图表，这样工作量就比较大了，而动态图表则可根据选项变化，生成不同数据源的图表，一目了然地展示不同数据列的数据关系。

本项目制作"GT 公司"产品季度销售的动态图表，首先由销售订单表中的数据生成"产品季度销售数据透视表"，再生成动态图表，可以方便地查看每个季度各产品在总销售额中所占的比例，如图 7-1 所示。

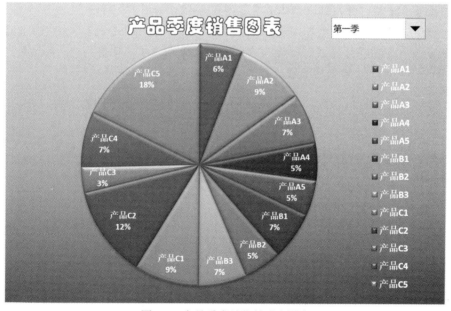

图 7-1　产品季度销售的动态图表

7.2 项目制作

任务一：创建产品季度销售数据透视表

操作步骤

（1）打开"销售订单表"，如图 7-2 所示。

	A	B	C	D	E	F	G	H	I	J
1	订单号	订单日期	产品型号	产品名称	客户名称	区域	销量	单价(万元)	总金额（万元）	订单处理日期
2	#170101	2017/01/02	XC-91	产品C1	广东华宇	华中	18	¥ 3	¥ 57.60	2017/01/02
3	#170102	2017/01/05	XB-81	产品B1	云南白云山	西南	19	¥ 2	¥ 28.50	2017/01/05
4	#170103	2017/01/05	XC-92	产品C2	海南天赐南湾	华中	23	¥ 3	¥ 57.50	2017/01/05
5	#170104	2017/01/07	XA-71	产品A1	广东天缘	华中	20	¥ 2	¥ 40.00	
6	#170105	2017/01/10	XC-95	产品C5	河南星光	华中	40	¥ 4	¥ 144.00	2017/01/10
7	#170106	2017/01/12	XB-83	产品B3	山东新期望	华东	40	¥ 2	¥ 80.00	2017/01/12
8	#170107	2017/01/12	XA-71	产品A1	福建万通	华中	50	¥ 2	¥ 100.00	2017/01/12
9	#170108	2017/01/14	XA-75	产品A5	上海新世界	华东	21	¥ 4	¥ 84.00	2017/01/14
10	#170109	2017/01/14	XC-91	产品C1	湖北蓓蕾	华中	22	¥ 3	¥ 70.40	2017/01/14
11	#170110	2017/01/16	XB-81	产品B1	天津嘉美	华北	40	¥ 2	¥ 60.00	2017/01/16
12	#170111	2017/01/16	XC-92	产品C2	北京和丰	华北	70	¥ 3	¥ 175.00	2017/01/16
13	#170112	2017/01/18	XA-71	产品A1	湖北蓓蕾	华中	18	¥ 2	¥ 36.00	2017/01/18
14	#170113	2017/01/18	XC-93	产品C3	北京华夏	华北	21	¥ 3	¥ 63.00	2017/01/18
15	#170114	2017/01/20	XB-82	产品B2	广东华宇	华中	40	¥ 3	¥ 120.00	2017/01/20

销售订单表

图 7-2 打开"销售订单表"

（2）在"插入"选项卡中单击"数据透视表"命令按钮，在弹出的"创建数据透视表"对话框中设置表区域，并勾选"新工作表"单选按钮，如图 7-3 所示。

（3）将新工作表命名为"产品季度销售图表"。选中新数据透视表，在"数据透视表字段"任务窗格中设置"行"、"列"及"值"字段分别为"订单日期"、"产品名称"及"总金额"，如图 7-4 所示。初创的数据透视表效果如图 7-5 所示。

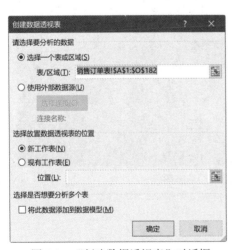

图 7-3 "创建数据透视表"对话框

图 7-4 "数据透视表字段"设置窗口

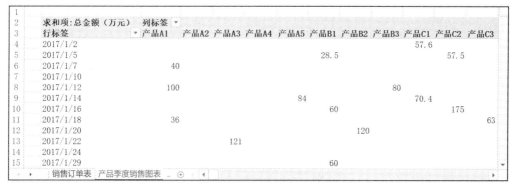

图 7-5　初创的数据透视表

（4）创建组。右击 B4 单元格，在弹出的快捷菜单中选择"创建组"命令，在弹出的"组合"对话框中选择步长"季度"，如图 7-6 所示。

图 7-6　设置"组合"步长

（5）单击"确定"按钮，并适当修饰，数据透视表效果如图 7-7 所示。

| 求和项:总金额（万元） | 列标签 | | | | | | | | | | | | |
行标签	产品A1	产品A2	产品A3	产品A4	产品A5	产品B1	产品B2	产品B3	产品C1	产品C2	产品C3	产品C4	产品C5	总计
第一季	214	345	247.5	187.2	172	238.5	189	244	323.2	452.5	126	273	658.8	3670.7
第二季	182	420		98.8	260	60	786	364	384	242.5	285	688.8	280.8	4051.9
第三季	510	305	693	364	72	321	294	370	70.4	270	357	281.4	435.6	4343.4
第四季	36	605		395.2	356	178.5	456	444	294.4	332.5	429	432.6	338.4	4297.6
总计	942	1675	940.5	1045.2	860	798	1725	1422	1072	1297.5	1197	1675.8	1713.6	16363.6

图 7-7　数据透视表效果

任务二：创建产品季度销售动态图表

操作步骤

（1）插入控件。在"开发工具"选项卡的"插入"功能区中，单击"表单控件"命令组中的"组合框（窗体控件）"控件，如图 7-8 所示。

（2）在工作表的空白处拖曳鼠标绘制"窗体控件"，如图 7-9 所示。

（3）选中"窗体控件"，右击，在弹出的快捷菜单中选择"设置控件格式"命令，如图

7-10 所示。

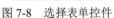

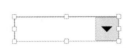

图 7-8 选择表单控件	图 7-9 绘制"窗体控件"	图 7-10 "设置控件格式"命令

（4）在弹出的"设置对象格式"对话框中输入数据源区域和单元格链接，如图 7-11 所示。

（5）单击"确定"按钮，控件效果如图 7-12 所示。

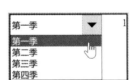

图 7-11 "设置对象格式"对话框	图 7-12 控件效果

（6）创建动态图表数据区域。复制单元格 B3:O3 区域的数据至单元格 C10:P10 处。

（7）在单元格 C11 中输入函数"=OFFSET(B3,$P$13,0)"，并向右自动填充公式至 P11 单元格，生成动态数据区域，如图 7-13 所示。

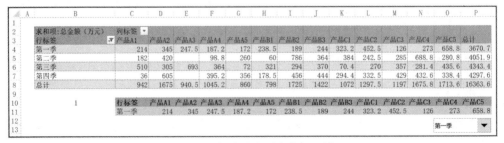

图 7-13 创建动态图表数据区域

（8）选中动态数据区域 C10:P11，在"插入"选项卡的"图表"功能区中，单击"饼图"命令按钮，生成的饼图效果如图 7-14 所示。

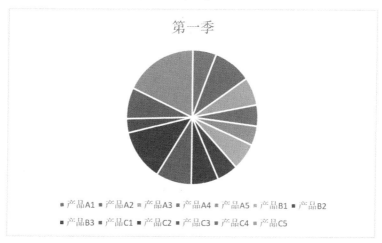

图 7-14　初创"饼图"

（9）右击已设置好的控件，在弹出的快捷菜单中选择"叠放次序" | "置于顶层"命令，如图 7-15 所示。

图 7-15　选择"叠放次序" | "置于顶层"命令

（10）拖曳控件至图表适当的位置，并与图表组合，效果如图 7-16 所示。

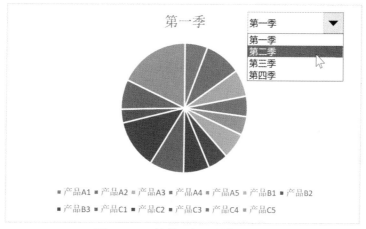

图 7-16　"控件"与"图表"组合

任务三：修饰产品季度销售动态图表

操作步骤

（1）设置图表颜色。选中图表，在"图表工具"的"设计"选项卡中，单击"更改颜色"命令按钮，选择"颜色2"，如图 7-17 所示，图表颜色设计效果如图 7-18 所示。

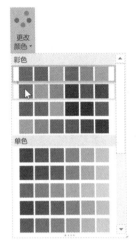

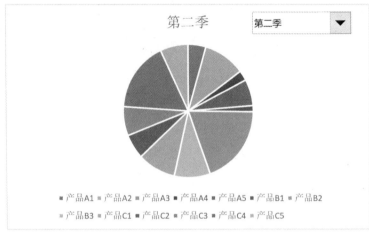

图7-17 "更改颜色"命令按钮　　　　　　　　图 7-18　图表颜色设计效果

（2）设置图表样式。选中图表的绘图区，在"图表工具"的"设计"选项卡中，选择"图表样式 12"，如图 7-19 所示。图表样式设计效果如图 7-20 所示。

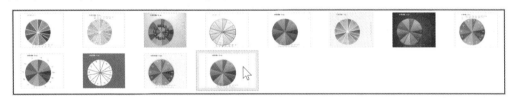

图 7-19　选择"图表样式 12"

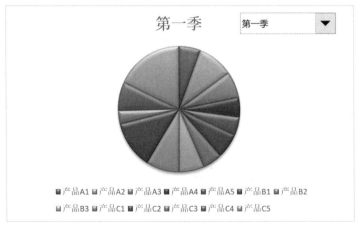

图 7-20　图表样式设计效果

（3）布局图表。在"图表工具"的"设计"选项卡中，选择"快速布局 6"，如图 7-21

所示。图表布局效果如图 7-22 所示。

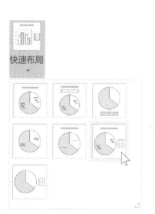

图 7-21 选择"快速布局 6"

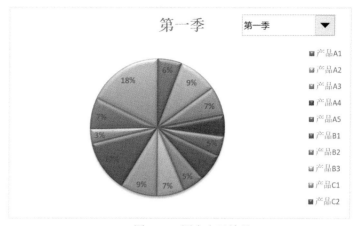

图 7-22 图表布局效果

（4）设置图表标签。选中数据标签，右击，在弹出的快捷菜单中选择"设置数据标签格式"命令，如图 7-23 所示。

（5）在弹出的"设置数据标签格式"对话框中选择标签选项，如图 7-24 所示；文本颜色为"白色加粗"，图表标签设计效果如图 7-25 所示。

图 7-23 选择"设置数据标签格式"命令　　图 7-24 "设置数据标签格式"对话框

（6）设置图表区背景。选中图表区，右击，在弹出的快捷菜单中选择"设置图表区域格式"命令，如图 7-26 所示。

（7）在弹出的"设置图表区格式"对话框中，设置背景为浅蓝到深蓝的渐变色，如图 7-27 所示。

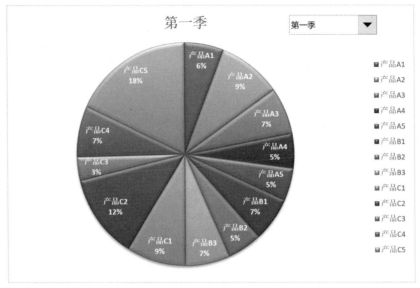

图 7-25　图表标签设计效果

图 7-26　选择"设置图表区域格式"命令　　　　　　图 7-27　设置图表区背景

（8）设置标题。选中标题，输入标题"产品季度销售图表"；右击，在弹出的快捷菜单中选择"设置图表标题格式"命令，如图 7-28 所示。

（9）在弹出的"设置图表标题格式"对话框中，设置标题字体为"华文琥珀"，文本填充"白色"，文本边框"深蓝色"，如图 7-29 所示。标题设置效果如图 7-1 所示。

（10）设置图列格式。选中图列，在"开始"选项卡中设置字体颜色为"白色"。图表设置效果如图 7-1 所示。

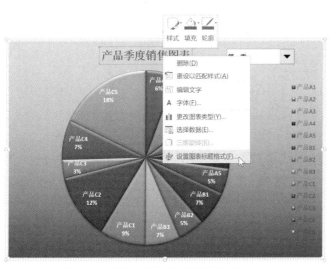

图 7-28　选择"设置图表标题格式"命令

图 7-29　设置图表标题

7.3　知识点击

　　图表具有较好的视觉效果，可以将工作表中枯燥的数据转化为简洁、直观的图表形式，更方便观察、分析数据的差异和趋势。设计完美的图表与具有大量数据的工作表相比，能够更快捷、更有效地传递信息。

　　Excel 能够很容易地将工作表中的数据转化为图表显示，当编辑或更新工作表中的数据时，图表会随着数据的改变而自动修改。

　　本项目知识要点：

□　认识图表类型；

□　创建图表；

□　图表的基本操作；

□　了解图表与数据表的关系；

□　修饰图表。

7.3.1　图表类型

　　Excel 提供了 14 种类型的图表，每个类型又包含若干个子类型，表达的意义各不相同，如图 7-30 所示。

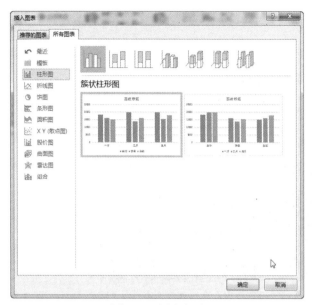

图 7-30　图表类型

Excel 提供的标准图表类型之丰富和专业，充分体现了其分析数据和表现功能的强大，各类型标准图表的功能和用途如表 7-1 所示。

表 7-1　图表的类型及其功能

图 表 类 型	图表的功能
柱形图（又称直方图）	用于显示几个序列的差异，或各序列随时间的变化情况
条形图	用于描述各序列间的差异变化，或显示各个项与整体之间的关系。条形图是柱形图 90°旋转后的效果，横轴为数值，纵轴为分类
折线图	用于显示某段时间数据的变化趋势，适合 X 轴为时间轴的情况
饼图	用于显示数据序列中各项占总体的比例关系，一般只显示一个数据序列
XY（散点图）	用几种不同颜色的点代表各种不同的序列，X 轴和 Y 轴都表示数值，没有分类。多用于科学计算，比较不同数据序列中的数值，以反映数值间的关联性
面积图	用曲线下面的区域来表示数据的总和，用于显示局部和整体之间的关系，更强调数据随时间的变化趋势
圆环图	用于显示部分和整体之间的比例关系，可表示多个数据序列
雷达图	用于多个数据序列之间的总和值的比较，各个分类沿各自的数值坐标轴相对于中点呈辐射状分布，同一序列的数值之间用折线相连
曲面图	用于确定两组数据之间的最佳逼近
气泡图	一种特殊类型的 XY（散点图）。在组织数据时，将 X 值放置在一行或一列中，再在相邻的行或列中输入相关的 Y 值或气泡大小
股价图	用于分析股票价格的走势
圆锥图	三维效果图，可以生成更生动的立体效果图表
圆柱图	
棱锥图	

7.3.2 创建图表

1. 图表的基本构成

如图 7-31 所示的数据表为某公司一季度销售报表，由此数据表生成的柱形图图表如图 7-32 所示。

	A	B	C	D	E	F
1	一季度销售报表					
2	姓名	一月	二月	三月	季度个人总计	个人平均销售额
3	王玲	18300	19800	19900	58000	19333.33
4	李莹	16000	13900	15600	45500	15166.67
5	张贝贝	26500	22600	23500	72600	24200.00

图 7-31　数据表

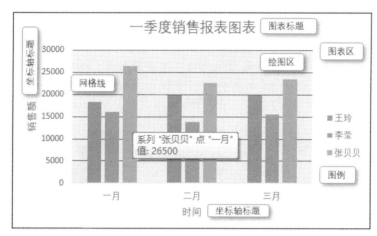

图 7-32　柱形图图表

图表的基本构成有以下各项。

❑ 图表标题：用来标明图表内容的文字。

❑ 坐标轴标题：即图表坐标轴的名称。在建立图表时，用 X 轴表示水平轴，用 Y 轴表示垂直轴。X 轴常用来表示时间或种类，因此 X 轴也称为时间轴或分类轴。

❑ 网格线：水平和垂直坐标轴都分主、次网格线，以使数据更直观或更具有对比性。

❑ 图例：是对每个数据系列的说明，表示每个系列所代表的数据内容。

❑ 绘图区：是图表所在的区域。

❑ 图表区：是整个图表所有的图表项所在的背景区。

2. 创建图表

Excel 可以生成两种形式的图表：嵌入式图表和图表工作表。

❑ 嵌入式图表：是把图表直接插入在数据所在的工作表中，主要用于需要用图表来说明工作表的数据关系的场合，可以充分地发挥图表的直观表达力。

❑ 图表工作表：是为创建图表而新建一个工作表，整个工作表中只有一张图表，主要用于只需要图表的场合。有时所建立的工作表只是为了生成一张图表，因而在最后输出文档时只有一张单独的图表即可。

1）创建嵌入式图表

操作步骤

（1）选择数据区域。启动 Excel，打开"一季度销售报表"工作簿，选择单元格区域 A2～D5，如图 7-33 所示。

A2			fx	姓名	
	A	B	C	D	E
1				一季度销售报表	
2	姓名	一月	二月	三月	季度个人总计
3	王玲	18300	19800	19900	58000
4	李莹	16000	13900	15600	45500
5	张贝贝	26500	22600	23500	72600

图 7-33 选择单元格区域

（2）插入图表。在"插入"选项卡的"图表"功能区中，单击"插入柱形图或条形图"命令中"二维柱形图"下的"簇状柱形图"项，生成柱形图，如图 7-34 所示。

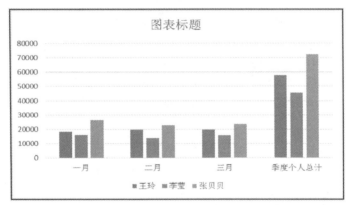

图 7-34 柱形图

（3）编辑图表标题。单击并拖曳图表到合适位置，单击图表上方的"图表标题"进入编辑状态，输入图表标题，如图 7-35 所示。

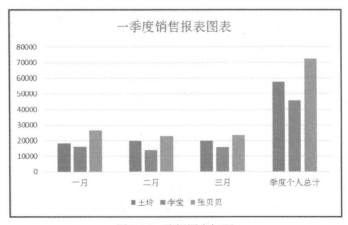

图 7-35 编辑图表标题

2）创建图表工作表

图表做好后，只需要在图表任意空白位置右击，在弹出的快捷菜单中选择"移动图表"命令，然后在弹出的"移动图表"对话框中选择"新工作表"单选项，并修改新工作表名称，即可生成一个独立的图表工作表，如图 7-36 所示；生成的独立图表工作表如图 7-37 所示。同理，通过"移动图表"对话框还可以实现图表工作表与嵌入式图表的转换，以及使用"对象位于"单选项实现嵌入式图表在多张工作表间的移动。

图 7-36　创建图表工作表

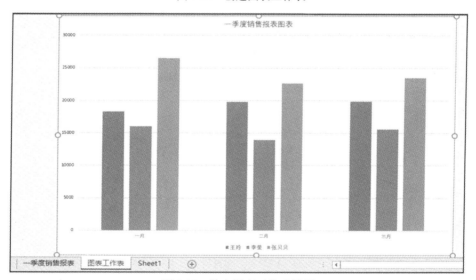

图 7-37　独立图表工作表效果

7.3.3　图表的基本操作

1. 修改图表类型

Excel 系统的默认图表类型是柱形图，如果在工作中需要使用另一种图表，可以重新设置图表的类型。

改变图表类型的方法：右击图表的任意空白位置，在弹出的快捷菜单中选择"更改图表类型"命令；在弹出的"更改图表类型"对话框中选择需要的图表类型，如"折线图"，如图 7-38 所示，单击"确定"按钮，即可完成默认图表类型的设置。

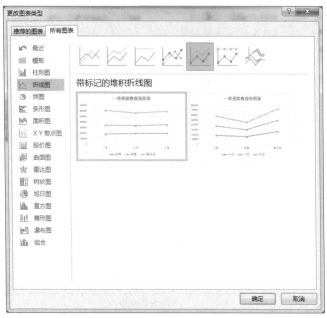

图 7-38　设置默认图表类型

单击"确定"按钮，得到"一季度销售报表"的折线图，如图 7-39 所示。

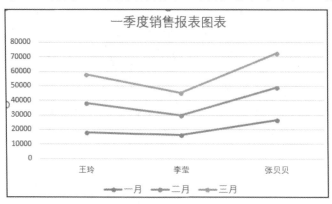

图 7-39　折线图效果

2. 设置图表选项

创建图表后，可以对图表的标题、坐标轴、网格线、图例等进行重新设置，如重命名标题和坐标轴，设置网格线、图例等。

设置方法：需要修改哪个元素，就用鼠标双击该元素，窗口右侧会弹出对应的"设置××格式"对话框，在其中进行相应的设置即可。如图 7-40 所示为"设置图表区格式"对话框，其中"文本选项"选项卡可实现图表区文本的格式设置，"图表选项"选项卡可实现图表区格式的美化。

3. 移动或缩放图表项

单击图表中的某个图表项，其四周会出现 8 个控制点，如图 7-41 所示，鼠标指向控制点并拖曳，可以移动或缩放该图表项。

图 7-40 "设置图表区格式"对话框

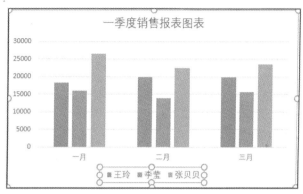

图 7-41 移动或缩放图表项

7.3.4 图表与数据表的关系

1. 修改数据对图表的影响

当图表所表示的源数据被修改时，将会自动体现在图表中。如将张贝贝一月份的销售额修改为"16500"时，图表自动更新效果如图 7-42 所示。

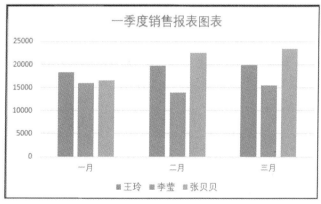

图 7-42 修改数据对图表的影响

2. 改变数据区域对图表的影响

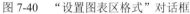
操作步骤

选中图表，在"设计"选项卡的"数据"功能区中，单击"选择数据"命令按钮，如图 7-43 所示。或在图表区任意空白位置右击，在弹出的快捷菜单中选择"选择数据"命令，弹出"选择数据源"对话框，如图 7-44 所示。

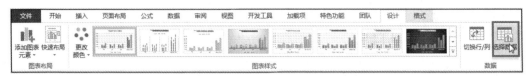

图 7-43　在功能中单击"选择数据"命令按钮

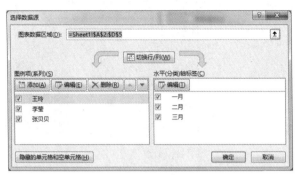

图 7-44　"选择数据源"对话框

在弹出"选择数据源"对话框后，可直接在数据表中拖曳选中新的数据区域后放掉鼠标，"选择数据源"对话框中就会自动修改图表数据区域为"Sheet1!\$A\$2:\$F\$5"，如图 7-45 所示。单击"确定"按钮后，图表会随之发生调整。

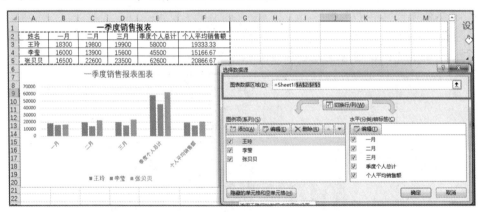

图 7-45　修改数据区域

另外，使用"选择数据源"对话框中的"切换行和列"按钮还可以实现图表上行列数据的切换，如图 7-46 所示。

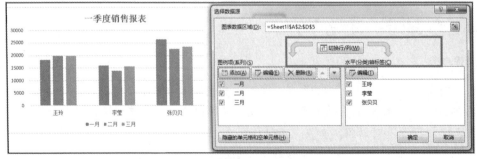

图 7-46　图表的行列数据切换

3. 插入数据系列对图表的影响

 操作步骤

（1）在数据表中插入一个数据系列"赵红"，如图 7-47 所示。

	A	B	C	D	E	F
1	一季度销售报表					
2	姓名	一月	二月	三月	季度个人总计	个人平均销售额
3	王玲	18300	19800	19900	58000	19333.33
4	李莹	16000	13900	15600	45500	15166.67
5	张贝贝	16500	22600	23500	62600	20866.67
6	赵红	15000	16000	18000	49000	16333.33

图 7-47 插入数据系列

（2）使用右键快捷菜单中的"选择数据"命令，弹出"选择数据源"对话框，然后在数据表中重新选定数据区域，就可实现数据的更新了，如图 7-48 所示。

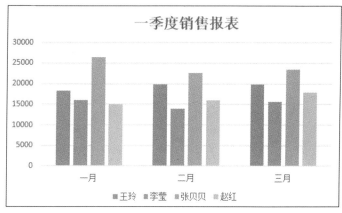

图 7-48 更新图表

4. 删除数据系列对图表的影响

 操作步骤

（1）在数据表中删除一个数据系列"张贝贝"，将弹出"Microsoft Excel"提示框，如图 7-49 所示。

图 7-49 "Microsoft Excel"提示框

（2）单击"确定"按钮，在图表中将删除"张贝贝"系列的数据，结果如图 7-50 所示。

（3）在图表区域中右击，在弹出的快捷菜单中选择"数据"命令；在弹出的"选择数据源"对话框中的图例项（系列）列表中，取消勾选"#REF"项，如图 7-51 所示。

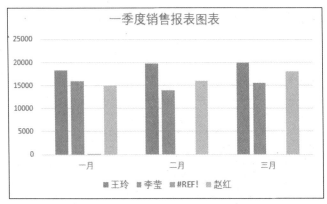

图 7-50　删除数据系列在图表中的效果

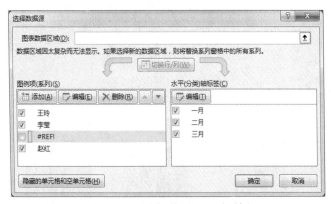

图 7-51　"选择数据源"对话框

（4）单击"确定"按钮，即可在图表中删除该数据系列，如图 7-52 所示。

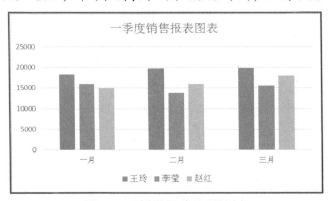

图 7-52　删除数据系列后的图表

7.3.5　修饰图表

使用 Excel 自动生成图表后，如果不能令人满意，可以再对图表进行修饰，从而得到更生动、精美的图表。

1. 设置图表标题、绘图区和图表区域的格式

1）设置图表标题格式

右击图表标题，在弹出的快捷菜单中选择"设置图表标题格式"命令，如图 7-53 所示。在窗口右侧弹出的"设置图表标题格式"对话框中可对标题的填充色、边框、阴影、文本框格式等进行设置，如图 7-54 所示。当然也可以直接使用右键菜单上方的快捷工具栏中的"样式""填充""边框"按钮进行设置。

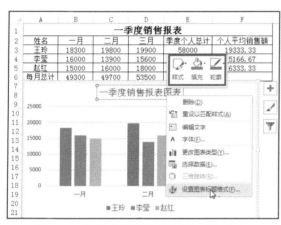

图 7-53　选择"设置图表标题格式"命令

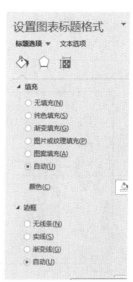

图 7-54　设置图表标题格式

2）设置"图表标题"文字格式

可直接选中标题，使用 "开始"选项卡的"字体"功能区中的工具栏设置图表标题的字体、字形、字号和颜色等，使用 "开始"选项卡的"对齐方式"功能区中的工具栏设置图表标题文本框的对齐方式等。绘图区和图表区域的格式设置同图表标题格式设置。

2. 设置图标位置及格式

单击图表空白处，在图表的右上方将出现 符号，单击该符号，在弹出的"图表元素"选项中选中"图例"并单击其右侧黑色三角符号，在弹出的下拉菜单中选择"右"命令以设置图标位置居右，如图 7-55 所示。另外还可以选中图标，使用"开始"选项卡中的"字体"功能区中的工具栏设置图标的字体、字号等。

3. 设置坐标轴格式

单击图表空白处，在图表的右上方将出现 符号，单击该符号，在弹出的"图表元素"选项卡中选择"坐标轴标题"命令以设置坐标轴标题，分别将横向坐标设为"时间"，将纵向坐标设为"销售额"，如图 7-56 所示。另外还可以选中坐标轴标题，使用"开始"选项卡中的"字体"功能区中的工具栏设置坐标轴标题的字体、字号等。

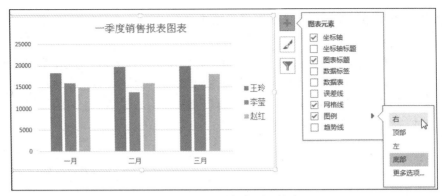

图 7-55　设置图标位置及格式

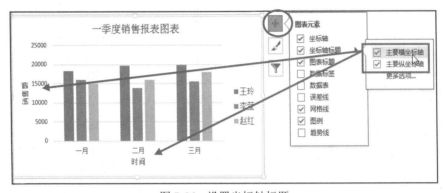

图 7-56　设置坐标轴标题

4. 设置网格线格式

1）设置主要网格线格式

右击图表中的网格线，在弹出的快捷菜单中选择"设置网格线格式"命令，如图 7-57 所示，在窗口右侧弹出"设置主要网格线格式"对话框，如图 7-58 所示，可以设置网格线的图案等格式。

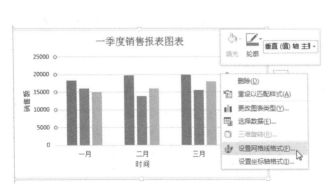

图 7-57　选择"设置网格线格式"命令

图 7-58　"设置主要网格线格式"对话框

2）设置坐标轴格式

右击图表中的网格线，在弹出的快捷菜单中选择"设置坐标轴格式"命令，如图 7-59 所示，在窗口右侧弹出"设置坐标轴格式"对话框，如图 7-60 所示，可以设置坐标轴各格式选项。

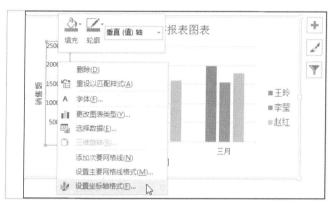

图 7-59 选择"设置坐标轴格式"命令　　　　图 7-60 "设置坐标轴格式"对话框

5. 设置数据系列的格式

右击图表中的数据系列，在弹出的快捷菜单中选择"设置数据系列格式"命令，如图 7-61 所示，在窗口右侧弹出"设置数据系列格式"对话框，如图 7-62 所示，可以设置数据系列的填充色、边框效果、系列绘制位置等。

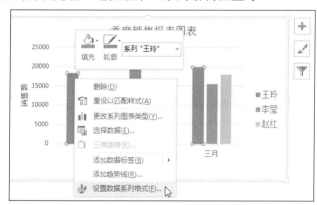

图 7-61 选择"设置数据系列格式"命令　　　图 7-62 "设置数据系列格式"对话框

通过以上设置，就可以设计出更生动、精美的图表了，图表修饰效果如图 7-63 所示。

【例 7-1】使用柱形迷你图分析各个国家 2010 年至 2018 年人口数量增幅走势。

如图 7-64 所示为"世界各国人口数量排行榜"折线图，从图中效果看多条折线图形发生近似重合，会造成我们的视觉混乱，不利于后期统计分析工作的展开。

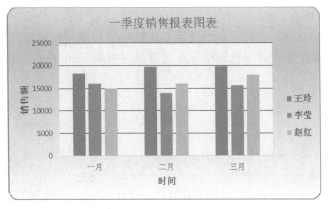

图 7-63　图表修饰效果

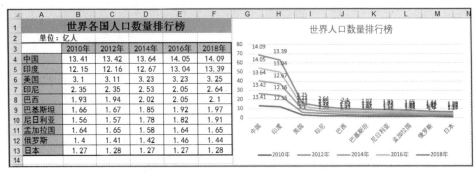

图 7-64　"世界各国人口数量排行榜"折线图效果图

Excel 2010 及以上版本提供了"迷你图"功能，在一个单元格中便可以绘制出简洁、漂亮的小图表。如图 7-65 所示是使用迷你图来展现"世界各国人口数量排行榜"的分析效果，更醒目地呈现出各国人口数据变化的趋势。

	2010年	2012年	2014年	2016年	2018年	各国人口数量增长走势
中国	13.41	13.42	13.64	14.05	14.09	
印度	12.15	12.16	12.67	13.04	13.39	
美国	3.1	3.11	3.23	3.23	3.25	
印尼	2.35	2.35	2.53	2.05	2.64	
巴西	1.93	1.94	2.02	2.05	2.1	
巴基斯坦	1.66	1.67	1.85	1.92	1.97	
尼日利亚	1.56	1.57	1.78	1.82	1.91	
孟加拉国	1.64	1.65	1.58	1.64	1.65	
俄罗斯	1.4	1.41	1.42	1.46	1.44	
日本	1.27	1.28	1.27	1.27	1.28	
每年各国人口比较						

图 7-65　"世界各国人口数量排行榜"迷你图效果图

操作步骤

（1）创建柱形迷你图。把单元格定位在 G4 单元格，在"插入"选项卡的"迷你图"功能区中，单击"柱形"命令按钮。

（2）在弹出的"创建迷你图"对话框中设置数据范围为"B4:F4"，如图 7-66 所示，单击"确定"按钮，即可生成柱形迷你图，如图 7-67 所示。

图 7-66　"创建迷你图"对话框

世界各国人口数量排行榜						
单位：亿人						
	2010年	2012年	2014年	2016年	2018年	
中国	13.41	13.42	13.64	14.05	14.09	
印度	12.15	12.16	12.67	13.04	13.39	
美国	3.1	3.11	3.23	3.23	3.25	
印尼	2.35	2.35	2.53	2.05	2.64	
巴西	1.93	1.94	2.02	2.05	2.1	
巴基斯坦	1.66	1.67	1.85	1.92	1.97	
尼日利亚	1.56	1.57	1.78	1.82	1.91	
孟加拉国	1.64	1.65	1.58	1.64	1.65	
俄罗斯	1.4	1.41	1.42	1.46	1.44	

图 7-67　生成中国人口数量在各年度的迷你走势图

（3）拖曳 G4 单元格右下角句柄填充 G5 至 G13，即可生成各国人口数量的柱形迷你图，如图 7-68 所示。

世界各国人口数量排行榜						
单位：亿人						
	2010年	2012年	2014年	2016年	2018年	
中国	13.41	13.42	13.64	14.05	14.09	
印度	12.15	12.16	12.67	13.04	13.39	
美国	3.1	3.11	3.23	3.23	3.25	
印尼	2.35	2.35	2.53	2.05	2.64	
巴西	1.93	1.94	2.02	2.05	2.1	
巴基斯坦	1.66	1.67	1.85	1.92	1.97	
尼日利亚	1.56	1.57	1.78	1.82	1.91	
孟加拉国	1.64	1.65	1.58	1.64	1.65	
俄罗斯	1.4	1.41	1.42	1.46	1.44	

图 7-68　生成其他各国人口数量在各年度的迷你走势图

（4）设计迷你图的样式。选中制作好的迷你图，在"设计"选项卡的功能区中设计迷你图的样式、高点、低点、线条粗细等，如图 7-69 所示。

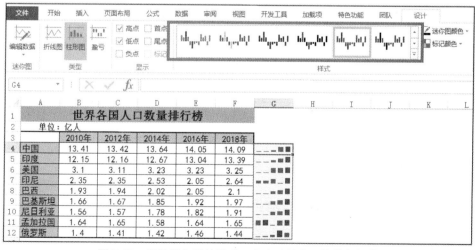

图 7-69　设计迷你图的样式、高点、低点、线条粗细等

【例 7-2】使用折线迷你图分析每年各国人口数量的比较。

操作步骤

（1）创建折线迷你图。把单元格定位在 B14 单元格，使用"插入"｜"迷你图"｜"折线"命令按钮，方法同【例 7-1】。

（2）在弹出的"创建迷你图"对话框中设置数据范围为"B4:B13"，单击"确定"按钮，即可生成折线迷你图。

（3）拖曳 B14 单元格右下角句柄横向填充 C14 至 F14，即可生成各年度的折线迷你图，如图 7-70 所示。

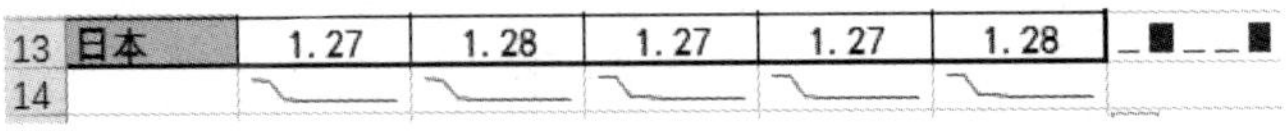

| 13 | 日本 | 1.27 | 1.28 | 1.27 | 1.27 | 1.28 | ■ _ ■ |
| 14 | | | | | | | |

图 7-70　各年度各国人口数量的比较迷你折线图

（4）设计迷你图的样式。选中制作好的迷你图，在"设计"选项卡的功能区中设计迷你图的样式、高点、低点、线条粗细等。其中折线线条的粗细可以通过在"设计"选项卡的"迷你图颜色"功能区中，单击"粗细"命令按钮来设置。

【例 7-3】组合图表。为"销售管理"数据中销售员年度销售业绩添加平均线。

操作步骤

（1）打开"年销售额图表"，选择 D2:F17 单元格数据，如图 7-71 所示。

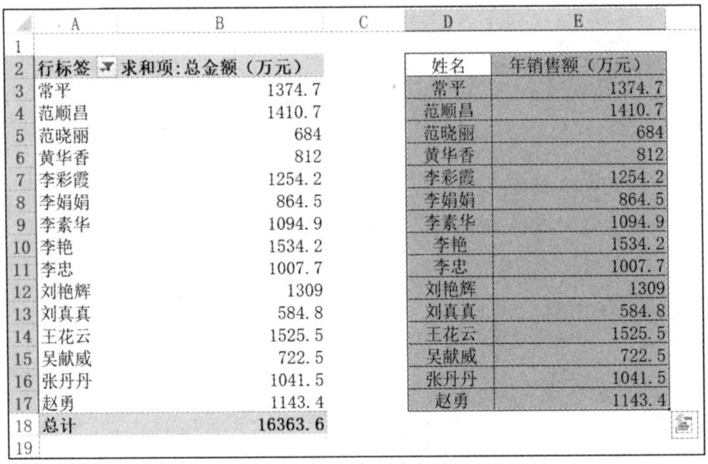

	A	B	C	D	E
2	行标签	求和项:总金额（万元）		姓名	年销售额（万元）
3	常平	1374.7		常平	1374.7
4	范顺昌	1410.7		范顺昌	1410.7
5	范晓丽	684		范晓丽	684
6	黄华香	812		黄华香	812
7	李彩霞	1254.2		李彩霞	1254.2
8	李娟娟	864.5		李娟娟	864.5
9	李素华	1094.9		李素华	1094.9
10	李艳	1534.2		李艳	1534.2
11	李忠	1007.7		李忠	1007.7
12	刘艳辉	1309		刘艳辉	1309
13	刘真真	584.8		刘真真	584.8
14	王花云	1525.5		王花云	1525.5
15	吴献威	722.5		吴献威	722.5
16	张丹丹	1041.5		张丹丹	1041.5
17	赵勇	1143.4		赵勇	1143.4
18	总计	16363.6			
19					

图 7-71　打开"年销售额图表"

（2）生成条形图。在"插入"选项卡的"图表"功能区中，单击"插入条形图"命令中的"二维条形图"选项，生成条形图，如图 7-72 所示。

（3）设置平均数区域。

在 G3、G4 单元格中输入函数"=AVERAGE(B\$3:B\$17)"。

在 H3 单元格中输入数值"0。

在 H4 单元格中输入函数"=MAX(B3:B17)"，结果如图 7-73 所示。

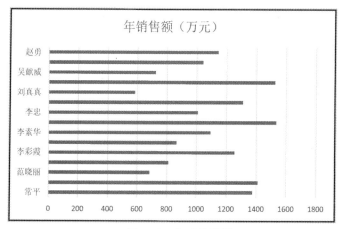

图 7-72 生成条形图

图 7-73 设置平均数区域

（4）创建"销售额平均线"的组合图表。选中 G3:H4 单元格区域，复制数据。

（5）选中图表绘图区，在"开始"选项卡的"剪贴板"功能区中，选择"粘贴"中的"选择性粘贴"命令，如图 7-74 所示。

（6）在弹出的"选择性粘贴"对话框中，设置组合图表的参数，如图 7-75 所示。

图 7-74 "选择性粘贴"命令

图 7-75 "选择性粘贴"对话框

（7）单击"确定"按钮，在条形图表区域中添加了"销售额平均线"，如图 7-76 所示。

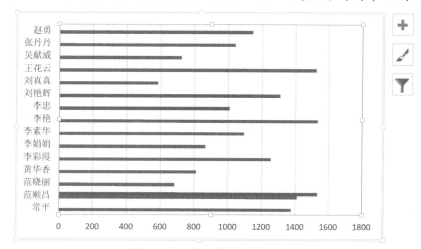

图 7-76 添加"销售额平均线"

（8）更改"平均销售额"系列图表类型。选中绘图区中的"销售额平均线"，右击，在弹出的快捷菜单中选择"更改系列图表类型"命令，如图 7-77 所示。

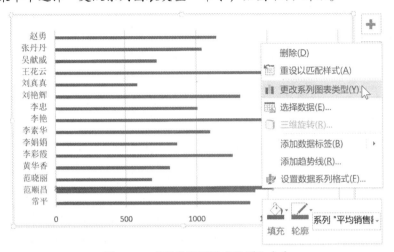

图 7-77 "更改系列图表类型"命令

（9）在弹出的"更改图表类型"对话框中，将"平均销售额"的图表类型修改为"带直线的散点图"，如图 7-78 所示；选中"散点图"后，在"更改图表类型"对话框中显示效果如图 7-79 所示。

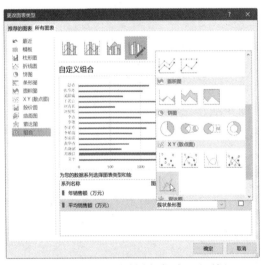
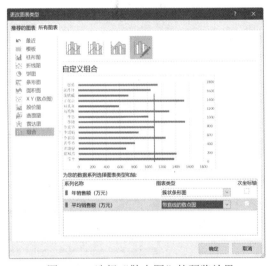

图 7-78 "更改图表类型"对话框　　　图 7-79 选择"散点图"的预览效果

（10）单击"确定"按钮，"销售额平均线"的效果如图 7-80 所示。

（11）添加数据标签。选中"销售额平均线"，右击，在弹出的快捷菜单中选择"添加数据标签"｜"添加数据标签"命令，如图 7-81 所示；标签添加效果如图 7-82 所示。

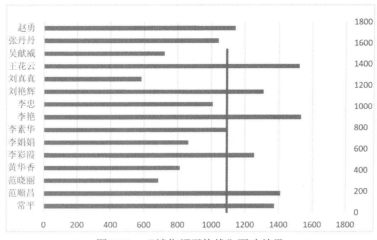

图 7-80　"销售额平均线"更改效果

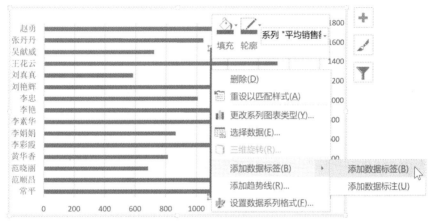

图 7-81　"添加数据标签"命令

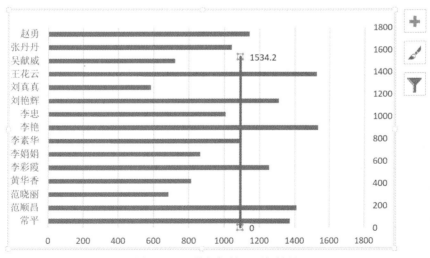

图 7-82　"数据标签"添加效果

（12）添加标题，并适当修饰图表，组合图表最终效果如图 7-83 所示。

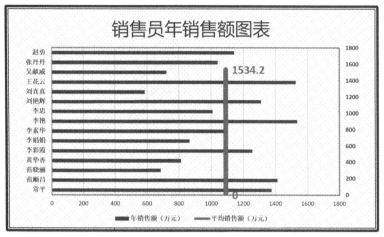

图 7-83　修饰图表的最终效果

7.4　实战训练

7.4.1　组合图表，对销售管理数据进行多类型多角度同步分析

分析数据的时候，需要设计各种各样的图表来进行比较，有时也会用到组合图表。组合图表是指在一个图表中表示两个或两个以上的数据系列，不同的数据系列用不同的图表类型表示。下面制作柱形图和折线图的组合图表，来分析、对比各月产量及去年同期增长率。

任务一：制作各月产量及去年同期增长率柱形图

操作步骤

（1）创建增长率数据表。打开"销售订单表"，以"日期"为行标签，"销量"为值字段，创建数据透视表，如图 7-84 所示。

（2）复制区域 A2:B14 的数据至 D2:E14，并在 F2 单元格中输入"比去年同期增长率"并添加数据，选择 D2:F14 单元格数据，如图 7-85 所示。

图 7-84　创建数据透视表　　　　　　　图 7-85　添加数据

（3）生成柱形图。在"插入"选项卡的"图表"功能区中，选择"插入柱形图或条形图"命令中"二维柱形图"下的"簇状柱形图"选项，生成柱形图，如图 7-86 所示。或选中数据，直接按【Alt+F1】组合键（生成柱形图快捷键）。

图 7-86　生成柱形图

（4）输入图表标题。选中图表标题，输入"各月产量及去年同期增长率组合图表"。

任务二：组合图表的选择及次坐标的使用

操作步骤

（1）选中图例中"去年同期增长率"项（左键双击该项即可），再右击该项，在弹出的快捷菜单中选择"更改系列图表类型"命令，如图 7-87 所示。

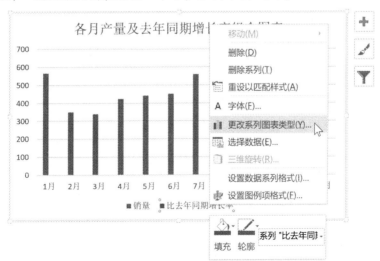

图 7-87　选择"更改系列图表类型"命令

（2）在弹出的"更改图表类型"对话框中将"比去年同期增长率"的图表类型改成折线图，并勾选其"次坐标轴"复选框，将折线图放置于次坐标轴，如图 7-88 所示。

图 7-88 "更改图表类型"对话框

（3）单击"确定"按钮，生成的组合图表效果如图 7-89 所示。

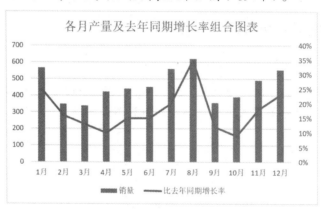

图 7-89 组合图表效果

（4）适当修饰图表，组合图表最终效果如图 7-90 所示。

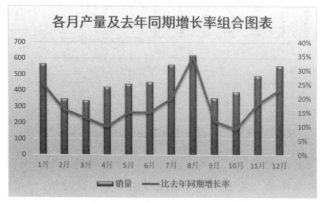

图 7-90 修饰组合图表效果

7.4.2 自动生成分析班级学生成绩的正态分布图

正态分布这种比较专业的图，通常都是使用专业统计分析软件，比如 Minitab 等来做的。但是，这些软件做出的图虽实用却不够美观。而用 Excel 制作出来的图表，可以轻松地进行图表的相关设置，修饰图表相当简单。例如，使用 Excel 制作学生成绩正态分布图，以方便教师对学生成绩、分数段分布、试题难易程度、教学效果等进行分析。

任务一：分析成绩

首先对成绩进行分析，求出最大值、最小值、极差（最大值-最小值）、成绩分段数量、分段间距。

🐟 操作步骤

（1）打开"一班学生成绩表"，以微积分课程成绩 C6:C52 单元格区域为正态分布图的样本数据。

（2）计算正态分布图相关分析数据，最大值、最小值、极差（最大值-最小值）、成绩分段数量、分段间距，如图 7-91 所示。

	微积分课程成绩分析数据			
55				
56	成绩分析	结果	公式	备注
57	最大值	94	MAX(C6:C52)	课程成绩最大值
58	最小值	47	MIN(C6:C52)	课程成绩最小值
59	极差	47	B57-B58	最大值-最小值
60	分段数	7	ROUNDUP(SQRT(COUNT(C6:C52)),0)	
61	分段间距	6.714286	B59/B60	极差/分段数

图 7-91　微积分课程成绩分析数据

任务二：确定分段点

分段点：就是确定直方图的横轴坐标起止范围和每个分数段的起止位置。第一个分段点要小于等于最小成绩，然后依次加上"分段间距"，直到最后一个数据大于等于最高成绩为止。实际分段数量可能与计算的"分段数"稍有一点差别，如图 7-92 所示。

第一个分段点"47.00"即最小值是手工输入的，在第二个分段点 H58 单元格处输入公式"=H57+ $B$61"，向下填充，计算出各个分段点。

任务三：计算段内人数

在单元格 J57 中输入公式："=FREQUENCY(C6:C52,H57:H64)"，向下自动填充公式至 J58:J64，即可算出各分数段内的人数，如图 7-93 所示。

序号	分段点	分数段
1	47.00	0-47
2	53.71	47-53.71
3	60.43	53.71-60.43
4	67.14	60.43-67.14
5	73.86	67.14-73.86
6	80.57	73.86-80.57
7	87.29	80.57-87.29
8	94.00	87.29-94

图 7-92　确定分段点

序号	分段点	分数段	段内人数
1	47.00	0-47	1
2	$B$61	47-53.71	1
3	60.43	53.71-60.43	2
4	67.14	60.43-67.14	8
5	73.86	67.14-73.86	3
6	80.57	73.86-80.57	12
7	87.29	80.57-87.29	9
8	94.00	87.29-94	9

图 7-93　计算段内人数

任务四：计算成绩正态分布值

在单元格 K57 中输入公式"=NORMDIST(J57,AVERAGE($C$6:$C$52),STDEV($C$6:$C$52),0)"，向下自动填充至 K58:K64，即可得到每个成绩段的正态分布值。正态分布概率密度由正态分布函数 NORMDIST()获取，如图 7-94 所示。

序号	分段点	分数段	段内人数	正态分布值
1	47.00	0-47	1	0.00000000021
2	53.71	47-53.71	1	0.00000000021
3	60.43	53.71-60.43	2	0.00000000034
4	67.14	60.43-67.14	8	0.00000000565
5	73.86	67.14-73.86	3	0.00000000055
6	80.57	73.86-80.57	12	0.00000003235
7	87.29	80.57-87.29	9	0.00000000883
8	94.00	87.29-94	9	0.00000000883

图 7-94　计算成绩正态分布值

"NORMDIST 函数"简介：

语法：NORMDIST(x,mean,standard_dev,cumulative)。

功能：返回指定平均值和标准偏差的正态分布函数。

说明：x——需要计算其分布的数值。

　　　mean——分布的算术平均值。

　　　standard_dev——分布的标准偏差。

　　　cumulative——决定函数形式的逻辑值。如果 cumulative 为 TRUE，则 NORMDIST 返回累积分布函数；如果 cumulative 为 FALSE，则返回概率密度函数。

在本公式中，以分段点值为"JS7"来计算：

mean=AVERAGE($C$6:$C$52)（数据算术平均）；

standard_dev=STDEV($C$6:$C$52)（数据的标准方差）；

cumulative=0（概率密度函数）。

任务五：插入正态分布图

操作步骤

（1）插入正态分布图。选中"段内人数"和"正态分布值"数据值 J56:K64，在"插入"选项卡的"图表"功能区中，单击"其他图表"命令按钮，在弹出的"插入图表"对话框的"所有图表"选项卡中选择"组合"图中的"自定义组合"，为"正态分布值"选择"折线图"，勾选"次坐标轴"复选框，如图 7-95 所示，单击"确定"按钮即可生成正态分布图，如图 7-96 所示。

（2）平滑曲线。选中正态曲线，右击，在弹出的快捷菜单中选择"设置数据系列格式"命令，如图 7-97 所示，在弹出的"设置数据系列格式"对话框中勾选"平滑线"复选框即可，效果如图 7-98 所示。

图 7-95　插入图表

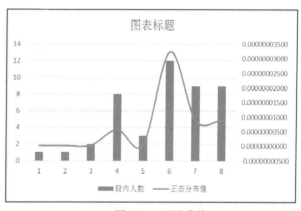

图 7-96　生成正态分布图

图 7-97　平滑曲线设置

图 7-98　平滑曲线

任务六：修饰图表

操作步骤

（1）添加图表标题。选中图表标题，设置图表标题为"微积分课程成绩正态分布图"。

（2）添加分数段列，作为图表水平轴数据。如果想直观地看出人数对应的分数段，如图 7-99 所示，可以在数据表中将"分数段"列出。在图表区单击右键，在弹出的快捷菜单中选择"选择数据源"命令，弹出"选择数据源"对话框。

序号	分段点	分数段	段内人数	正态分布值
1	47.00	0-47	1	0.0000000021
2	53.71	47-53.71	1	0.0000000021
3	60.43	53.71-60.43	2	0.0000000034
4	67.14	60.43-67.14	8	0.00000000565
5	73.86	67.14-73.86	3	0.0000000055
6	80.57	73.86-80.57	12	0.00000003235
7	87.29	80.57-87.29	9	0.0000000883
8	94.00	87.29-94	9	0.0000000883

图 7-99　添加分数段数据

（3）在"选择数据源"对话框中编辑"水平（分类）轴标签"数据为 I57:K64，如图 7-100 所示。

图 7-100　添加分数段到水平轴标签

（4）单击"确定"按钮，即可将分数段添加到横坐标轴，效果如图 7-101 所示。

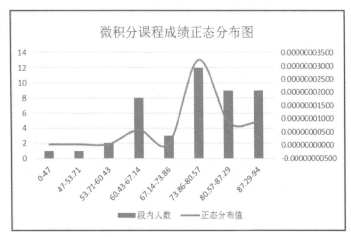

图 7-101　更新后的正态分布图

（5）设置图表格式。适当修饰图表，效果如图 7-102 所示。

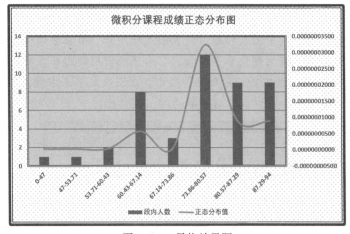

图 7-102　最终效果图

（6）复制一班学生"微积分课程成绩正态分布图"至试"卷分析报告"中，效果如图 7-103 所示。

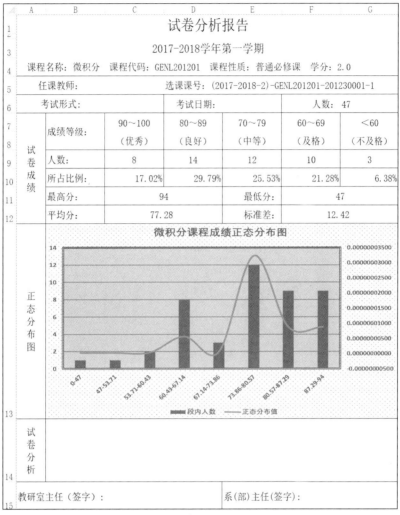

图 7-103　试卷分析报告效果

参 考 文 献

［1］郑小玲. Excel 数据处理与分析案例教程（第 2 版）. 北京：人民邮电出版社，2016.

［2］赛贝尔资讯. Excel 函数与公式应用技巧. 北京：清华大学出版社，2017.

［3］邓芳. Excel 高效办公——数据处理与分析. 北京：人民邮电出版社，2016.

［4］赵萍，刘玉梅等. Excel 数据处理与分析. 北京：清华大学出版社，2018.

［5］Excel Home. Excel 2013 实战技巧与精粹. 北京：人民邮电出版社，2016.

反侵权盗版声明

电子工业出版社依法对本作品享有专有出版权。任何未经权利人书面许可，复制、销售或通过信息网络传播本作品的行为；歪曲、篡改、剽窃本作品的行为，均违反《中华人民共和国著作权法》，其行为人应承担相应的民事责任和行政责任，构成犯罪的，将被依法追究刑事责任。

为了维护市场秩序，保护权利人的合法权益，我社将依法查处和打击侵权盗版的单位和个人。欢迎社会各界人士积极举报侵权盗版行为，本社将奖励举报有功人员，并保证举报人的信息不被泄露。

举报电话：（010）88254396；（010）88258888

传　真：（010）88254397

E-mail： dbqq@phei.com.cn

通信地址：北京市万寿路173信箱

电子工业出版社总编办公室

邮　编：100036